내 몸 안의 질병 원리

병리학

● 이 책의 일본어판은 2004년에 저술되고 2005년에 초판이 출판되었다. 일본어판이 출판되고 한국어판이 출판되기까지의 세월 동안 학술 이론에 변화가 있을 수 있음을 인정한다.

● 전문용어는 의학 검색엔진(www.kmle.co.kr)→ 네이버 백과사전과 국어사전 → google의 의학 논문(검색해도 안 나올 때 논문 내 단어 사용을 참고)을 두루 확인하며 번역했다.

● 전문용어가 다수 등장하는 것을 감안, 독자들의 이해를 돕기 위해 전문용어에 대한 설명을 각주로 달아두었다.

● 병명의 표기는 한글화에 따르려 했으나 다음의 문제로 한자어 표기를 했다.

　– 한글화된 용어와 한글화되지 않은 용어의 혼재 : 예를 들어 '선(腺)'을 '샘'으로 한글화할 경우 갑상선(갑상샘), 선암(샘암)까지는 가능하나 선관선암(腺管腺癌), 선성(腺性), 선상(腺狀), 선양(腺樣) 등으로 단어가 확장되면 감당하기 어려움.

　– 한글명 자체가 너무 낯설어 독자에게 혼란을 줄 우려 : 예를 들어 '심부전'과 '심장기능상실', '십이지장'과 '샘창자'를 보고 일반 독자가 이 둘이 같은 의미라고 알기 어렵다.

《SUKINI NARU BYORIGAKU》
ⓒ Kinya HAYAKAWA, 2004
All rights reserved.
Original Japanese edition published by KODANSHA LTD.
Korean publishing rights arranged with KODANSHA LTD.
through Imprima Korea Agency.

머리끝부터 발끝까지, 피부부터 몸속 장기까지
속속들이 알아보는 질병 탐험!

내 몸 안의
질병 원리
병리학

하야카와 긴야 지음 | 성백희 옮김

전나무숲

머리말

  '병리학'이라고 하면 일반인들은 막연히 어렵고 가까이 하기엔 너무 먼 분야라고 생각합니다. 아니면 마우스(쥐)나 모르모트(기니피그)로 실험하는 모습을 떠올리곤 하는데, 부분적으로는 그런 모습도 있지만 본디는 질병에 관해 연구하는 학문입니다. 최근에는 '병리'라는 단어가 '버블 붕괴의 병리'나 '정계 부패의 병리' 등 의학과 상관없는 분야에서도 적지 않게 쓰이지만 구체적으로 병리학은 질병의 원인을 찾고, 병에 걸리면 인체가 어떤 변화를 일으키는지, 그 결과는 어떤지 등을 주축으로 형태적·기능적 관찰을 통해 진료를 돕는 학문입니다. 분류를 하자면 기초의학보다는 임상의학에 가까운 분야입니다. 그러니 부디 편안한 마음으로 읽어주시기 바랍니다.

  '흥미로운 인체 탐험'이란 부제가 붙었건만 아무리 봐도 재미가 없어서 이것저것 고민을 해보았습니다. 그래서 의학부와 간호학부의 신입생을 등장시켜서 이들의 시점에서 병리학에 다가가보고자 했습니다. 이 두 사람과 함께 아무쪼록 병리학을 즐겨주시기 바랍니다.

수백, 수천 종에 달하는 질병을 설명하는 내용이기에 중간중간 난해한 용어도 나옵니다. 그런 부분은 각주를 참고해주세요. 건너뛰고 읽어도 상관없어요. 책을 읽고 나면 다 이해가 됩니다. 또한 어느 정도 해부학과 생리학, 생화학의 지식이 있다는 전제하에 책을 썼지만, 그런 기초지식이 없는 사람들도 병리학을 즐길 수 있도록 일러스트와 대화를 많이 넣었습니다. 흥미로운 부분만 골라 읽어도 무방합니다.

이 책을 쓰면서 고단샤사이언티픽의 구니토모 나오미(国友奈緒美) 씨께 많은 신세를 졌습니다. 늦어지는 원고에도 싫은 내색 한번 하지 않으셨고, 특히나 병리학 전문가와는 다른 관점에서 해주신 조언이 무척 유용했습니다. 깊은 감사의 마음을 전합니다. 제 동료인 JR도쿄종합병원 검사과의 여러분이 사진 촬영과 재료 검색을 도와주셨습니다. 또한 일러스트 원안과 관련해서는 아내인 하야카와 히나코(早川日奈子)의 도움을 받았습니다. 거듭 고맙습니다.

하야카와 긴야

퇴행성 병변의 원인과 유형

제3강　진행성 병변의 원인과 유형

제4강 혈류와 림프류에 생기는 순환장애들

 제5강 생체의 방어 반응, 염증과 면역

제6강

또 다른 형태의 염증과 면역, 알레르기와 장기 이식

제7강　암의 모습과 형태

제8강 선천적인 신체 이상, 기형

2부 **인체 내 장기별 질병들**

 제9강 심장과 맥관, 순환기 질환

제11강　대사에 이상을 일으키는 소화기 질환

제13강　혈액 질환과 조혈기 질환

 **호르몬 분비 기관, 내분비기의 병리**

제16강 소변의 통로, 비뇨기 질환

제17강　자궁과 유선 등 여성 질환

제18강　정소와 전립선 등 남성 질환

제19강　근육과 뼈, 운동기 질환

제20강　눈과 귀, 감각기 질환

병리학이란
뭘까?

병리학 연구실 안에서는
어떤 일이 벌어질까?

간호학부 새내기인 요코야마 루미는 포르말린 냄새가 밴 병리학 연구실 앞을 지날 때마다 여긴 도대체 뭘 하는 곳인지 궁금했다. 바깥은 벚꽃이 만개한 화창한 봄이건만 그 근방은 어두침침하고 인적이 드물었으며, 학구적이지만 한편으론 으스스한 분위기도 풍겼다. 그러던 어느 날, 루미는 연구실의 문이 살짝 열린 틈으로 안을 들여다보게 되었다.

그런데 루미의 생각과는 달리 연구실 안쪽은 어둡지도 으스스하지도 않았다. 다만 포르말린에 장기를 담가 보관한 다양한 형태의 유리병들과 각종 약품 병들, 메스, 현미경 등이 어수선하게 널려 있을 뿐이었다. 그리고 한쪽에선 낡고 빛이 바랜 흰 가운을 입은, 의사처럼 보이는 남자가 현미경으로 뭔가를 들여다보고 있었다. 루미는 작심하고 안으로 들어가서 그 사람에게 뭘 보고 있는지를 물었다.

흰 가운 남자 내시경으로 잘라낸 위의 점막조직이라네*(그림 0-1). 내시경이란 말보다는 위 카메라라고 하는 편이 이해하기 쉬우려나? 어쨌거나 잘라낸 조직을 표본으로 만든 것을 보고 있었

그림 0-1 :: 위의 점막조직

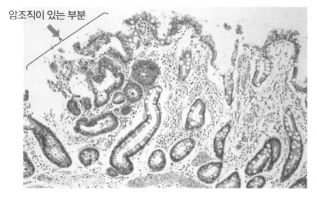

암조직이 있는 부분

좌 : 암조직
우 : 정상 조직

암조직에서는 세포 이형(異型)과
무질서한 구조가 보인다.

지. 여기가 암조직이라네.

루미	암이라면, 바로 그 암 말인가요? 무섭네요.
흰 가운 남자(이하 단노)	암조직은 정상적인 점막과 달리 세포의 형태가 고르지 않고 배열도 제멋대로지. 이 환자는 내시경검사에서 암으로 의심되는 종양이 발견되었고, 양성인지 악성인지 조사하기 위해 조직의 일부를 떼어내어 병리검사를 받게 된 거지. 그 결과 암이라고 판단했고, 지금 내린 병리 진단이 최종 진단이 돼서 환자는 위 절제 수술을 받게 될 걸세.
루미	그럼 선생님께서 그걸 결정하시나요?
흰 가운 남자	그렇지. 나는 병리과 전문의 단노라고 하네.
루미	책임이 막중하시네요. 선생님, 애초에 병리학이라고 하면 뭘 연구하나요?
단노	병리학*은 질병 자체를 연구하는 학문이네. 질병의 원인, '몸에 미치는 변화와 그로 인한 영향, 결과가 어떻게 될지를 알아내서 질병의 진단과 치료, 예방에 도움을 주는 것이 목적이지.
루미	[곤란한 표정을 지으며] 전혀 감이 안 잡히네요.

*
병리학(病理學, pathology)
:patho–는 고통 혹은 질
병이란 의미의 접두어이
다. –logy는 학문, 학과,
–학. –론을 뜻하는 명사
어미이다. 참고로, logic
은 논리 혹은 추리의 의
미도 있다.

의료 현장에서의 병리학

병리학을 좀 더 구체적으로 알아보자. 병리학은 크게 실험병리와 외과병리로 나뉜다.

실험병리

실험병리(experimental pathology)는 마우스·래트·모르모트 등의 동물이나 배양한 세포, 때로는 사람의 조직(인체 조직)을 재료로 질병의 원인과 성립, 경과를 연구하는 분야이다. 이는 순수한 기초의학에 속하며, 대학의 의학부 병리학 연구실(교실)이나 큰 연구소에서 행해진다. 이런 기초의학의 병리학 연구실에서는 래트나 마우스의 사육 케이지가 빽빽이 들어찬 모습을 흔히 볼 수 있다.

외과병리

외과병리(surgical pathology)는 인체 재료(수술로 잘라냈거나 검사를 위해 채취한 조직이나 세포)를 대상으로 병리 진단을 내리는 일을 한다. 말하자면 임상의학에 가까운 분야로, 대학병원이나 규모가 큰 일반 병원의 진료 현장에서 일상적으로 실시되고 있다.

외과병리를 공부할 경우, 보통 질병의 종류에 따라 분류하는 '병리학 총론'과 장기별로 접근하는 '병리학 각론'으로 나뉜다.

루미　병리과 의사는 환자를 직접 진찰하지는 않죠? 아까처럼 검사를 위해 채취된 조직을 보고 판단하는 일만 하나요?

단노　아니지. 나는 외과병리의로서 여러 가지 일을 한다네.

병리과 의사가 하는 일

■ 세포진검사와 생체검사 : 주로 내과에서 병리과에 의뢰

세포진검사(그림 0-2A)는 조직에서 박리된 세포나 점막에서 긁어낸 세포(도말*)로 표본을 만들어서 광학현미경으로 관찰[檢鏡]한 뒤 진단을 내리는 일이다. 정상 세포군 속에서 정상이 아닌 이형(異型) 세포, 특히 종양성 이형 세포

＊
도말(smera) : 박리세포를 슬라이드글라스에 발라 세포진에 제공하는 표본.

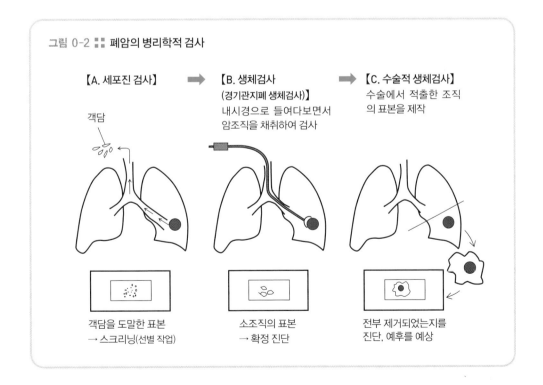

그림 0-2 ▪▪ 폐암의 병리학적 검사

【A. 세포진 검사】　➡　【B. 생체검사
(경기관지폐 생체검사)】
내시경으로 들여다보면서 암조직을 채취하여 검사　➡　【C. 수술적 생체검사】
수술에서 적출한 조직의 표본을 제작

객담

객담을 도말한 표본
→ 스크리닝(선별 작업)

소조직의 표본
→ 확정 진단

전부 제거되었는지를 진단, 예후를 예상

*
객담(sputum) : 기관
지나 폐에서 유래되는
분비물. 객담에는 기도
분비물 외에도 박리된
세포, 세균, 바이러스,
종양세포 등이 들어 있
어서 조직학적 검사나
세포진 등의 재료로 사
용된다.

*
파라핀 포매(paraffin
embedding) : 광학현미
경으로 조직학적 검색
을 하기 위해 수㎛ 두
께의 얇고 균일한 절편
을 만드는 방법. 이를
위해 각종 기재를 균
등하게 조직에 스며들
게 한 뒤에 적당한 경
도로 굳히는데, 이때의
기재 중 하나로서 파
라핀을 사용하는 것이
파라핀 포매이다.

*
박절(thin sectioning) :
현미경검사를 할 수 있
도록 3~4㎛ 두께로 얇
게 자르는 작업.

가 없는지 조사한다. 이 선별 작업을 세포진 스크리닝이라고 하는데, 엄격한 시험을 통과한 임상검사 기사와의 공동작업으로 이루어진다. 환자의 몸에 부담이 적은 검사라 할 수 있다.

세포진의 재료는, 채취한 조직을 슬라이드글라스에 발라서 알코올로 고정시킨 뒤 염색해서 만든다(그림 0-3). 폐암이 의심될 때는 객담*에 섞인 세포를, 자궁경부암이 의심스러울 때는 자궁 경부의 도말 등을 검사한다.

생체검사(biopsy, 그림 0-2B)는 사람의 몸(생체조직)에서 일부를 떼어내서 병리적 진단을 내리는 일이다. 27쪽에서 소개된 단노의 조직검사도 생체검사다. 병리과 의사가 하는 가장 큰 업무라고 할 수 있다. 그 결과에 따라 이후의 진료방식이 결정된다. 악성일 경우 주변 조직을 포함한 확대적출 수술이나 방사선, 화학요법 등을 실시한다. 양성일 경우에는 종양 부분만 적출하거나, 아니면 적출하지 않고 경과를 관찰하기도 한다.

생체검사 재료는 먼저 포르말린으로 고정하고, 파라핀 포매*해서 마이크로톰(그림 0-4)으로 박절*한 뒤 염색해서 표본을 만든다.

■ 수술적 생체검사 : 외과에서 의뢰, 제출

수술적 생체검사(그림 0-2C)는 수술로 떼어낸 재료(장기, 기관 등)를 대상으로 하는 병리검사다. 이때는 암조직처럼 잘라내야 할 조직이 완전히 제거되었는지

그림 0-3 :: 세포진에서의 표본 제작법

① 유리 도말봉으로 재료를 슬라이드글라스 위에 뚝뚝 떨어뜨린다.

② 다른 슬라이드글라스를 겹친 뒤 가볍게 누르면서 미끄러지듯이 덮는다.

③ 표본 전체를 고정액(95% 에탄올 등) 속에 투입한다.

에 포인트를 맞춘다. 또 암일 경우에는 암이 얼마나 퍼졌는지, 악성도는 어느 정도인지, 림프절로 전이가 되었는지 여부를 본다. 수술 재료를 검사함으로써 이후의 치료나 경과에 도움이 될 정보를 얻을 수 있다.

■ 병리해부(부검) : 담당의 등의 의뢰

병리해부(pathological autopsy, 부검)는 질병으로 사망한 환자에 대해 유족의 승낙을 얻어 해부하는 것을 말한다. 진단과 치료가 바르게 이루어졌는지, 사인은 무엇인지 등을 살펴서 이후의 진료에 참고로 삼는다.

인체 해부의 분류

인체 해부는 정해진 법률에 따라 몇 가지 목적으로 분류한다. 각각 자격을 갖춘 의사 혹은 그 지도 하에 실시된다.

- 계통해부 : 대학 등에서 학생의 실습이나 해부학 연구를 위해 실시한다.
- 병리해부 : 위에서 설명했다.
- 행정해부 : 범죄 연관성이 없는 변사자의 경우(자살, 사고사, 행려사망 등)에 실시한다.
- 사법해부 : 살인의 의심 등 범죄 연관성이 있는 유체에 대해 실시한다.

단노	보기엔 한가한 것 같아도 꽤 바쁘다네.
루미	간호학부에서도 병리학 과정에 상당한 시간을 배정해요. 의학부도 아닌데 간호학부 학생도 병리학에 관한 지식이 필요한가요?
단노	물론이시. 의료 현상에서 질병에 대해 숙지하고 있다면 제대로 된 간호를 할 수 있을 테고, 환자가 뭔가 질문을 했을 때 즉각적으로 대응하기 위해서도 병리학 지식은 꼭 필요하다네.
단노	그러면 병원 쪽 병리검사실로 가볼까? 외과병리의 실제 분위기를 알

그림 0-4 마이크로톰

위에 달린 거대한 메스가 미끄러지듯이 움직인다. 마이크로톰(microtome)은 현미경 관찰을 위한 표본을 만들기 위해 시료(試料)를 일정한 두께의 조각으로 자르는 기계다. 박절기라고도 한다.

수 있을 게야.

[둘이 함께 이동한다.]

루미 여기도 연구실과 마찬가지로 포르말린 냄새가 나네요.

단노 당연하지. 여기서는 매일 수십 건의 검체를 다루거든.

루미 여기, 이 커다란 식칼 같은 건 뭔가요?

단노 앞에서 설명한 건데, 파라핀 포매한 조직을 박절하는 마이크로톰이라네. 검체를 고정한 뒤 메스(식칼 비슷한 것)로 보통 4㎛ 전후의 두께로 자르지(그림 0-4).

루미 안에서 서리가 뿜어져 나오는 이 아이스박스 비슷한 건 뭔가요?

단노 이건 냉동미세절단기(cryostat, 그림 0-5)라고 하는데, 수술실에서 보내 온 신선한 검체를 이산화탄소로 순간동결시켜서 파라핀 포매 없이 박절하는 기구라네. 안에 작은 마이크로톰 메스가 있지.

루미 어떨 때 사용하나요?

단노 신속진단법(rapid diagnostic method)이란 게 있는데, 수술 도중에 병리 진단이 꼭 필요하면 병변부의 일부를 가져와서 동결, 박절, 염색을 한다네. 5~6분이면 표본이 완성되지. 그런 뒤에 현미경으로 표본을 관찰해서 병리 진단을 내린다네. 유선의 종양을 예로 들면, 양성이라고 나오면 그 부분만 제거하고 수술을 종료하지만, 악성일 때는 확대적출을 하지. 또 위암 수술에서는 절제연(수술로 잘라낸 끝부분)에 암이 남아 있느냐의 여부에 따라 추가 절제를 할지 말지 그 자리에서 결정하고 말이야. 결과는 검사실에서 인터폰으로 수

그림 0-5 냉동미세절단기

아이스박스 안쪽에서 조작한다.

술실에 직접 연락하지. 이 밖에도 신선한 검체로만 가능한 면역염색 등에 사용한다네.

루미 책임이 막중하네요.

단노 그렇지. 그래서 병리과 의사에게 술취는 금물이라네. 눈과 뇌의 기능이 떨어지거든.

루미 여기 이거, 색색의 액체가 들어간 기계는 뭐에 쓰나요?

단노 이건 자동염색기인데, 세포진의 검체 60장을 동시에 염색할 수 있지. 스크리닝을 할 때 능률을 올려준다네. 조직검사용도 따로 있지.

루미 네. 아, 이건 전자현미경이네요.

단노 맞아. 요즘에는 광학현미경뿐만 아니라 전자현미경도 일상적인 진단에 사용한다네. 특히 신장이나 혈액 질환에서는 전자현미경이 꼭 필요한 경우가 있지. 전자현미경의 검체는 다이아몬드 메스로 60~70nm* 두께로 자른다네.

> * 나노미터(nanometer) : 1㎜의 100만분의 1 크기

루미 상상이 안 되는 두께네요. 정말 얇아요.

단노 그럼 지하에 있는 해부실로 가지. 다양한 감염증으로 사망한 환자를 해부하는 곳이라 항상 청결을 유지한다네.

[둘이 함께 이동한다.]

루미 정말 깨끗하고 밝아요. 예상 밖인데요.

단노 왜, 어둡고 더러울 거라 상상했나?

루미 …….

단노 아! 농담이네, 농담! 하하하!

루미 선생님도 참…. 갑작스런 방문이었는데도 자세히 알려주셔서 감사합니다. 덕분에 병리학에 대한 흥미가 커졌어요. 앞으로 자주 찾아와도 될까요?

단노 물론이지. 대환영이라네.

Summary

- 병리학이란 질병 자체를 공부하는 학문으로서 실험병리와 외과병리로 나뉜다. 병원의 진료 현장에서는 외과병리 진단이 진료에 커다란 역할을 한다.

- 병리 진단에는 세포진검사, 생체검사, 수술적 생체검사, 병리해부가 있다.

- 세포진검사, 생체검사는 주로 수술 전 진단으로서 내과에서 병리과에 의뢰한다. 수술적 생체검사는 외과의가 의뢰한다. 간호사는 의사와 함께 환자를 진료 및 간호하며, 임상검사 기사는 표본의 제작과 스크리닝을 담당한다.

1부

인체와 질병의
상관관계

제1강

질병의 원인은
안에도 밖에도 있다

1.1 병인에는 내인과 외인이 있다

루미는 소꿉친구인 겐타에게 병리학 연구 실에서 단노 선생님에게 병리학에 대해 배 우게 되었다는 이야기를 했다. 겐타는 의 대생이다.

겐타 재밌겠다. 나도 같이 가도 돼?

루미 난 상관없긴 한데….

겐타 요즘에는 의료 현장을 다룬 TV 드라마가 많으니까 내용을 이해하는 데 참고가 될 것 같아.

루미 의대생이면 좀 더 순수하게 병리학에 흥미를 느껴야 되는 거 아냐?

겐타 이래봬도 진지해. 좋았어, 예습이다! 루미에게 질 수야 없지. 루미 하 여간 넌 너무 즉흥적이야.

[병리학 연구실]

단노 오늘은 질병의 원인에 관해서 설명하지. 아니, 거기 남학생은 누군가?

겐타 스즈키 겐타라고 합니다. 의학부 신입생이죠. 잘 부탁드립니다.

루미 제 소꿉친구예요. 병리학에 대해 미리 공부해두고 싶다고 해서 같이 왔어요. 미리 말씀 드리지 못해 죄송해요. 그럼, 바로 본론으로 들어 가서요. 병의 원인을 모른다든가 정신적 원인 때문에 병이 생기는 경 우도 있지 않나요?

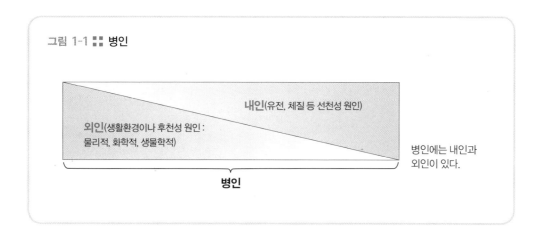

그림 1-1 :: 병인

외인(생활환경이나 후천성 원인 : 물리적, 화학적, 생물학적)

내인(유전, 체질 등 선천성 원인)

병인

병인에는 내인과 외인이 있다.

단노　겐타 군, 반갑네. 루미의 질문에 답하자면…… 깊이 들어가면 그런 경우도 있긴 한데, 질병의 원인은 몇 가지 그룹으로 나눌 수 있으니 일단 거기서부터 설명하지.

질병의 원인을 병인(病因)이라고 한다. 병인은 크게 유전이나 체질에 의한 선천성과, 생후의 생활환경이나 체내 변화에 의한 후천성이 있는데, 선천성인 것을 내인(內因), 후천성인 것을 외인(外因)이라고 한다. 양쪽 원인 모두 관여하는 질환도 많다(그림 1-1).

내인과 외인 중에서는 어느 쪽이 더 많을까? 실제로 발병하는 경우는 외인인 후천성 원인이 훨씬 많다. 하지만 증감의 측면에서 보면, 최근에는 항생물질을 비롯한 약의 발달과 식생활 같은 생활환경의 개선 등으로 감염증이나 영양장애 같은 질환은 격감하고 상대적으로 내인인 선천성 질환이 늘고 있다. 또 일부 암이나 당뇨병처럼 원인이나 발병의 메커니즘이 해명되지 않은 질병도 많다.

1.2 후천성 원인, 외인

먼저 외인(外因)에 관해서 알아보자. 외인은 물리적 장애인자, 화학적 장애인자, 생물학적 장애인자로 나눌 수 있다. 이 중에서 생물학적 장애인자는 제5강(감염증)에서 설명하겠다.

물리적 장애인자

■ 외력 : 외상이나 정형외과적 만성질환 등

그림 1-2 ▪▪ 선탠도 화상이다

강한 태양광선은 단시간이라도 화상(1~2도)을 일으킨다.

외력이란 타박상이나 창상 같은 외상이나 테니스엘보처럼 정형외과적 만성질환을 일으키는 원인을 말한다. 덧붙여, 외상으로 생긴 출혈이나 통증이 너무 심하면 쇼크(105쪽)에 빠지는 일이 있다.

■ 온도 : 화상, 일사병, 동상 등

고온에 의한 화상(그림 1-2)은 햇볕에 살짝 탄 정도부터 조직이 탄화를 일으키는 수준까지, 정도에 따라 1도에서 4도로 분류한다. 체표면적의 3분의 1 이상의 범위에 화상을 입으면 환부에서 혈장(혈액의 액체 성분)이 유출되거나 이상 분해산물(異常分解産物)이 발생하면서 쇼크 상태를 초래해 사망에 이른다.

일사병(sun stroke)은 장시간 머리가 강한 햇볕에 노출되면서 발생하는데, 뇌 손상을 초래해 의식장애나 혼수상태에 빠져 사망하기도 한다. 또 전신에서 땀을 너무 많이 흘린 탓에 전해질 감소로 열(heat) 허탈*에 빠지기도 한다. 이들을 총칭해서 열사병(heat illness)이라고 한다. 이를 방지하려면 테니스처럼 실외에서 장시간 스포츠를 즐길 때는 모자를 써서 직사광선을 쐬는 것을 막도록 한다.

저온은 동상을 초래한다. 동창* 같은 가벼운 정도에서부터 국소의 세포조직이 죽어버리는 괴사(72쪽)를 일으키는 중증까지 1도에서 4도로 분류한다. 형태학적으로, 동상에 걸리면 처음에는 환부의 말초혈관이 수축하고, 이어서 충혈(94쪽)과 부종(103쪽)이 일어나며, 고도로 진행되면 괴사에 이른다. 체온이 20도 이하로 떨어지면 사망한다(동사).

■ 방사선(radiation)

겐타 방사선과 선생님이나 간호사들은 엑스레이검사나 치료를 할 때 무거운 보호복을 입던데, 그건 무엇 때문입니까?

단노 보호복에는 납이 들어 있어서 방사선이 체내를 통과하는 것을 차단하지. 피부나 폐, 생식기, 그리고 골수 같은 조혈 장기 등을 방사선장애에서 보호하기 위해 그런 납복을 입는 거라네.

루미 치과에서 엑스레이를 찍을 때도 납으로 만든 앞치마를 입혀주던데요.

겐타 어, 정말? 내가 치과에서 찍을 때는 아무것도 안 주던데.

방사성 물질을 이용하는 원자력 발전소에서 사고가 나 작업원이 피폭돼 사망했다는 이야기를 들어보았을 것이다. 방사선에는 X선이나 γ선 같은 전자파, 양자나 중성자 등의 입자선이 있다. 방사선은 체내를 통과하면서 세포를 손상시킨다. 대량으로 피폭되면 방사선 화상을 일으킨다.

사람의 세포에는 방사선의 영향을 잘 받는(감수성이 높은) 세포와 잘 안 받는

*
허탈(虛脫, collapse) : 장기의 기능이 극도로 저하돼 쇼크 상태에 빠지는 것.

*
동창(凍瘡, pernio) : 한랭한 상태에서 사지의 말단이나 귀, 코 등에 나타나는 말초혈류장애로 인한 피부와 피하조직의 이상 상태. 겨울철 눈 속 등산 등으로 생기는 동상과는 다르며, 가벼운 추위라도 계속 노출되면 피부의 혈관이 마비되어 걸린다. 추위에 약한 사람은 5~10℃에서도 걸린다. 국소에 조홍(潮紅), 울혈, 종창, 수포(물집), 미란(糜爛), 궤양을 일으키고 가려움증이 생기는데, 따뜻해지면 가려움이 더 심해진다.

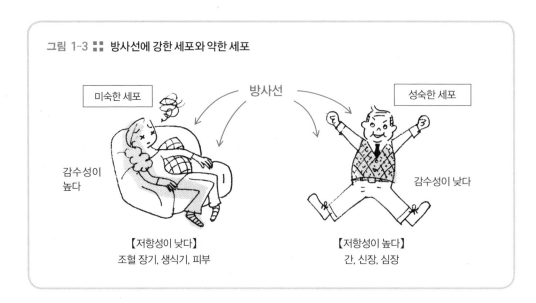

그림 1-3 :: 방사선에 강한 세포와 약한 세포

미숙한 세포

방사선

성숙한 세포

감수성이 높다

감수성이 낮다

【저항성이 낮다】
조혈 장기, 생식기, 피부

【저항성이 높다】
간, 신장, 심장

(감수성이 낮은) 세포가 있다(그림 1-3). 일반적으로 생식세포나 교체가 빠른 세포, 즉 저분화 세포, 유약한 세포, 재생을 반복하는 세포는 방사선에 대한 감수성이 높다. 반대로 고분화 세포, 성숙한 세포, 안정된 세포는 감수성이 낮아서 강한 저항성을 보인다. 암세포는 특히 미숙하고 분화도가 낮아서 방사선에 대한 감수성이 높기 때문에 암 치료법으로 방사선치료가 선택된 것이다.

우리 몸의 장기마다 방사선 감수성이 다른데, 그에 관해서는 표 1-1에 정리해놓았다.

＊
폐섬유증(pulmonary fibrosis) : 폐에 섬유결합조직이 증식한 상태. 대개 폐렴의 하나인 간질성 폐렴이 원인이며, 폐 기능이 떨어진다.

표 1-1 :: 장기별 방사선 감수성

장기	방사선에 대한 감수성	
피부	높음	피부는 박리와 재생을 반복하기 때문에 방사선에 대한 감수성이 높다. 방사선장애는 1도(탈모)~4도(궤양 형성)로 분류한다.
폐	비교적 높음	암 치료를 위해 대량의 방사선을 쐬면 방사선폐렴이 초래되어 폐섬유증＊ 등의 병변을 일으킨다.
생식기	높음	불임이나 유산, 태아 기형 등의 위험성이 증가한다. 실제로 체르노빌 원전 사고 후 다수의 기형이 발생했다.
골수 등의 조혈 장기	높음	재생불량성 빈혈이나 백혈병의 발생을 초래한다.
간, 신장, 소화관, 뇌 등	낮음	장애는 경도에 그친다.

화학적 장애인자

루미   요즘 제가 좋아하는 음식에 몸에 해로운 첨가물이 들어 있다고 밝혀지고, 그 제품을 회수한답시고 시끄럽더라고요. 깜짝 놀랐어요.

단노   나라에 따라 식품첨가물의 안전 기준이 다 달라서 수입식품에는 특히 주의를 기울여야 한다네. 하지만 너무 예민하게 굴면 먹을 게 아무것도 없지.

겐타   식품첨가물의 독성 때문에 병에 걸린 경우 병인은 화학적 장애인자라고 할 수 있습니다. 소위 '독'의 이미지죠.

단노   화학적 물질로 인한 장애는 옛날부터 알려진 것부터 새로이 문제가 된 것까지 무척 많아. 우리는 대표적인 것만 살펴보도록 하지.

■ 다이옥신류

다이옥신류(dioxins)는 강한 독성을 지닌 유기염소계 화합물로 발암, 경도의 최기형성*이나 피부에 장애를 유발하는데, 그 발생 기전은 밝혀지지 않았다. 내분비 교란을 일으킨다고 알려져 있다. 쓰레기를 소각할 때 부차적으로 발생한다.

> * 최기형성(催奇形性, teratogenicity) : 태아기에 작용해서 기형을 유발하는 성질

■ 폼알데하이드(포름알데히드)

폼알데하이드(formaldehyde, 포름알데히드)는 일부 건축 자재에 함유돼 있으며 자동차 배기가스에서도 발생한다. 발암성 물질로 알려져 있다. 새집증후군의 원인 물질 중 하나로 꼽히기도 한다.

■ 수은

수은 중에서도 특히 유기수은이 문제인데, 유기수은 중독으로 인한 미나마타병(水俣病, Minamata disease)이 유명하다. 미나마타병은 공장 폐수 속 유기수은에 오염된 어패류를 사람이 섭취함으로써 유기수은에 중독돼 신경 증상을 나타내는 병이다. 유기수은에 중독되면 중추신경이 뇌간부와 대뇌피질, 소뇌,

척수 등의 넓은 범위에서 변성을 일으켜서(탈수초나 연화소의 형성) 마비나 운동 실조, 언어장애, 지각장애 등이 나타난다.

■ 카드뮴

카드뮴(cadmium) 중독에서는 통증을 동반하는 뼈의 변형이 일어난다. 도야마현(富山県)의 진즈가와(神通川) 유역에서 나타난 이타이이타이병은 입을 통해 섭취된 카드뮴이 원인으로 알려졌다.

■ 알코올

술이라는 이름으로 익숙한 알코올도 어떻게 마시느냐에 따라 질병의 원인이 된다. 급성 알코올중독은 회사나 대학의 신입생 환영회에서 '원샷'을 한 사람들에게서 흔히 볼 수 있다(그림 1-4). 안면홍조, 빈맥(빠른 맥), 의식장애 등을 초래하며, 심하면 혼수에서 사망에 이르는 경우도 있다.

만성 알코올중독은 알코올의 영향을 직접적으로 받는 간장애(알코올성 간염, 지방간, 간경변증) 외에도 신경이나 정신에도 영향을 미친다. 또 만성 알코올중독인 모체에서는 기형아가 태어난다는 보고도 있다.

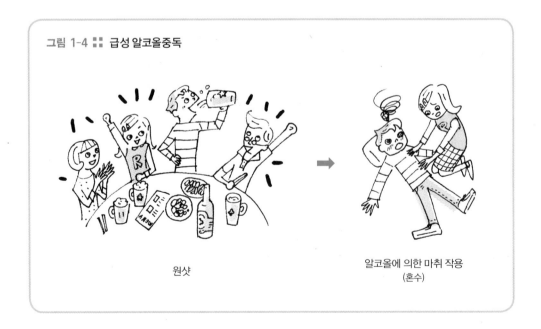

그림 1-4 ▪▪ 급성 알코올중독

원샷

알코올에 의한 마취 작용
(혼수)

기타 환경 요인

■ 대기오염물질

각종 공장의 굴뚝에서 배출되는 이산화질소(NO_2), 황산 미스트는 기관지천식의 원인이 된다. 욧카이치시(四日市市)나 가와사키시(川崎市)에서는 이 때문에 주민들의 소송이 일어났었다. 또 탄광 가스 폭발이나 석탄 등의 불완전 연소로 발생하는 일산화탄소(CO)는 헤모글로빈과의 결합력이 산소보다 강해서 질식사를 초래한다(일산화탄소 중독). 만성화하면 신경 증상을 보인다. 탄광 노동자나 석공에서 많이 보이는 규폐증*은 분진에 함유된 규산의 흡입으로 인해 폐섬유증을 일으키는 것인데, 폐암의 원인이 되기도 한다.

＊
규폐증(硅肺症, silicosis) : 규산이 들어 있는 먼지를 오랫동안 마셔서 폐에 규산이 쌓여 생기는 만성질환. 규산 분진을 많이 발생시키는 채광업, 채석업, 요업, 연마업, 야금업, 규산 화학공업에 종사하는 사람에게 잘 나타나는 직업병으로, 진폐증의 한 종류이다.

■ 오염된 음식물

음식물은 입을 통해 체내로 들어오기 때문에 음식물이 오염되면 그 자체가 병인이 된다. 음식물에 함유된 잔류 농약을 장기간 섭취하는 경우를 비롯해서 수많은 유해물질이 건강에 영향을 미치는데, 대부분 법으로 규제되기 때문에 큰 문제가 생기지는 않는다.

식품 제조회사의 과실로 일어난 중대 사건으로는, 과거 모리나가(森永)의 비소분유 사건과 카네미유(油)가 원인이었던 PCB 중독 사례가 있다. 모리나가 비소분유 사건은 1955년 모리나가사의 분유에 불순물로 들어간 비소가 원인이 되어 약 1만 3000명의 피해자(130여 명의 유아 사망 포함)가 발생한 사건이다. 당시에는 아무런 조치도 취해지지 않았고, 15년이 지난 후에야 보상 체계가 마련되었다. 일본 정부의 소비자 권익 보호정책의 전환점이 된 사건이다. 카네미유 PCB 중독 사건은 1968년 카네미소코(ヵネミ倉庫)가 제조한 식용유에 탈취 공정에서 사용된 PCB가 혼입되면서 발생한 일본 유수의 식품공해 사건으로, 이를 섭취한 주민들 중 1400여 명이 건강 피해를 입었다.

■ 의원병

부적절한 의료 처치 때문에, 혹은 적정한 의료 처치였음에도 부작용 때문에 발생하는 질환을 의원병(醫原病)이라고 한다. 최근에는 의료에 대한 비판적인 시각이 강해지면서 의료사고 사례가 매일처럼 화제가 되고 있다. 의료에 종사하는 사람으로서 장차 루미와 겐타도 충분한 주의를 기울여 진료와 간호에 임해야 할 것이다.

투여된 약제의 부작용으로 생긴 의원병으로는 정장제인 키노포름이 유발한 스몬병, 결핵 치료제 스트렙토마이신으로 인한 난청, 스테로이드 부작용인 쿠싱증후군*, 항생제 남용이 원인인 균교대현상*, 항암제로 인한 소화관장애 등이 있는데 필요악인 경우도 있으므로 원(原)질환과의 균형을 고려하면서 진료하는 태도가 중요하다.

최근에는 혈우병 환자의 지혈 치료에 사용된 비가열 혈액 제제가 에이즈바이러스에 오염돼서 다수의 환자가 에이즈에 감염된 일이 있었다.

■ 스트레스와 질환

현대의 생활환경은 대인관계를 비롯한 각종 스트레스로 가득하며, 그로 인한 긴장감이나 고민, 갈등의 연속은 다채로운 정신적·육체적 장애를 초래한다(그림 1-5). 불면증이나 신경증, 스트레스성 소화관궤양, 심장신경증*, 고혈압 등이 이에 속하며, 심신증 혹은 정신신체증이라고 부른다. 여기에는 개인의 정신적 소인도 어느 정도 관여한다.

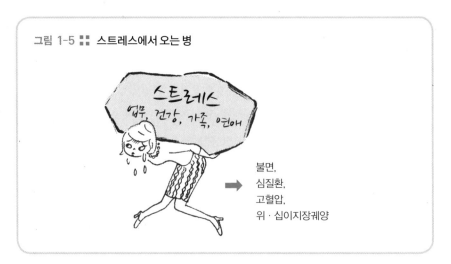

그림 1-5 :: 스트레스에서 오는 병

스트레스
업무, 건강, 가족, 연애

➡ 불면,
심질환,
고혈압,
위·십이지장궤양

1.3 선천성 원인, 내인

단노 외인에 이어 내인에 관해서 알아볼까?

겐타 내인이라면, 유전이나 체질 같은 선천적인 원인을 말씀하시는 거죠?

단노 그렇지. 내인에는 염색체 이상, 유전자 이상, 체질(소인), 심인(心因) 등
이 있지. 통계에 따르면, 극히 가벼운 증상까지 포함했을 때 신생아의
3%에서 어떤 식으로든 선천적 이상이 보인다더군.

염색체 이상증

■ 염색체란?

인간의 세포 하나하나에는 핵이 있고, 그 속에는 DNA라는 화학물질이 들
어 있다. DNA가 응축해 있는 것을 염색체(chromosome)라고 한다. 염색체는
분열기의 세포핵 내에서 실 모양으로 보이며, 그 안에 유전자가 존재한다.

사람의 세포에는 모두 46개(23쌍)의 염색체가 존재한다(그림 1-6). 46개 중
2개(1쌍)는 성(性)염색체이고, 44개(22쌍)는 상(常)염색체이다. 여성의 성염색체
는 XX, 남성의 성염색체는 XY다. 염색체의 형태학적인 상태는 염색체 분석을
통해 광학현미경으로 확인할 수 있다.

염색체의 수나 구조의 이상을 염색체 이상증이라고 하며, 성염색체 이상증
과 상염색체 이상증으로 나눈다.

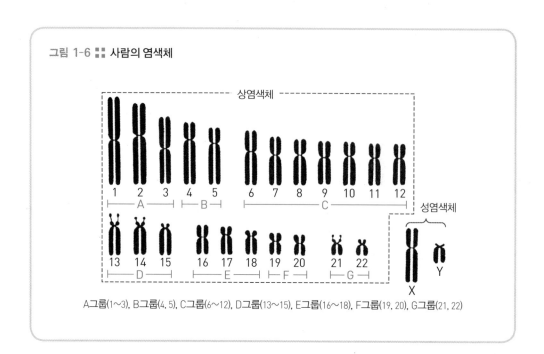

그림 1-6 ▌▌ **사람의 염색체**

상염색체

1 2 3 4 5 6 7 8 9 10 11 12

├─A─┤ ├─B─┤ ├────────C────────┤

성염색체

13 14 15 16 17 18 19 20 21 22

├───D───┤ ├───E───┤ ├─F─┤ ├─G─┤

X Y

A그룹(1~3), B그룹(4, 5), C그룹(6~12), D그룹(13~15), E그룹(16~18), F그룹(19, 20), G그룹(21, 22)

■ **성염색체의 이상증 : 클라인펠터증후군, 터너증후군**

성염색체의 이상으로 생기는 병은 두 가지다.

클라인펠터증후군(Klinefelter's syndrome)은 외모는 남성이지만 생식기의 발달이 미숙하고 여성형 유방증과 정신 발육의 장애를 동반한다. 성염색체는 XY에 X가 하나 더 있어 XXY가 한 쌍을 이룬다.

터너증후군(Turner's syndrome)은 외모는 여성인 질환으로, Y염색체가 결여돼 X0의 성염색체를 보인다. 몸이 제대로 발육하지 않아 어린애 같은 체형에 생식기도 완전히 발달하지 못한다. 손바닥을 위로 향한 상태에서 양팔을 뻗었을 때 팔꿈치 관절이 바깥쪽으로 향하는 외반주나, 목에서 어깨에 걸쳐 물갈퀴 같은 피부가 나타나는 익상경을 동반하기도 한다.

■ **상염색체의 이상증 : 다운증후군 외**

다운증후군(Down syndrome)은 G그룹 21번 염색체가 하나 더 많은 유형이다(trisomy, 삼체성). 출산 시 700분의 1의 비율로 나타날 만큼 많이 나타나는 염색체 이상증이며, 고령 초산부의 아이에서 많이 보인다. 특이한 외관이 특징이다. 즉 납작한 후두골(단두증, brachycephaly), 올라간 눈초리, 편평한 안면, 낮은 콧마루(안비鞍鼻, saddle nose), 원선(猿線, simian line, 손바닥 중앙을 가로지르는 한 줄의 손금=원숭이 손금)과 함께 심장 기형의 합병이나 정신적 발달장애(IQ 20~60 정도)를 동반한다.

이 외에도 에드워드증후군*, 5번 염색체의 일부 결손으로 인한 고양이울음증후군*, 파타우증후군* 등이 상염색체 이상증으로 알려져 있다.

*
에드워드증후군(Edwards syndrome) : 18트리소미증후군이라고도 한다. 2개 있어야 할 18번 염색체가 3개로 발생하는 선천적 기형 증후군. 다운증후군 다음으로 흔한 상염색체 삼체성(三體性)증후군이다. 염색체 이상으로 인해 여러 장기의 기형 및 정신지체장애가 생기며, 대부분 출생 후 10주 이내에 사망한다.

*
고양이울음증후군(cat's cry syndrome, 묘성증후군) : 1963년에 처음으로 보고되었다. 5번째 염색체의 일부가 잘려나가 개체 발생의 장애가 되고, 후두 발육이 불완전하기 때문에 나타난다. 고양이 울음소리와 비슷한 울음, 소두증, 정신박약 등이 특징이다.

*
파타우증후군(Patau's syndrome) : 13번 상염색체가 3개씩이서 태어날 때부터 중추신경계, 심장을 비롯한 중요 신체 장기에서 심한 선천성 기형을 보인다. 신생아 2만~2만 5000명당 1명꼴로 발생하며, 생존기간이 짧은 선천성 염색체 이상 질환이다.

유전자의 이상

유전자란 유전정보의 단위를 뜻하며, 그 본체는 DNA이다. 유전자에 이상이 있으면 그에 따라 설계되는 단백질의 기능에도 변화가 생기면서 다양한 이상이 몸에 나타난다. 유전자 이상(염색체 이상을 동반하지 않는 유전성 질환)에는 단일 유전자의 이상으로 인한 것과 복수 유전자의 복합작용에 의한 것이 있다.

■ 단일 유전자의 이상 1 : 반성유전병

루미　　반성유전병(伴性遺傳病, sex-linked genetic disease)은 어떤 경우를 말하나요?

단노　　유전자는 염색체에 존재한다고 앞에서 설명했는데, 성염색체에 있는 유전자의 단일 유전자 이상증을 반성유전병이라고 하지.

겐타　　대부분이 X염색체의 열성유전자 이상증이죠. 여성은 X염색체가 2개라서 보인자라 하더라도 발병이 어려운 반면, 남성은 하나밖에 없어서 보인자가 되면 발병하게 됩니다.

단노　　열심히 공부했군, 자네.

혈우병(hemophilia)은 남자에게 보이는 질환으로, 혈액을 응고시키는 제8 혹은 제9 응고인자의 결핍으로 인한 출혈소질을 보인다. 관절이나 체심부의 지속성 출혈을 일으킨다(99쪽).

색각 이상도 반성유전병의 하나다. 눈의 망막에 있는 원뿔세포의 기능 부전 때문에 적색과 녹색의 색각 이상이 생기는 적록색맹과 색약이 가장 흔하다. 일본의 경우 가벼운 증상이 나타난 사람까지 포함하면 4~5%의 남아에서 색각 이상을 보인다고 한다.

■ 단일 유전자의 이상 2 : 상염색체 우성유전병

마판증후군(Marfan's syndrome)은 팔다리와 손발가락이 길어지는 지주지증과 수정체 탈구, 해리성 대동맥류를 동반하는 질환으로 결합조직의 대사 이상이 원인이다. 키도 크기 때문에 농구나 배구 선수로 활약하는 사람이 많은데, 가끔 운동하다가 대동맥류가 파열되면서 급사하는 일이 있다.

겸상적혈구빈혈과 구상적혈구증 등의 이상혈색소증은 유전자 이상으로 혜모글로빈의 기능에 장애가 생겨서 청색증이나 빈혈을 초래한다.

진행근디스트로피, 거대결장 등도 상염색체 우성유전병에 해당된다.

■ 단일 유전자의 이상 3 : 상염색체 열성유전병

상염색체 열성유전병의 태반이 선천성 대사이상증이라고 불리는 질환이다. 유전자 결손으로 특정 효소의 활성이 현저히 저하되거나 혹은 완전히 사라진다.

페닐케톤뇨증은 페닐알라닌 수산화효소를 만드는 유전자의 결손으로 멜라닌 형성 부전을 일으켜 연한 담갈색의 모발과 옅은 피부, 지능장애를 초래한다.

지질축적병(lipid storage disease)은 글루코세레브로시다아제라는 효소의 결손으로 인한 고셰병*, 스핑고미엘린 분해효소의 결손이 원인인 니만−피크병* 등이 있는데 림프절이나 비장에 지질이 축적되는 질환이다.

■ 다수 유전자의 상호작용에 의한 유전병

영향력이 낮은 복수 유전자의 이상 혹은 변화에, 대부분의 경우 외적 요인이 더해져서 발증한다. 질병의 성립 과정에는 밝혀지지 않은 부분이 많다. 심장 기형, 구순열, 구개열, 사시 등이 이에 속하며, 조현병(정신분열병의 새로운 명칭)이나 당뇨병, 고혈압 등도 이 범주에 들어간다.

*
고셰병(Gaucher's disease) : 유전병으로 생각되는 특이한 만성 가족성 질환. 병이 진행되면 조직의 파괴와 비장의 비대, 피부의 청동색화, 빈혈 따위의 증상을 보이고 골관절통을 일으킨다. 1882년에 프랑스의 의사 고셰(P.C.E. Gaucher)가 발표하였다.

*
니만−피크병(Nieman−Pick disease) : 스핑고미엘린이 간, 비장, 골수를 비롯한 여러 장기의 조직에 너무 많아 생기는 병. 출생 후 두세 달 만에 증상이 나타나는데, 성장을 못하고 몸무게가 줄고 간과 비장이 몹시 커지면서 배가 나오고 두뇌 발달이 늦다. 맹인이나 농인(聾人)이 되는 경우도 있다.

Summary

- 질병의 원인에는 외인과 내인이 있다.

- 외인에는 온도나 방사선 같은 물리적 요인, 약물이나 산·알칼리 등의 화학적 요인, 세균이나 바이러스 등의 감염에 의한 생물학적 요인, 음식물이나 대기오염 등의 환경 요인이 있다.

- 내인으로는 염색체의 수나 위치 이상이 원인인 경우와, 염색체는 정상이라도 유전자 이상을 보이는 경우가 있다.

- 최근에는 외인성 질환이 감소하면서 상대적으로 내인성 질환이 증가하고 있다.

퇴행성 병변의
원인과 유형

2.1 퇴행성 병변이 생기는 이유

단노 오늘은 세포나 조직의 기능이 쇠퇴하는 병변에 관해 이야기를 해볼까? 전문용어로는 퇴행성 병변이라고 하지. 예를 들면… 그래, 다들 어머니의 젊은 시절 사진을 보고 놀란 적이 있지? 지금과 달리 멋쟁이에 날씬해서서.

루미 …….

겐타 어머니의 옛날 사진을 본 적은 없지만, 얼마 전에 '요사이 살이 쪄서 옷이 안 맞다'며 투덜거리시는 소리는 들었습니다. 그게 세포나 조직의 기능 쇠퇴와 관련이 있나요?

단노 그렇다네.

비만은 에너지 섭취와 소비의 균형이 무너져 에너지 과잉 상태가 되면서 여분의 에너지가 지방으로 축적되어 생긴다. 정도의 차이는 있지만, 지방의 축적량이 극단적으로 증가하면 몸에 뭔가 장애를 일으키는데(물론 옷값도 더 든다), 이런 경우는 병적 상태라고 할 수 있다.

이처럼 어떠한 원인으로 세포의 물질대사에 이상이 생겨서 형태적 혹은 기능적인 변화를 초래하는 경우를 '퇴행성 병변(regressive change)'이라고 한다.

퇴행성 병변에는 변성, 위축, 괴사, 아포토시스라는 네 가지 패턴이 있다. 차례대로 알아보자.

2.2 변성 : 세포의 성질이 변한다

변성*이란 평소 세포나 조직에 없던 물질이 출현하거나, 원래 세포와 조직에 있던 물질이라도 '비정상적인 양' 혹은 '비정상적인 장소'에서 보이는 것을 말한다. 변성에는 여러 종류가 있다.

혼탁종창 : 세포가 혼탁해진다

간, 신장, 심근처럼 안이 꽉 찬 장기(실질장기)가 투명감을 잃고 부옇게 보인다고 해서 혼탁종창(cloudy swelling)이라고 한다. 현미경으로 보면 세포는 커지고(종대腫大) 세포질은 무수한 작은 알갱이(공포*)로 가득 차 있다. 그래서 부옇게 보이는 것이다. 이 작은 알갱이는 미토콘드리아가 종대한 것이다.

약물중독이나 감염증, 혹은 만성 빈혈이나 울혈(95쪽)로 세포가 저산소 상태가 되면 이처럼 혼탁한 세포가 출현한다.

각질 변성(과다각화증) : 뿔처럼 딱딱해진다

'각화'라고도 하는데, 피부에서는 생리적으로 보이는 현상이다. 일상적으로 피부의 가장 바깥쪽 세포는 때가 되면 핵을 잃고 각질로 변성해서 박리되고

*
변성(變性, degeneration): de-는 down이나 out off 같은 부정적인 의미이고, generation은 세대 혹은 자손이란 의미로 쓰이는데, 원래 뜻은 '산출', '발생'이다. 이 둘을 합쳐서 세포가 쇠약해지는 모습을 표현했다고 보면 된다.

*
공포(空胞, vacuoles): 세포 내에서 원형질과 명백히 구분되는, 액체로 가득한 소포(小胞). 세포 내의 액포(液胞).

그림 2-1 :: 테니스 라켓 때문에 손바닥에 생기는 굳은살

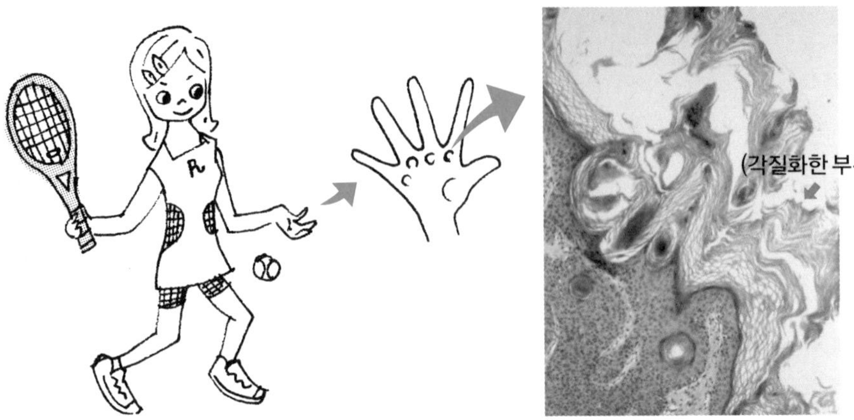

(각질화한 부위)

그 아래층의 새로운 세포로 교체된다. 이 과정이 비정상적으로 항진하는 경우를 과다각화증(hyperkeratosis)이라고 한다. 원인은 각종 만성 자극이나 감염증, 대사이상증 등인데 일상적인 예로는 굳은살(그림 2-1), 티눈 등이 있다. 또 구강, 식도, 질, 요로 등의 점막에 보이는 각질 변성은 육안으로는 하얗게 보이기 때문에 '백판증(白板症)'이라고도 한다.

수종 변성 : 물로 가득 찬 기포가 세포에 생긴다

수종 변성(水腫變性, hydropic degeneration)은 공포 변성이라고도 한다. 쉽게 말해 세포의 물집처럼 보이는 병변으로, 세포질 내에 다수의 원형 공포가 출현한다. 간이나 신장 같은 실질장기, 점막 상피세포, 섬유조직이나 근육조직의 세포에서 보인다.

수종 변성이 일어나는 원인으로는 약물중독, 지속적이고 격렬한 설사로 인한 저칼륨성 신장병증(hypokalemic nephropathy) 등이 있다.

루미 물집인데 기포가 생기나요?

단노 현미경으로 보면 기포로 보이지만, 안은 물로 가득 차 있지.

점액 변성 : 끈적끈적해진다

점액이란 끈적끈적한 실처럼 늘어지는 물질의 총칭으로, 그 성분은 다채롭다. 점액의 주성분은 점액단백질(mucoprotein)이라 불리는 단백질인데 당분을 함유한 경우가 많다. 세포가 점액을 다량으로 산출하는 변성을 점액 변성(粘液變性, mucinous degeneration)이라고 한다.

점액은 상피성 점액과 비상피성 점액으로 구분된다.

■ 상피성 점액 변성

상피성 점액은 전신의 점막이나 선상피*에서 분비되는 것으로, 산성 혹은 중성의 무코다당류*를 함유하고 있다. 점막이 염증을 일으키면 점액이 과잉 생성된다(카타르염, 점액성 카타르). 예를 들어 감기에 걸리면 콧물이나 가래가 나오는데, 이는 코 점막이나 기관지 점막의 세포가 점액을 과잉 분비하기 때문이다.

위암의 유형 중에 반지세포암(signet ring cell carcinoma, 인환세포암)이 있다. 이 암은 암세포가 스스로 생성한 점액으로 가득 차서 핵이 가장자리로 밀려나는데 그 모습이 마치 서양인들이 사용하는 인장 반지처럼 보인다고 해서 (그림 2-2) 그런 이름이 붙었다.

■ 비상피성 점액 변성

혈관, 근육, 지방, 뼈, 연골 등의 간

*
선상피(腺上皮, glandular epithelium) : 분비 작용이 특히 왕성한 상피조직. 편도선과 림프선을 제외한 모든 선(腺). 샘상피.

*
무코다당류(mucopoly saccharide) : 아미노산을 함유한 다당류를 통틀어 이르는 말. 동물의 결합조직에서 많이 만들어지며 히알루론산, 콘드로이틴황산 따위가 있다.

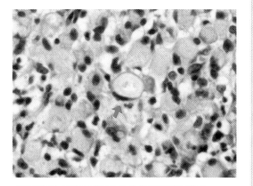

그림 2-2 ░ 반지세포암

핵이 가장자리로 밀려나 마치 반지처럼 보인다.

엽조직에서 그 틈새의 간질*이 탈락하고 점액으로 치환되는 현상이다. 갑상선의 기능 저하로 전신의 피하 결합조직에 점액이 축적되는 점액수종(313쪽)이 대표적이다. 점액 생성이 현저한 비상피성 종양으로는 점액종이 있다.

쫀득쫀득 지식 충전! 간엽조직

간엽조직(間葉組織, mesenchymal tissue)은 중배엽성(中胚葉性) 조직으로, 비상피성 조직과 거의 같은 뜻이다. 간엽조직에는 섬유조직, 지방조직, 혈관, 림프관, 근육, 뼈 등이 있다.

조금 무리한 비유이긴 하나, 우리 몸을 집이라고 치면 간엽조직은 집을 지탱하고 집에 필요한 물질을 공급하는 기관에 해당한다. 즉 기둥은 '뼈와 연골', 벽은 '근, 결합조직, 섬유조직'이며, 전기 계통과 상하수도는 '혈관과 림프관'이다.

이에 비해 상피성 조직은 집과 외부와의 접점이 되는 부분이다. 외벽은 '피부', 바깥의 뜨거운 공기를 식혀서 들여보내는 에어컨은 '폐', 밖에서 사온 식재료를 조리하는 부엌은 '위와 식도'이다. 음식을 차갑게 보관하는 냉장고는 '간'에 해당한다. 배출물을 하수로 흘려보내는 화장실은 '비뇨기와 대장'이다. 이 정도면 대략 감이 잡힐 것이다.

유리질 변성 : 유리처럼 보인다

유선증(乳腺症, masto-
pathy) : 유방 속에 염증
성도 아니고 진성 종양
도 아닌 응어리가 생겨
가벼운 압통이 있는 양
성의 유방 질환군.

유리질 변성(琉璃質變性, hyaline degeneration)은 조직학적으로(현미경으로 보았을 때) 투명해서 마치 유리처럼 보이는 물질이 간엽조직(혈관, 근육, 지방, 뼈, 연골 등)에 침착되는 변성이다. 보통 노화현상으로 생기는 경우가 많고, 유선에 생기는 유선증*에서의 간질, 동맥경화증의 동맥벽부, 위궤양 반흔부(상처 부위) 등에서 보인다.

지방 변성(지방증) : 지방이 쌓이거나 너무 많다

지방 변성(脂肪變性, fatty degeneration)에는 몇 가지 유형이 있다.

■ 원래 있던 지방조직이 증가한 것

전신의 지방조직이 비정상적으로 증가하는 것을 비만증(肥滿症, obesity)이라고 하는데, 그 원인으로 식생활 등의 환경 요인과 유전 요인을 모두 생각해볼 수 있다. 하지만 결국은 칼로리 수지의 불균형에 원인이 있다.

겐타   그 말은, 저희 어머니는 지방이 다량 축적돼 있으니 변성의 일종이란 뜻인가요?

단노   앞서 말했듯이, 정도의 차이는 있지만 어떤 식으로든 몸에 장애를 준다면 병적 상태, 즉 지방 변성으로 본다는 말이지.

■ 실질장기의 지방 변성

간, 심근, 신장 등의 실질장기에서 보이는 지방화로 약물중독, 저산소증, 당뇨병 등이 원인이다.

간은 전신 대사의 중심 장기로, 지방을 저장하거나 지방을 대사해서 에너지로 만드는 작용을 한다. 간 기능에 장애가 생기거나, 기아 상태(에너지 부족 상태), 지방의 과다 섭취 등은 간의 지방화를 일으킨다(지방간, 그림 2-3).

심근의 경우 심근 사이에 줄무늬 모양으로 지방조직이 침착된 모습이 마치 호랑이 가죽처럼 보인다고 해서 '호반심(虎斑心, tiger spotted heart)'이라고 한다. 이때 심근섬유는 위축돼 있는데도 심장은 전체적으로 커진 것처럼 보인다(80쪽 '가성비대').

신장의 경우 미세변화 신증후군*이란 병태에서는 세뇨관 상피에 지방소립(지방 알갱이)이 침착된다. 또 당뇨병이나 바제도병*에서도 같은 소견을 보이는 경우가 있다.

＊
미세변화 신증후군(微細變化腎症候群, minimal change nephrotic syndrome) : 부종과 고혈청 콜레스테롤이 나타나고, 심한 단백뇨(40mg/㎡/h)와 저단백혈증(2.5mg/dℓ)을 특징으로 하는 증후군. 미세변화 질환이라고도 한다.

＊
바제도병(〜病, Basedow's disease) : 갑상선 항진증의 대표적인 질환. 눈알이 튀어나오며 갑상선종을 수반하는 경우를 이른다. 기초대사가 항진하여 식욕이 늘면서도 몸은 여위며, 가슴이 두근거리고 땀이 나며 손이 떨리는 등의 증상이 나타나는데, 남자보다도 여자에게 많이 발생한다.

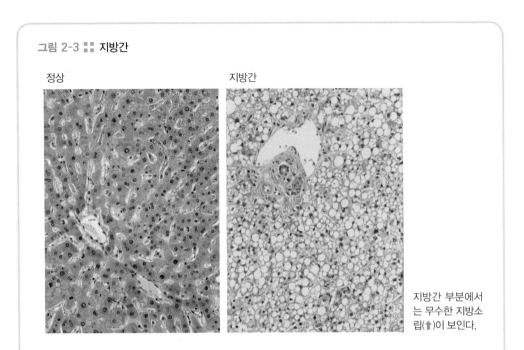

그림 2-3 :: 지방간

정상 　　　　　　　지방간

지방간 부분에서
는 무수한 지방소
립(⬆)이 보인다.

■ 간질의 지방증

간질이나 결합조직에 지방이 침착되는 경우로, 대동맥에서 보이는 죽상동맥
경화증(208쪽)이나 노화현상의 일종이며, 각막에 지방의 일종이 침착되는 [각
막]노인환 등이 있다.

■ 유전성 지방 변성

유전성인 것으로는 전신의 세망내피계, 간 등에 계통적으로 지방이 침착되
는 니만-피크병과 고셰병 등이 있다. 모두 지방 대사에 관여하는 효소의 선천
적 결손이 원인이다.

아밀로이드 변성 : 녹말이 생긴다?

아밀로이드 변성(amyloid degeneration)은 아밀로이드(유전분질類澱粉質)라는 물질이 혈관벽이나 간질에 침착되는 것이다. 골수종이나 갑상선암, 결핵 등에 동반하는 유형(속발성)과 다른 요인 없이 출현하는 유형(원발성)이 있다. 또 전신성과 국소성이 있으며, 심장에 아밀로이드 변성이 오면 심장비대*가, 혀에 나타나면 대설증*이 생긴다. 노인성이나 유전성인 경우도 있다. 또한 아밀로이드는 편광현미경으로 관찰하면 녹색 결정으로서 편광을 나타낸다.

색소 변성 : 빨개졌다 까매졌다 한다

루미 선생님, 제가 테니스부에 들어서 매일같이 연습했더니 햇볕에 까맣게 탔는데요, 이것도 피부의 변성인가요?

단노 맞네. 색소 변성이라고 하지. 피부에는 멜라노사이트라는 검은 멜라닌색소를 만드는 세포가 있는데, 햇볕의 자극을 받으면 세포가 활성화해서 색소를 많이 만들어내지. 때로는 점으로 남기도 하니 주의하게나. 그럼 색소 변성에 관해서 이야기해볼까?

우리 몸속에는 체외에서 침입해서 침착되는 체외성 색소(문신, 대기 중의 탄분, 담배의 타르 등)와 체내에서 생성되는 체내성 색소가 있다. 체내성 색소에는 원래 그 세포가 지닌 색소(동소성 색소)와 헤모글로빈(혈액의 색소)에서 유래된 색소가 있다. 이들 색소의 대사 과정에 이상이 생기면 병적인 색소침착, 즉 색소변성(色素變性, pigmentary degeneration)이 나타난다.

여기에서는 체내성 색소에 대해 알아본다.

■ 동소성 색소 관련 변성

멜라닌은 피부, 모발, 눈의 망막 등의 인체의 검은 부분에 생리적으로 존재하는 색소이다. 흑색 멜라닌과 황색 멜라닌이 있다. 임신이나 애디슨병*의 경우에는 뇌하수체에서 분비되는 멜라닌세포자극호르몬(MSH)이 증가해서 피부, 특히 임신 시의 얼굴, 유방, 외음부에 현저한 멜라닌색소 침착이 나타난다. 황

*
심장비대(心臟肥大, cardiomegaly) : 심장에 지나치게 부담이 가서 심장근육이 두꺼워지고 심장이 커진 상태. 선천성 심장 기형, 심장판막증, 고혈압 따위의 각종 심장 질환에 의한 것과, 운동선수나 육체노동자에게 나타나는 건강한 것이 있다.

*
대설증(大舌症, macroglossia) : 입속에 꽉 찰 정도로 혀가 커지는 증세. 거설증이라고도 한다.

*
애니슨병(Addison's disease) : 부신의 기능장애로 생기는 병. 빈혈, 소화장애, 신경장애가 나타나고 피부와 점막이 흑갈색이 된다. 영국의 의사 토머스 애디슨이 발견하였다.

그림 2-4 █ 몽골반점

인종 신생아의 어깨나 등에서 보이는 몽골반점(mongolian spot, 엉치반점)은 피부의 진피에 멜라닌이 침착된 것으로, 인종적인 현상이다(그림 2-4).

때로 대장에 멜라닌을 함유한 조직구*가 출현할 때가 있다(대장흑색증). 멜라닌 생성 세포인 멜라노사이트가 종양화한 것이 악성 흑색종인데, 악성도가 매우 높은 암이다(178쪽). 양성인 것으로는 모반(사마귀와 점)이 있다.

리포푸신(lipofuscin)은 간세포나 심근세포에 생리적으로 존재하는 황갈색 색소이다. 노화나 소모성 질환(악성 종양이나 만성 전염병, 고열을 내는 질환 등)일 때 증가하기 때문에 소모성 색소라고 부른다. 리포푸신이 침착하면 장기는 갈색조가 강해져서 갈색위축(245쪽)에 빠진다.

■ 헤모글로빈성(혈색소성) 색소 관련 변성

헤모지데린(hemosiderin)은 철과 단백질이 결합한 물질로, 적혈구를 형성한다. 만성 심부전으로 폐에 울혈(혈류가 정체되는 것, 95쪽)이 생기면 적혈구가 붕괴돼 헤모지데린이 분리되는데, 이것이 객담에 섞여서 적갈색을 띤다. 또 그 헤모지데린을 탐식한 조직구가 동시에 객출(喀出)되는데, 이를 심부전세포라고 한다.

*
조직구(組織球, histiocyte)
: 원래는 결합조직을 구성하는 조금 큰 세포이다. 혈액 속 단핵구(單核球)에서 유래하는데 대형화해서 탐식능(식세포가 입자를 탐식하는 능력)을 지닌 매크로파지도 여기에 속한다.

적혈구가 붕괴되면 그 성분인 헤모글로빈이 분해돼 최종적으로 간세포에서 빌리루빈(bilirubin)이 되는데, 담즙의 주성분으로서 십이지장에서 분비된다. 간염 등으로 간세포가 파괴되거나(간세포성), 결석이나 종양으로 담도가 폐색돼 담즙이 십이지장으로 흘러들지 못하게 되거나(폐색성), 부적합 수혈로 적혈구가 붕괴되면(용혈성) 혈액 중에 빌리루빈이 증가해서 황달을 일으킨다(246쪽). 황달이 되면 조직이 노랗게 착색되는데 성인의 뇌, 연골, 각막만은 노래지지 않는다.

칼슘 대사장애 : 뼈가 물러진다

생체에서 칼슘은 대부분 뼈 속에 존재하지만, 일부는 혈액에 함유돼 생체의 수요에 대응한다.

겐타   잔생선이나 우유처럼 칼슘이 풍부한 음식을 많이 먹지 않으면 키가 안 큰다고 어머니가 항상 말씀하셨는데요. 칼슘을 먹는 것만으로는 부족합니까?

단노   그렇다네. 섭취한 칼슘을 뼈로 바꾸려면 부갑상선호르몬과 비타민D* 가 필요하거든. 혈중 칼슘의 대사장애는 너무 많아도 생기고 너무 적어도 생기지.

> * 비타민D : 지용성 비타민. 소장에서 칼슘과 인산의 흡수를 돕고, 신장에서는 세뇨관의 칼슘과 인산의 재흡수를 촉진하며, 뼈에서는 골미네랄의 동원에 관여한다. 음식에서는 생선살, 달걀노른자, 버터, 생선의 간 등에 다량 함유돼 있다. 비타민D의 활성화에는 자외선이 필요하다.

■ 저칼슘혈증

칼슘 섭취의 부족 혹은 임신이나 수유 등으로 인한 칼슘 수요의 증가, 부갑상선의 기능 부전, 비타민D의 부족 등으로 발생한다. 구루병이나 골연화증을 유발한다.

■ 고칼슘혈증

부갑상선의 기능이 종양 등으로 인해 항진하거나, 골절 치유를 위해 다른 뼈의 칼슘이 동원돼서 혈중 칼슘이 증가하는 경우가 있다. 그만큼 뼈의 칼슘 성분이 감소하면 골다공증(osteoporosis) 등을 유발한다.

결석 : 몸에 돌이 생긴다

담낭이나 방광 같은 대상(袋狀, 주머니 모양) 장기 속에 고형물을 형성해서 그 장기의 출구를 막아버리거나(폐색), 이차적인 염증을 일으키는 경우를 결석[증] 이라고 한다. 고형물이 형성되는 요인으로는 결석을 만드는 성분의 과잉 분비, 농축, 결석의 중심이 되는 물질이 있는 경우 등이 있다. 결석이 생기는 장소에 따라 담석(담관이나 담낭에 생기는 결석), 요석(방광이나 요관 등에 생기는 결석), 타석 (타액선에 생기는 결석), 분석(소화관에 생기는 결석)이라고 부른다.

요산 대사 이상 : 바람만 불어도 아프다(통풍)

세포핵에 있는 핵산이란 물질이 분해되면 퓨린체(purine bodies)라는 물질이 생겨나는데, 최종적으로는 요산이 된다. 통풍(痛風, gout)은 유전 요인이 높은 질환으로, 대부분 남성에게 발생한다. 요산이 결절을 형성해서 손이나 발의 관절에 침착되면(그림 2-5) 격통을 동반한다. 바람만 불어도 통증이 생기기 때 문에 통풍이라고 한다. 요산 생성의 근원이 되는 퓨린체는 고기나 생선에 다 량 함유돼 있기 때문에 사치병으로 여겨진다.

당 대사 이상 : 소변에 당이?

루미   선생님, 당뇨병은 소변에 당분이 배설되는 병으로, 살찌고 단 걸 좋아 하는 중노년층에 많죠?

그림 2-5 :: 통풍 : 요산의 침착

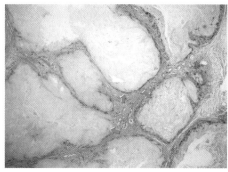

요산의 침착

하얀 괴상(塊狀, 덩어리 모양)의 요산 결정

단노 일반적으로 그렇다고 하는데, 반드시 그런 것만은 아니지. 젊은 사람 중에도 당뇨병 환자가 있고, 또 당뇨병이 심해지면 오히려 살이 빠지 니까 말일세.

당은 탄수화물로, 주로 밥이나 빵·면류 등의 식품에서 섭취된다. 대부분 에너지원으로 소비되지만 일부는 몸의 구성성분인 지방이나 글리코겐의 형태로 저장된다.

당 대사는 췌장의 랑게르한스섬 A세포에서 분비되는 글루카곤과 B세포에서 분비되는 호르몬인 인슐린의 지배를 받는다. 글루카곤은 혈당을 올리고 인슐린은 내리는 작용을 하는데, 어떤 원인으로 인슐린이 부족하거나 작용하지 않게 되면 혈당이 올라간다. 공복 시 혈당이 126mg/㎗ 이상인 경우를 당뇨병(糖尿病, diabetes mellitus, 그림 2-6)이라고 하며, 소변에 당이 나오지 않더라도 혈당이 높으면 당뇨병으로 본다.

당뇨병의 원인을 살펴보면 대부분은 원인 불명의 본태성 당뇨병인데, 유전의 영향이 있다고 본다. 또 내분비 질환이나 췌장 질환 등 원인이 밝혀진 이차성 당뇨병도 있다. 그리고 최근에는 소아당뇨병도 증가하고 있는데, 예후가 나

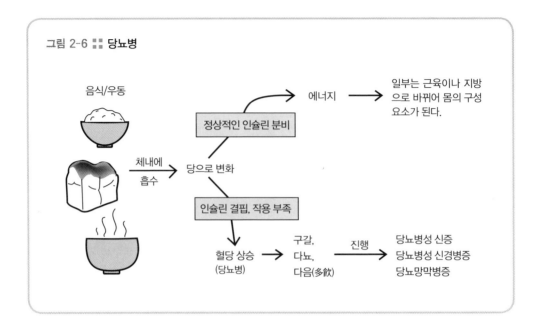

그림 2-6 **::** 당뇨병

음식/운동

정상적인 인슐린 분비

에너지 → 일부는 근육이나 지방으로 바뀌어 몸의 구성요소가 된다.

체내에 흡수 → 당으로 변화

인슐린 결핍, 작용 부족

혈당 상승 (당뇨병) → 구갈, 다뇨, 다음(多飮) → 진행 → 당뇨병성 신증, 당뇨병성 신경병증, 당뇨망막병증

쁜 경우가 많다고 한다.

당뇨병은 그 자체만으로도 다뇨, 구갈, 고지혈증이 나타나고 고도로 진행되면 혼수를 유발하지만, 그보다는 오히려 전신의 순환장애(당뇨병성 혈관장애)로 인한 이차 병변이 문제가 된다. 당뇨망막병증으로 인한 시력장애, 당뇨병성 신경화증으로 인한 고혈압이나 신부전, 당뇨병성 신경병증으로 인한 손발의 괴사, 감염증 등이 생겨서 극히 위독한 상태에 빠지는 경우가 있다.

겐타   당뇨병이 아닌데 소변에 당이 섞여 나오는 경우가 있다고 들었어요.
단노   신장이 나쁘거나 혈압이 높아도 당이 소변으로 나오지.

무기질 대사장애 : 내 몸속에 이런 금속물질까지?

전해질(電解質, electrolyte) : 전기를 통과시킨다는 의미에서 온 단어로, 플러스나 마이너스 이온(전기)을 띤 물질을 가리킨다. 체내에는 Na⁺, K⁺, Ca²⁺, Mg²⁺, Cl⁻, HCO₃⁻ 등이 있다.

지구상에 있는 원소 대부분은 인체에도 존재하는데, 지극히 미량이지만 모두 우리 몸에 꼭 필요한 것들이다. 그중에서도 전해질*이라 불리는 나트륨, 칼륨, 염소, 칼슘, 마그네슘은 삼투압의 유지, 산과 염기의 균형 유지, 물의 분

포, 신경과 근육의 자극 조절 등에 크게 관여하기에 생명의 유지에 큰 영향을 미친다. 중증 감염증이나 종양의 말기에는 전해질 균형이 무너지는데, 이는 예후 불량의 전조로서 중요한 소견이 된다.

미량 원소(체내에 극히 적은 양으로 존재하는 원소) 중 아연은 정소에 많이 함유돼 생식 활동에, 불소는 치아의 구성에 관계한다. 코발트는 비타민B12에 많이 들어 있으며 조혈에 크게 관여한다. 이들 각각의 대사에 장애가 생기면 병변을 일으킨다. 구리는 혈중에서 단백질과 결합해서 셀룰로플라스민(ceruloplasmin)의 형태로 존재하는데, 임신 시에 증가한다. 셀룰로플라스민의 대사 이상 질환인 윌슨병*은 대뇌 기저핵의 변성과 간경변증을 일으키는, 소위 간뇌 질환의 대표적 병변으로서 유전의 영향이 있을 것으로 지적되고 있다.

*
윌슨병(Wilson's disease) : 간이나 뇌에 구리가 비정상적으로 쌓여 일어나는 유전성 질병. 간경변증이나 신경 증상이 따르는데, 손 떨림이나 언어장애가 생기고 눈의 각막 주위에 녹갈색 고리가 나타난다. 영국의 신경과 의사 윌슨(S.A.K. Wilson)이 분류한 병이다.

2.3 위축 : 장기와 세포가 쪼그라든다

＊
저형성(低形成, hypo-
plasia) : hypo-는 '～보
다 작다' 혹은 아래쪽을
나타내는 접두어이고,
-plasia는 형성, 성장,
발달을 의미한다(79쪽
'과형성' 참조). 극단적인
저형성으로서 형성이
전혀 인정되지 않는 경
우는 '무형성(aplasia)'이
라고 한다.

퇴행적 병변의 두 번째 주제로 '위축(萎縮, atrophy)'에 관해 알아보자.

위축이란 정상적으로 성장한 장기나 조직이 다양한 원인에 의해 체적이 감소하는 경우를 말한다. 처음부터 정상적인 크기에 이르지 못한 경우는 '저형성＊' 혹은 '형성 부전'이라고 한다.

위축에는 '단순 위축'과 '수적 위축'이 있다(그림 2-7).

루미   어렸을 때 피아노를 배웠는데요. 손가락이 다른 사람보다 짧아서 잘못 치니까, 피아노 선생님이 피아노는 단념하라고 해서 바이올린으로 바꿨어요. 손가락이 짧은 것도 위축인가요?

단노   피아노는 안 돼도 바이올린은 가능했으니 극히 가벼운 저형성으로 볼

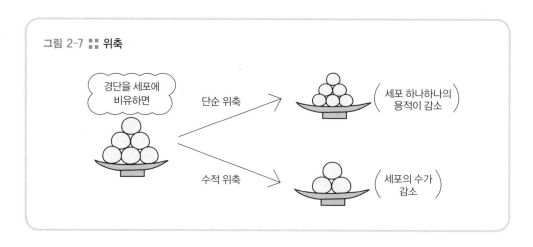

그림 2-7 :: 위축

경단을 세포에 비유하면

단순 위축 → 세포 하나하나의 용적이 감소

수적 위축 → 세포의 수가 감소

수 있을 것 같네. 정상 범위 안쪽이라 병이라고는 할 수 없어.

루미 안심이 되네요. 그러고 보니 요즘에는 짧다는 느낌이 별로 안 들어요. 손이 단풍잎 같아서 귀엽다는 말은 자주 듣지만요.

단노 피아노에 바이올린이라… 양가집 규수였네. 그건 그렇고, 위축의 종류에 관해서 설명하도록 하지.

위축의 종류

■ 노인성 위축

전신에 골고루 일어나는 생리적 위축으로, 지방조직이나 근육에서 시작돼 장기로 퍼진다. 장기 중에서는 피부와 골수(지방 변성으로 인한 골수세포의 위축), 고환, 난소, 근육 등의 노인성 위축이 현저한 반면 심장과 폐, 간, 신장, 뇌 등은 시작도 늦고 그나마 가벼운 위축에 그친다. 나이가 들수록 근육이 줄어들고 피부가 쭈글쭈글해지는 이유이다.

■ 기아성 및 소모성 질환으로 인한 위축

영양이 부족할 때(기아성)나, 악성 종양이나 만성 전염병, 고열을 내는 질환 같은 소모성 질환에서 보이는 전신성 위축이다. 노인성 위축과 마찬가지로 전신에 변화를 일으킨다. 소모성 질환의 경우는 '악액질성* 위축'이라고 한다.

■ 폐용(불사용) 위축

모든 장기의 조직은 정상적으로 기능할 때 그 체적이나 형태가 유지되는데, 어떤 원인으로 사용하지 않으면 혈류량이 감소하면서 위축에 빠진다. 골절 등으로 입원해서 침대에 누운 채로 일주일 정도 지나면 하퇴부의 근육이 위축돼서 얇고 가늘어진다. 이 경우는 퇴원해서 걸어다니면 단기간에 원상태로 돌아간다.

*
악액질(惡液質, cachexia) : 암과 같은 악성 질환이 진행되었을 때 나타나는, 몸이 쇠약해진 증세. 전신이 마르고 발과 눈꺼풀에 부기가 생기며, 피부는 빈혈 때문에 잿빛이 도는 누런 색을 띤다.

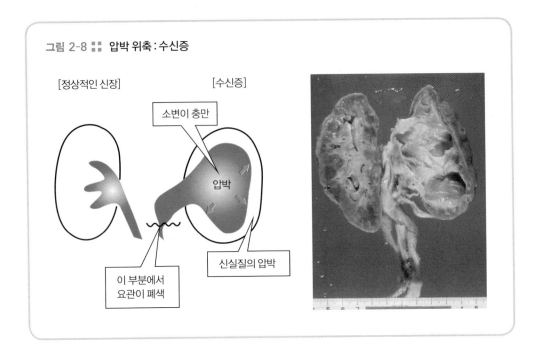

그림 2-8 :: 압박 위축 : 수신증

[정상적인 신장]　　　　[수신증]

소변이 충만

압박

신실질의 압박

이 부분에서
요관이 폐색

＊
수신증(水腎症, hydro-
nephrosis) : 어떤 원인
에 의하여 신장에서 요
관과 방광으로 내려가
는 길이 막히면 소변의
저류가 발생한다. 이로
인해 막힌 부위 상부의
압력이 상승하여 신장
의 신우와 신배가 늘어
나 있는 상태다.

■ 빈혈성 위축

국소의 순환장애로, 조직이 영양장애에 빠지면서 위축을 일으킨다.

■ 압박 위축

지속적인 압박 때문에 발생하는 위축이다(그림 2-8). 요관이 폐색되면서 신우에 저류하게 된 소변의 압박을 받아 신실질이 얇아지고 신장이 주머니 모양으로 변하는 경우가 전형적이다(수신증＊).

■ 퇴축

태생기나 유아기에 면역의 역할을 하는 흉선이 성장과 함께 위축, 소실되는 경우를 말한다. 기능이 소실된 뒤에 일어나는 생리적 위축이라고 할 수 있다.

2.4 괴사 :
조직과 세포가 죽는다

겐타   선생님, 위축 상태에서도 세포는 살아 있는 거죠? 개개의 세포나 조직은 개체가 살아 있는 한 쭉 함께 살아가는 게 맞습니까?

단노   그렇지 않다네. 세포의 종류에 따라 수명이 다르긴 하지만, 세포는 항상 [중추신경세포를 제외하고] 재생을 반복해서 새로운 세포로 교체되고 오래된 세포는 제거되지. 이건 정상적인 활동이라네. 그런데 세포가 병적인 상태에 빠져서 국소의 조직이나 세포가 죽는 경우가 있는데, 이를 괴사라고 부르지.

    괴사*는 세포나 조직이 병적으로 죽는 것을 말한다. 괴사에 빠지면 자가융해(autolysis)라는 현상이 일어나 세포는 그 구조를 상실한다.

> *
> 괴사(壞死, necrosis) :
> necro는 죽음 또는 사체라는 뜻의 연결어이다. −osis는 상태 혹은 과정을 의미하는 명사 어미인데, 의학 용어에서는 병명에 쓰인다.

왜 세포가 죽을까?

■ 혈액순환장애

    괴사의 주요 원인은 순환장애로, 조직이 산소 결핍 상태가 되면 에너지 부족에 빠져서 괴사를 일으킨다. 저산소 상태에 가장 약한 장기는 뇌로, 3분 전후로 혈류가 차단되면 괴사가 시작된다.

■ 물리적 원인(욕창, 동상)

강한 외력, 압박 등의 기계적 작용, 고온 및 저온, 방사선 등의 영향이 있다. 자리보전을 한 노인처럼 체위 변경이 불가능해진 경우에 자주 발생하는 욕창(蓐瘡, bedsore, decubitus)은 지속적인 압박과 감염증에 의한 괴사이다. 동상은 세포의 동결과 순환장애에서 기인한다.

■ 화학적 원인

어떤 종류의 독물, 강산, 강알칼리, 페놀이나 포르말린 등은 단백 응고 혹은 융해 작용을 일으켜서 조직의 괴사를 초래한다.

■ 생물학적 원인

각종 병원 미생물의 감염으로 발생한 염증에서는, 이차적인 순환장애나 산소 결핍 때문에 괴사가 일어난다.

루미   괴사의 원인은 알았는데요, 원인은 달라도 상태는 다 똑같은가요?

단노   괴사에도 몇 가지 종류가 있어서 그 소견만으로 원인을 추정하는 경우도 있다네.

괴사의 종류 : 미라도 괴사다

■ 응고 괴사

순환장애로 인한 빈혈성 괴사로, 조직 속 단백질이 응고해서 괴사에 빠지는 경우이다. 육안으로 봐서는 비교적 원래 형태를 보존하는 경우가 많은데, 심근이나 신장, 비장에서 보이는 쐐기 모양의 괴사가 이 유형이다(그림 2-9A).

■ 융해 괴사

단백질이 적은 조직에서 보이는 괴사로, 뇌연화증(腦軟化症, softening of the

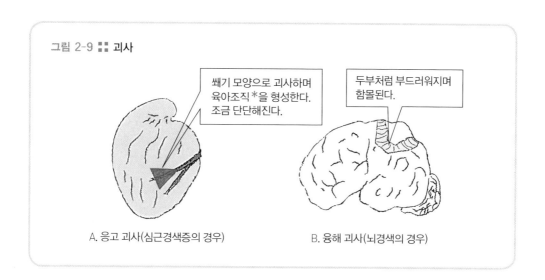

그림 2-9 :: **괴사**

쐐기 모양으로 괴사하며 육아조직 *을 형성한다. 조금 단단해진다.

두부처럼 부드러워지며 함몰된다.

A. 응고 괴사(심근경색증의 경우)　　　B. 융해 괴사(뇌경색의 경우)

brain)이 대표적이다. 괴사가 되면 신속하게 조직의 융해 연화가 진행돼 그 부분이 두부처럼 변하고, 마침내는 공동화(空洞化)해서 표면이 움푹 꺼져 보인다(그림 2-9B).

■ **괴저**

괴사에 다른 인자가 더해진 경우로, 수분이 증발해서 미라 상태가 되는 '건성 괴저'와, 감염이 더해져서 부패하는 '습성 괴저'가 있다. 그리고 가스 생성 세균의 감염으로 인한 '가스 괴저'가 있다.

■ **지방 괴사**

급성췌장괴사(acute pancreatic necrosis)에서 보이는 유형으로, 괴사에 빠진 지방조직이 산소의 작용으로 결절상(結節狀)의 불용성 비누(지방산의 금속염)를 형성한다.

■ **건락 괴사**(乾酪壞死, caseous necrosis, 치즈 괴사)

염증성 삼출물이 황색 치즈 모양의 균일한 괴사소 *를 형성하는 경우로, 결핵이나 매독의 육아종소(肉芽腫巢)에서 특이적으로 출현한다(123쪽).

＊
육아조직(肉芽組織, granulation tissue) : 신체의 손상된 부위가 회복되는 과정에서 나타나는 조직으로, 모세혈관이 풍부하며 왕성하게 증식하는 어린 결합조직을 말한다.

＊
괴사소(壞死巢, necrotized focus) : 괴사에 빠진 병소(病巢).

2.5 아포토시스 : 세포의 자살

*
아포토시스(apoptosis)
: apo−는 off나 away
같은 이미지를 표현해
서 '갔다, 끝났다'라는
뜻이다. ptosis는 '하수
(下垂)'나 '매달린 상태'
를 가리키는데, 위하수
(gastric ptosis)처럼 쓰
인다.

루미 아포토시스*란 말을 들은 적 있는데요, 괴사와는 다른가요?

단노 어려운 단어를 알고 있군. 아포토시스는 1970년대 들어 제창된 개념
으로, '예정된 혹은 자발적인 세포의 죽음'이라고도 설명할 수 있는
현상이지. 괴사와는 달리 신체를 유지하는 데 불필요한 세포를 배제
하는 작용인데, 생후의 흉선이나 이유(離乳) 후의 유선, 월경에 동반
하는 박리자궁내막 등에서 볼 수 있다네. 방사선이나 항암제 치료로
암세포에도 아포토시스를 일으키지. 전자현미경으로 관찰하면 특이
적인 아포토시스 소체(apoptotic body)를 볼 수 있다네. 각종 유전자의
관여가 지적되고 있지만, 아직 완전히 해명되지는 않았지.

Summary

- 퇴행성 병변에는 변성, 위축, 괴사, 아포토시스가 있다.

- 변성이란 비정상적인 물질이 출현하거나, 혹은 정상적인 물질이라도 비정상적인 양이 되는 경우를 말한다.

- 위축에는 단순 위축과 수적 위축이 있다.

- 괴사란 세포나 조직이 부분적으로 죽음에 이르는 것을 뜻한다.

- 아포토시스는 생리적인 혹은 예정된 세포의 죽음이다.

진행성 병변의
원인과 유형

3.1 진행성 병변이 생기는 이유

루미   최근 테니스부의 연습 강도가 세져서 라켓을 쥐는 오른팔이 두꺼 워진 느낌인데요. 이것도 질병의 일종으로 볼 수 있을까요?

단노   그렇지. 바로 진행성 병변이라네. 오른팔이 두꺼워진 건 아마 근육 이 커졌기 때문일 게야. 이처럼 병이 아니라 대부분 몸에 유익해지 는 현상으로서 세포나 조직이 증식하는 경우를 '진행성 병변' 혹은 '증식성 병변'이라고 한다네.

겐타   그건 좀 이상하군요. 병이 아닌데도 병변이란 이름이 붙습니까?

단노   몸에는 좋은 일이긴 한데 정상적이거나 생리적인 현상은 아니라는 의미에서 병리적 변화, 즉 병변이라고도 설명할 수 있지 않을까?

겐타, 루미   그렇군요.

진행성 병변(progressive changes)이란 세포나 조직이 원인을 알 수 없는 장애 상태에 빠졌을 때 기능을 정상으로 되돌리려 하거나, 혹은 환경 변화에 적응 하려는 과정에서 세포가 증식하는 것으로 기능적 적응 반응이라고 할 수 있 다. 크게 비대와 과형성, 재생, 화생, 창상의 치유, 기질화, 이식으로 구분할 수 있다.

3.2 비대와 과형성 : 커지면 다 좋다?

진행성 병변은 주로 세포의 비대와 과형성(증생)*에 의해 발생한다(그림 3-1). 비대란 세포 조직의 용적이 증가해서 조직이나 기관의 용적이 커지는 경우이고, 과형성은 조직이나 장기에서 세포분열이 왕성하게 일어나 세포의 수가 증가하는 것을 말한다.

비대나 과형성 현상에는 생리적인 것(성장기 등에서 활발하게 보인다)과 병리적인 것이 있다. 종양(153쪽)과 달리 증식은 일정 한도 내에서 이루어진다.

*
비대(肥大, hypertrophy)와 과형성(過形成, hyperplasia) : hyper－는 '과도한' 혹은 '넘어선' 등의 의미를 가진 연결형이고, －trophy는 영양이란 의미의 명사 어미이다. －plasia는 형성, 성장, 발달을 뜻하는 명사 어미이다.

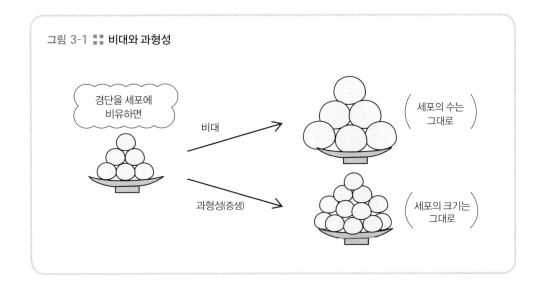

그림 3-1 ▪▪ 비대와 과형성

경단을 세포에 비유하면

비대 → 세포의 수는 그대로

과형성(증생) → 세포의 크기는 그대로

비대와 과형성의 예

■ 노동성 비대(작업 비대)

스케이트 선수의 대퇴부나 역도 선수의 이두박근처럼 지속적인 근육의 사용으로 일어나는 기능의 증강을 동반한 비대를 말한다. 근육이 두꺼워지는 현상은 근세포의 수가 늘어나서가 아니라 근세포가 비대해진 덕분이다.

■ 대상성 비대

각종 원인으로 한쪽 신장이나 폐를 적출하면 남겨진 조직이 잃어버린 부분의 기능을 메우기 위해서 비대해지는 것을 대상성(代償性) 비대라고 한다.

■ 내분비성 비대

하수체 종양 등으로 성장호르몬이 과잉 분비돼 말단비대증이나 거인증에 걸리는 경우가 여기에 속한다.

■ 만성 자극으로 인한 과형성

연필을 쥐어서 생긴 손가락의 굳은살이나, 운동 선수들의 손바닥 굳은살처럼 만성적인 자극으로 생기는 피부의 비대가 대표적이다. 각질 변성을 동반한다.

■ 가성 비대

본래의 조직세포는 무변화 혹은 위축돼 있는데도 불구하고 간질의 지방조직이 증가하면서 장기가 비대한 것처럼 보이는 경우다. 진행근디스트로피의 근조직이나 호반심(59쪽) 등에서 보인다.

루미　테니스를 너무 열심히 치면 손에 굳은살이 생기는 데서 끝나지 않고, 팔이나 허벅지가 노동성 비대를 보일 가능성도 있다는 소리네요.

겐타　루미는 걱정 안 해도 돼. 그 정도로 연습하는 건 아니잖아!

루미　나도 열심히 하고 있다구. 지난번에는 넘어져서 무릎까지 까졌는걸.

3.3 재생 :
세포는 죽어도 다시 살아난다

단노 다쳤을 때 상처가 낫고 골절되었던 뼈가 원래 상태로 회복되는 것도 진행성 병변의 일종이지. 지금까지 설명한 비대나 과형성이 기능에 적응해서 세포가 성장하는 현상이었다면, 이번에는 없어진 세포를 보충하기 위해 세포가 증식하는 병변에 관해서 설명하도록 하지.

재생이란?

괴사했거나 소실된 조직 혹은 세포가 원래 세포의 증식으로 메워지는 현상을 재생*이라고 한다. 혈구나 표피처럼 생리적으로 오래된 세포가 새로운 세포로 교체되는 경우는 생리적 재생(그림 3-2), 세포나 조직이 일정 정도 이상으로 손상되면 원상태로 완전히 회복되지 못하는 경우를 불완전 재생이라고 한다. 세포와 조직은 재생력이 강한 유형과 약한 유형으로 구분된다.

* 재생(再生, regeneration) : re−는 '원래 상태로', 혹은 '되돌리다'를 의미한다. generation은, 여기서는 세대 혹은 자손이란 뜻으로. 이 둘을 합치면 '원래 상태로 회복되다'라는 뜻이 된다. re−는 자주 등장하는 접두어이다.

재생력이 강한 세포와 조직

표피와 점막(편평상피, 입방상피)은 궤양 등으로 소실돼도 기저세포에서 증식해 재생된다. 생리적 재생도 있다.

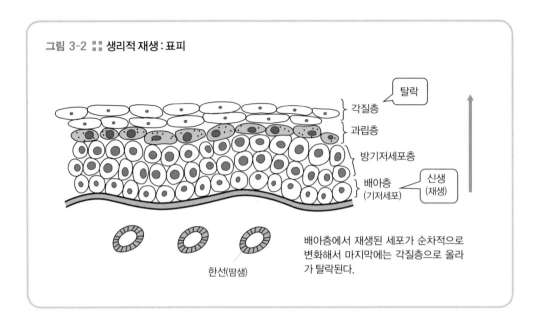

그림 3-2 :: 생리적 재생 : 표피

탈락

각질층

과립층

방기저세포층

배아층
(기저세포)

신생
(재생)

한선(땀샘)

배아층에서 재생된 세포가 순차적으로
변화해서 마지막에는 각질층으로 올라
가 탈락된다.

*
골모세포(骨母細胞, osteoblast) : 뼈의 신생 및 재생에 관여하는 세포. 골질(骨質)을 분비하여 뼈를 만든다. 섬유아세포에서 분화한 것으로, 분열 능력이 크다. 노화된 뼈에서는 그 수가 감소한다. 조골세포.

혈관은 모든 조직의 재생 시 동반 재생되며, 에너지 공급을 위해서 왕성한 재생력을 보인다. 뼈는 골절 등의 경우에 골모세포*의 증식으로 신속히 재생된다. 혈구는 생리적으로도 골수 등에서 일상적으로 재생을 반복하며, 어느 정도까지의 출혈이라면 잃어버린 분량을 신속히 보충한다.

간세포는 매우 재생력이 강해서 생체 간 이식에서 정상적인 간조직을 30% 정도 적출했다 해도 50~100일 정도면 거의 완전하게 원래의 중량과 기능을 되찾는다. 말초신경은 절단부에서 뻗어 나온 축삭이 말초부 속으로 들어가 다시 이어지면서 재생된다.

재생력이 약한 조직

근육은 일반적으로 재생력이 약해서 근육의 손상 부분은 기능이 없는 결합조직이나 지방조직으로 메워진다. 심근경색증의 흔적은 결합조직과 섬유조직으로 이루어진 반흔을 형성한다. 위궤양에서도 근층까지 미친 경우에는 반흔을 남긴다.

폐, 췌장, 신장, 내분비의 조직은 어느 정도는 재생하지만 그 힘은 비교적 약하다.

재생하지 않는 조직

중추신경세포는 전혀 재생하지 않는다고 하며, 연화증 등으로 괴사에 빠진 조직은 신경교세포*의 재생으로 채워진다. 이 경우 기능은 상실된 채로 남는다.

겐타   그래서 뇌경색이나 뇌출혈로 마비가 온 사람은 기능이 회복되지 않는 거였군요.

단노   재활훈련으로 어느 정도 회복되긴 하는데, 신경세포가 재생*되는 것은 아니야. 훈련 덕에 겉보기에만 회복되었을 뿐 완전한 회복은 아니라네.

*
신경교세포(神經膠細胞. glial cell) : 신경계를 구성하는 구성단위 중 하나. 신경아교세포(神經阿膠細胞)라고도 한다. 세포의 신경신호를 전달하지는 못하지만, 이것 없이는 뉴런이 활동할 수 없을 정도로 신경계에서 중요한 역할을 한다. 죽은 뉴런을 없애거나 중추신경계에 있는 뉴런에 지방물질을 제공해준다. 또 사람의 경우, 임신 후기에서 태어날 때까지는 이것이 태아의 뇌 안에서 증가한다.

*
신경세포의 재생 : 최근 유전자 치료를 통해 재생 인자의 기능을 항진시켜서 어느 정도의 재생을 보았다는 보고가 있다.

3.4 화생 : 세포가 둔갑한다

*
화생(化生, metaplasia)
: meta-는 의학적으
로는 '변환' 혹은 '파생'
이란 뜻이다. plasia는
증생(과형성) 부분에서
나왔듯이 형성, 성장,
발달을 의미한다. 이
둘의 의미를 합쳐서,
다른 세포나 조직으로
변화하는 것을 화생이
라고 한다.

*
배엽(胚葉, germ layer)
: 다세포동물은 초기배
(初期胚, 임신 초기) 시기
에 세포가 세 개의 층
으로 나뉜다. 위장관이
나 호흡기 같은 내장이
되는 내배엽, 뼈와 근
육, 지방조직 등이 되
는 중배엽, 피부, 신경,
입이나 항문의 점막이
되는 외배엽이 있다.

위 점막의 원주상피세포가 어떤 원인으로 인해 상처를 입었을 때 정상적으로 재생하지 않고 본래의 세포가 아닌 다른 조직의 세포인 장상피가 출현하는 경우가 있다. 이처럼 본래의 조직이 아닌 다른 형태의 세포로 변화하는 현상을 화생*이라고 한다.

루미   다른 조직의 세포가 출현하다니, 그럴 수도 있나요? 어떤 경우에 볼 수 있나요? 우연인가요?

단노   보통은 염증이나 궤양 등으로 장애를 입은 조직이 재생하는 경우에 발생한다네. 화생이란 건 일단 성숙한 세포조직이 다른 세포조직으로 변화하는 것을 말하는데, 동일 배엽* 사이에서 보이지. 일반적으로 보이는 예로는 위의 장상피 화생, 자궁 경부의 편평상피 화생, 기관지의 편평상피 화생(그림 3-3) 등이 있다네.

루미   다른 걸로 바뀐다는 것은 병리조직학적으로도 큰 의미가 있나요?

단노   많지. 화생이 보이는 시기가 암의 발생과도 관계가 있지 않을까 의심해서 암의 제1단계로 보는 연구자도 있으니까 말일세. 동물을 이용한 실험에서는 기관지의 편평상피 화생에서 편평상피암을 발생시켰다는 보고도 있어. 또 애연가들의 기관지 상피에서 일어나는 세포 변화를 장기간 관찰해서 편평상피 화생이 상피내암으로 이행한다는 사실을 증명한 증례 보고도 있고 말이야. 그래서 자궁 경부의 스미어(도말

그림 3-3 ⠿ 편평상피 화생

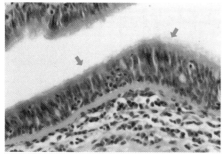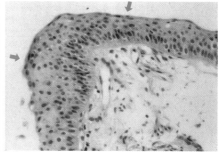

[정상의 원주상피(기관지)]   [편평상피 화생한 상피세포(애연가의 기관지)]

표본)나 객담의 세포진검사에서 이형(異形)을 동반한 화생 세포의 출현이 발견되면 '요주의'로 취급해서 정밀검사를 다시 받도록 하고 있지.

루미   암으로 진행되기 전에 어느 정도의 예측도 가능하다는 말씀이군요.

단노   모든 화생이 암으로 진행된다고는 할 수 없지만, 확률이나 위험도가 조금 올라가는 건 분명하지(그림 3-4).

그림 3-4 ⠿ 화생과 암

세포에 화생이 보이면 암이 될 확률이 높아진다.

결혼 전(정상적인 세포)   ➡   신혼(화생)   ➡   권태기(암화)

3.5 창상의 치유 : 상처가 나으면 흉터가 남는다

상처가 아물거나 손상된 조직이 치유되는 것도 일종의 진행성 병변이라고 할 수 있다. 손상이 생기면 먼저 모세혈관의 증생과 충혈 반응이 일어나고, 이어서 백혈구의 일종인 호중구가 방출되고, 섬유아세포가 증식하면서 손상 부위를 메우기 위한 육아조직이 생성된다. 육아조직은 섬유아세포, 결합조직, 혈관으로 구성되는데 얼마 안 가 호중구는 소실되고 림프구나 단핵구로 대체된다. 그리고 일정 기간이 지나면 육아조직에서 세포 반응이 잦아들고 아교섬유화해서 반흔을 형성하며 치유된다.

겐타   치유되는 과정을 병변이라고 부르다니, 역시 납득이 안 갑니다.

루미   육아조직이 생기고 반흔을 형성한다는 설명처럼, 세포가 병리적으로 변화하니까 병변인 거야. 선생님, 근데 내장이 손상되어도 반흔을 형성하나요?

단노   그렇지. 위궤양이나 폐결핵의 반흔은 임상적으로도 확실히 알 수 있는 경우가 많다네. 다만 간처럼 재생력이 강한 조직은 간세포 자체가 재생하기 때문에 반흔을 거의 만들지 않지.

루미   큰 부상을 당했을 때 생기는 켈로이드는요?

단노   켈로이드는 섬유아세포성 양성 피부종양으로, 반흔이나 만성 자극 때문에 생긴다네.

3.6 기질화 :
방해꾼은 다 먹어치운다

체외에서 이물이 침입하거나 체내에서 불필요한 큰 물질이 만들어졌을 때는 육아조직이 증식해서 흡수 처리하는데, 이 과정이 기질화(organization)다. 한편 이물이 세균이나 탄분(炭粉)처럼 세포 단위의 작은 물질일 때는 기질화가 아니라 호중구, 단핵구, 매크로파지(대식세포)*가 탐식해서 소화해버린다(그림 3-5). 체내에서 형성된 석회물질 등 조금 큰 이물은 탐식이 불가능하기 때문에 이물거대세포라 불리는 다핵(多核)의 대형 세포가 처리한다. 괴사물질이나 혈액 덩어리, 농양 등도 마찬가지로 기질화를 일으킨다.

*
매크로파지(macrophage, 대식세포) : macro-는 micro-의 반대로 '거대한', '장대한'이란 뜻이다. -phage는 먹는다는 의미로, 말 그대로 이해하면 된다.

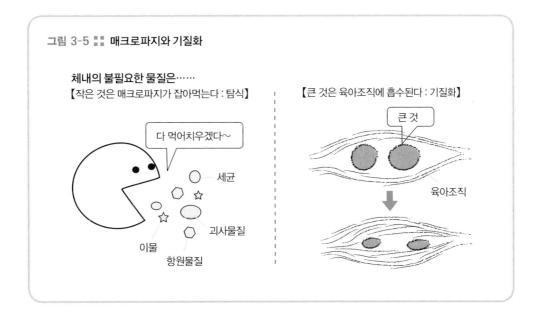

그림 3-5 :: 매크로파지와 기질화

체내의 불필요한 물질은……
【작은 것은 매크로파지가 잡아먹는다 : 탐식】

다 먹어치우겠다~

세균
이물
괴사물질
항원물질

【큰 것은 육아조직에 흡수된다 : 기질화】

큰 것

육아조직

3.7 조직의 이식

    최근에는 생체 간 이식을 비롯해서 각 장기의 이식이 적극적으로 행해지고 있다. 조직의 이식 또한 인공적인 창상의 수복이라는 점에서 진행성 병변으로 볼 수 있는데, 자세한 내용은 제6강에서 다루겠다.

Summary

- 진행성 병변은, 원칙적으로는 손상된 세포조직을 수복하려는 기능적인 적응이라고 할 수 있다.

- 비대는 세포의 체적이 커지고, 증식은 세포의 수가 늘어나는 경우를 이른다.

- 간세포나 혈관, 점막, 피부 등은 재생력이 강하고 근육과 폐, 신장 등은 재생력이 약하다. 또한 중추신경세포는 재생하지 않는다.

- 일부 화생은 암의 선행 병변으로서의 의미를 갖는다.

- 창상의 치유는 육아조직의 형성에서 반흔까지의 과정을 거친다.

- 불필요한 물질이나 체외에서 침입한 이물은 매크로파지의 탐식과 기질화로 처리한다.

혈류와
림프류에 생기는
순환장애들

4.1 체내 순환

루미는 겐타와 점심을 함께 먹기로 한 장소에서 기다렸지만 겐타는 나오지
않았다. 겐타를 기다리는 루미에게 친구인 마사코가 다가왔다.

마사코 들었어? 겐타 말이야, 기절했다던데. 건강검진에서 채혈하다가 그
랬대.

루미 채혈하다가? 겐타가 왜?

마사코 난들 아니? 본인한테 물어봐. 걔가 좀 연약하잖아. 그래 가지고 의
사는 될 수 있으려나 몰라.

루미 겐타한테 빈혈기가 있었나? 걱정이네. 단노 선생님께 슬쩍 여쭤볼
까….

사람의 몸에는 다양한 순환 장치가 있어서 각종 물질이 운반된다. 체내
순환은 크게 혈액순환과 림프순환으로 나뉘는데 영양과 산소, 림프액이나
액성 성분에 함유된 면역물질 등을 공급하고 노폐물과 이산화탄소를 배출함
으로써 세포조직의 기능을 유지한다. 따라서 이 순환 장치에 장애가 생기면
생명을 유지하는 데 중대한 영향을 미친다.

순환장애(循環障碍, disturbances of circulation)에 관여하는 요인으로는 심기
능, 혈관벽이나 혈액의 성상(性狀), 혈류량, 신경 지배 등이 있다. 순환장애에
는 몸의 일부가 순환장애를 일으키는 경우와 전신에 일어나는 경우가 있다.
순환 장치의 원동력은 주로 심장에서 나오지만, 혈관 자체에도 신경적·화학

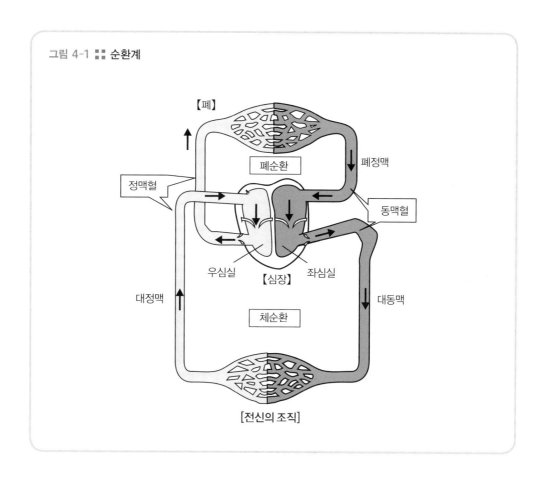

그림 4-1 ▓▓ 순환계

【폐】

폐순환

폐정맥

정맥혈

동맥혈

우심실 【심장】 좌심실

대정맥

체순환

대동맥

[전신의 조직]

적인 조절에 따라 수축하고 확장하는 기능이 있어서 혈액순환에 일조한다. 또 혈관계는 장기 근처에서 가는 세동정맥이나 모세혈관이 되어 장기의 조직 속으로 들어가 혈관벽과 세포막의 투과성을 이용해서 물질이나 수분을 교환한다(그림 4-1).

루미 조직 속으로 들어가 물질교환을 하는 혈관보다 밖에서 운반을 담당하는 혈관이 훨씬 길죠?

단노 그렇지 않다네. 사실 물질교환을 하는 모세혈관의 길이(합계)가 훨씬 길어서, 전체 혈관의 90%에 이른다네.

4.2 국소성 순환장애

루미　점심을 먹고 받는 오후의 첫 수
　　　업은 너무 졸려서 도저히 참을
　　　수 없을 때가 있어요. 일단 졸음
　　　이 오면 방법이 없어요.

단노　밥을 먹으면 소화를 위해 위의
　　　기능이 항진해서 일시적으로 위
　　　에 동맥혈이 몰리지. 그러면 당

연히 뇌로 올라갈 혈액량이 줄어들면서 졸음이 오는 거라네. 식사를
마친 뒤의 위처럼, 소화를 위해서 조직의 기능을 높일 목적으로 혈액
이 모여드는 현상을 '기능성 충혈'이라고 하지. 추운 장소로 갑자기 나
갔을 때 볼이 빨개지는 현상도 기능성 충혈이라네. 조금이라도 체온
을 올리려고 혈액이 모여들어 충혈되는 것이지.

루미　충혈이요? 눈이 충혈되는 것은 알고 있었지만, 위도 충혈되는군요.

충혈 : 동맥의 확장

충혈(hyperemia)이란 세동맥이나 모세혈관의 확장으로 국소(몸의 일부분)로
유입되는 동맥혈이 증가하는 현상을 말한다. 충혈에는 기능성 충혈 외에도 염

증성 충혈*, 대상성(代償性) 충혈, 근마비성 충혈 등이 있다. 충혈된 부분은 붉은 기를 띠고 체온도 조금 올라간다.

염증성 충혈 : 염증 반응 때문에 혈액이 모여든다. 눈의 충혈은 염증성이 많다.

울혈 : 정맥의 확장

루미 심장의 힘이 약해지면 순환이 제대로 안 돼서 정맥혈이 심장으로 돌아가지 못하게 된다는 소리를 들은 적이 있는데요, 이건 어떤 상태인가요?

단노 그건 울혈이라고 하지.

심장으로 돌아가는 정맥혈의 흐름이 무언가의 방해를 받아 혈관 내에 고여 있는 상태를 울혈(鬱血, congestion)이라고 한다. 울혈에는 국소성 울혈과 전신성 울혈이 있다.

국소성 울혈의 원인으로는 여러 가지가 있다. 종양 등으로 인해 압박을 받는 경우, 염증 등으로 정맥벽이 두꺼워져서 정맥의 흐름이 나빠진 경우, 혈전(100쪽)을 비롯한 색전(101쪽) 등으로 정맥이 협착 혹은 폐색된 경우가 있다. 전신성 울혈이 일어나는 원인으로는 심기능 부전으로 인한 환류장애가 있다.

울혈되면 울혈된 부분은 모세혈관이 확장되고, 그곳에 고인 정맥혈 때문에 암자색을 띠어 청색증 상태가 된다.

허혈(국소성 빈혈) : 혈액의 체내 이동

루미 예전에 콘서트 티켓을 사느라고 두 시간이나 줄을 서서 기다린 적이 있는데요. 갑자기 눈앞이 어지러워지면서 그 자리에 주저앉고 말았어요. 빈혈인가요?

단노 무슨 티켓인가?

*
빈혈(貧血, anemia) : 여
러 가지 원인으로 헤모
글로빈의 양이 감소해
서 산소의 공급이 불충
분해지는 것. 남자는
13g/㎗, 여자는 12g/㎗
이하가 되면 빈혈이라
고 한다.

루미 예? 그, 그건 비밀이에요.

단노 그런가. 엄격하게 말해서 의학에서의 빈혈*은 일반적으로 전신적인 빈혈을 뜻하지(288~289쪽). 서 있는데 눈앞이 빙글빙글 돌았다거나 하는 건 뇌의 국소적인 빈혈로 허혈이라고 한다네.

장시간 서 있으면 하반신의 기능이 항진해서 동맥혈이 하반신으로 몰리고 뇌로 가는 혈액은 감소해서 컨디션이 나빠지는 경우가 있다. 식곤증 역시 위의 기능이 항진해서 위로 혈액이 모인 탓에 뇌로 가는 혈액은 감소해서 졸음이 오는 것이라고 볼 수 있다. 이처럼 몸 일부의 기능이 항진하면서 다른 부분의 동맥혈 유입량이 줄어드는 현상을 '대상성(代償性) 허혈' 혹은 '반측성(측부성) 허혈'이라고 한다. 한마디로 허혈(虛血, hypoemia, ischemia)은 국소의 동맥혈 유입량이 감소한 경우를 가리킨다(그림 4-2).

위와 같은 경우 말고도 동맥의 협착이나 폐색(동맥경화증, 혈전 등)으로 동맥혈이 잘 흘러들지 않아서 일어나는 경우나, 혈관을 수축시켜서 혈액을 내보내는 혈관운동신경에 장애가 생겨서 연축(攣縮, 혈관의 수축이 정지하는 것)돼버린 탓에 동맥혈의 유입량이 줄어드는 경우도 있다.

허혈이 일어나면 어떻게 될까? 허혈 부위는 창백해지고 온도가 약간 떨어진다. 장시간에 이르면 그 혈관의 지배하에 있는 조직이 괴사에 빠지는데, 이를 '경색(102쪽)'이라고 한다.

그림 4-2 :: 허혈

일시적인 뇌의 허혈로 기절하기도 한다.

루미 겐타가 건강검진 중 채혈을 하다가 빈혈로 쓰러졌대요. 채혈로도 빈혈이 오나요?

단노 한심하군. 그건 채혈에 대한 공포에서 오는 정신적인 쇼크가 원인이라네. 단련 좀 해야겠어.

출혈 : 혈관 밖으로 혈액 성분이 유출

루미　테니스 연습이 끝나고 보니 다친 기억이 없는 곳에 멍이 생겨서 놀랐던 적이 있어요. 멍은 내출혈의 흔적이라고 들었는데, 맞나요?

단노　분명 연습 중에 공에 맞았거나 넘어지거나 했을 게야. 타박 시 내출혈이 생기는 경우야 흔하지.

루미　내출혈은 구체적으로 어떤 상태를 말하는 건가요? 내출혈한 자리는 처음엔 보라색이었다가 나중에는 노랗게 변하던데, 그건 또 왜죠?

출혈(出血, hemorrhage)이란 혈액의 전성분이 혈관 밖으로 나오는 것을 말한다. 체내로 나오면 내출혈, 체외로 나오면 외출혈이라고 한다. 출혈에는 내출혈과 외출혈 말고도 여러 가지가 있다.

■ 출혈의 종류

출혈에는 외상 등으로 혈관이 손상돼 발생하는 파탄성 출혈, 감염증이나 중독 등으로 혈관세포벽의 내피세포 사이로 피가 서서히 새어 나오는 누출성 출혈이 있다.

출혈 형태의 양상에 따라 점상출혈, 자색반, 혈종 등으로 나뉜다. 점상출혈(點狀出血, petechia)은 모세혈관 파열 등이 원인으로 피부나 점막 등에서 검붉은 반점을 나타내는 미세한 출혈이다. 자색반(紫色斑, purpura)은 진피층으로 적혈구가 유출되어 피부가 붉은색이나 보라색으로 변해 해당 부위를 압박하여도 색이 변하지 않는 상태를 말한다. 자색반과 점상출혈은 같은 병변이며, 크기에 따라서 직경이 3mm 이상이면 자색반, 3mm 미만이면 점상출혈이라고 부른다. 혈종(血腫, hematoma)은 내출혈로 말미암아 혈액이 한 곳으로 모여 혹과 같이 된 것이다.

출혈 부위에 따라서는 비출혈(鼻出血), 객혈(喀血, 폐나 기도의 출혈로 피를 토하는 경우), 토혈(吐血, 소화관의 출혈로 피를 토하는 경우), 하혈(下血, 소화관의 출혈 때문에 항문으로 피가 나오는 경우), 혈뇨(血尿, 신장·요도 등의 출혈로 소변에 피가 섞여 나오는 경우) 등으로 부른다. 똑같이 입으로 토하는 출혈이라 해도 객혈은 새빨간 선혈이고, 토혈은 소화액의 영향으로 거무스름한 암적색이다. 또 하혈은 담즙 등이 섞이면서 새카만 색을 띠기 때문에 타르변이라고도 한다.

■ 출혈의 영향

루미   출혈하면 몸에 어떤 변화가 생기나요? 출혈량이 많으면 죽잖아요. 범죄 드라마에서 '사인은 과다출혈사'라고 하던 장면이 생각나네요.

단노   예를 들면, 대동맥이 잘려서 급격히 대량 출혈을 하는 경우, 내장 등에 질환이 있어서 소량이라도 지속적으로 출혈하는 경우가 있지.

＊
저산소증(hypoxemia) : 동맥혈 중의 산소 분압이 저하하는 경우를 말한다. 원인으로는 출혈 외에도 폐 기능 저하 때문인 경우가 많다. 또한 근육의 수축력 저하 등을 초래한다. hypo-는 hyper-의 반대말로 '적다' 혹은 '부족'을 뜻한다. -emia는 혈액이란 의미이다.

전신 혈액의 30% 이상을 급격한 출혈로 잃으면 출혈성 쇼크로 사망에 이른다. 소량의 혈액이 지속적으로 출혈하는 경우에는 빈혈로 저산소증*을 일으켜 뇌 증상이나 전신 증상이 나타난다. 국소적인 출혈은 생체의 혈액 응고 및 지혈의 메커니즘으로 지혈된 뒤 흡수되든가 기질화해서 수습된다.

한편 30% 이하의 소량 출혈이라 하더라도 출혈 부위에 따라서는 치명적인 결과를 가져올 수 있다. 기관지에서는 소량의 출혈이라도 폐색돼 질식사하며, 뇌간부에서도 호흡 중추 등 여러 가지 중추가 파괴돼 위독한 결과를 가져온다.

＊
치조농양(齒槽膿瘍, alveolar abscess) : 치근의 세균이 옮아 치조골 속에 고름이 생기는 병. 구강 내의 동통, 발적, 종창, 전신 발열 등이 발생한다.

단노   다음은 지혈에 관해서 생각해보세. 예를 들어, 넘어져서 피부가 까져 피가 난다 해도 대수롭지 않은 상처라면 금세 피가 멎지. 또 치조농양*이 있는 사람이 양치질을 하다가 잇몸에서 피가 나더라도 입을 헹구는 동안 피가 멈추지.

루미   그렇죠.

단노   작은 상처의 출혈은 별 문제가 아닌 것처럼 보이는데, 그게 아무리 시간이 지나도 멎지 않는다면 큰일이란 생각이 들지 않나?

루미   수도꼭지를 꼭 잠그지 않으면 물이 새지요. 똑똑 떨어지는 물방울이라도 시간이 오래 되면 상당한 양이 될걸요.

단노　루미의 말은 현실감이 넘치는군. 그럼 피가 잘 안 멎는 경우에 관해서 설명하지.

■ 출혈소질

우리 몸에는 출혈에 대비해서 여러 가지 지혈 기구가 있다. 하지만 외상 같은 특별한 원인이 없는데도 지속적으로 출혈하거나, 작은 외상 등으로 생긴 출혈이 아무리 시간이 지나도 지혈되지 않는 상태를 '출혈소질(출혈 경향, hemorrhagic diathesis)이 있다'고 표현한다.

원인은 네 가지로 볼 수 있다.

첫째 원인은 '응고인자의 결핍'이다. 혈액 응고를 위한 필수 인자는 12종류가 있는데, 이 가운데 무언가가 선천적 혹은 후천적으로 결핍되는 경우가 있다. 모친을 통해 남아에게 반성열성유전(열성유전자를 가지고 있을 때는 병이 나타나는 것)하는 혈우병의 병인이 이것으로, 혈액 응고인자의 제8 인자 혹은 제9 인자의 결핍이 원인이다.

둘째 원인은 '섬유소(피브린) 용해 항진'이다. 혈액이 혈관 내에서 과잉으로 응고하지 않도록 저지하는 생체의 기전으로 '섬유소 용해현상*'이란 것이 있다. 이 기전에서는 플라스민*이라는 효소가 주역을 맡는다. 외상, 쇼크, 화상, 수술 등으로 플라스민의 활성이 높아져서 출혈소질을 초래하는 경우가 있다.

셋째 원인은 '혈소판 감소 및 기능 이상'이다. 혈소판은 지혈에서 큰 역할을 담당한다. 그런데 이 혈소판이 감소해서 출혈 시간을 연장시킬 때가 있다. 백혈병이나 감염증에 동반되는 경우가 많고, 원인 불명의 '특발성 혈소판감소성 자색반병(ITP)'이라는 질환도 있다.

혈소판 기능 이상에는 혈소판무력증(thrombasthenia)이 있다. 이 경우 혈소판의 수는 정상이지만, 점착성이나 응집성의 결여로 출혈소실을 보인다.

'혈관벽 장애'도 출혈소질의 원인이다. 괴혈병(scurvy)에서는 비타민C와 비타민P의 결핍으로 모세혈관벽의 투과성이 늘어나 쉽게 출혈한다. 이 밖에 알레르기자색반병*이나 패혈증에 동반하는 워터하우스-프리데릭센증후군*

*
섬유소 용해 현상(fibrinolysis) : 섬유소(피브린)나 조직 내 단백질을 플라스민이 분해하는 반응으로, 생리적으로 혈액의 과잉 응고를 방지한다. -lysis는 '분해', '용해'란 의미의 접미어이다.

*
플라스민(plasmin) : 척추동물의 혈장 가운데 존재하는 단백질 가수분해 효소의 하나. 혈액 응고에 관여하는 피브린을 용해한다

*
알레르기자색반병(allergic purpura, 헤노흐-쉰라인자색반Henoch-Schonlein purpura) : 혈관벽에 알레르기성 염증이 생겨 쉽게 피가 나는 병. 흔히 팔다리에 좁쌀알 크기의 자색 반점이 대칭적으로 많이 생긴다.

*
워터하우스-프리데릭센증후군(Waterhouse-Friderichsen syndrome). 빠르고 심하게 발병하는 드문 유형의 패혈증(sepsis, 혈액의 중독)으로 발열과 허탈 및 혼수 상태, 피부와 점막으로부터의 출혈, 부신피질 조직의 심한 양측성 출혈이 특징이다.

등도 혈관벽장애로 인한 출혈소질을 보인다.

혈전증 : 혈액 성분이 굳는다

루미 저희 집 세면대가 물이 잘 안 빠져서 짜증나요. 어머니가 세척제로 자주 청소하시지만, 오래된 집이다 보니 상하수도관이 낡아서 그렇다고 해요. 혈관도 막히거나 흐름이 나빠지기도 하나요?

단노 굉장한 비약이지만, 혈관도 혈관 속 혈액이 응고해서 막히는, 즉 폐색되는 경우가 있다네. 파이프는 찌꺼기가 껴서 막히지만, 혈관은 혈관 속을 흐르는 혈액 성분이 굳어서 막히지. 이를 혈전증이라고 한다네. 응고된 혈액은 혈전이라고 하지.

혈전증(血栓症, thrombosis)의 원인이 되는 혈액 성분의 변화로는 혈소판이나 응고인자의 증가, 피브린(섬유소) 용해 기전의 저하 등이 있는데 당뇨병이나 외상, 악성 종양, 고지혈증 등에 동반해서 변화한다. 혈관벽의 변화로는 동맥경화증이나 혈관염으로 혈관 내피에 장애가 발생해서 혈소판이 들러붙기 쉬워지는 경우가 있다. 또 정맥에 많이 보이는 경우가 있는데, 혈류가 울체하거나 정지해서 혈류 속도가 느려지면 혈전이 생기기 쉽다.

혈전의 종류로는 피브린과 적혈구로 이루어진 적색 혈전, 피브린과 혈소판이 응고한 백색 혈전, 그리고 이들이 섞인 혼합 혈전이 있다. 피브린만으로 이루어진 피프린 혈전도 있다.

혈전으로 혈관이 막히면 주변 조직과의 물질교환이 제대로 안 되기 때문에 막힌 혈관이 흘러들어갈 부위에서 괴사가 일어난다. 뇌나 심장에서 이런 일이 생기면 뇌경색이나 심근경색증을 일으킨다.

또 특수한 병태로 '파종성 혈관내응고증(Disseminated Intravascular Coagulopathy, DIC)'이 있다. DIC는 위독한 감염증이나 화상 등으로 전해질 이상, 면역 반응, 산증* 등이 일어나고, 응고 항진을 야기해서 전신에 피브린

*
산증(acidosis) : 혈액의 pH가 산성으로 기울어진 상태를 말한다. 폐기능장애로 인한 호흡성 산증과 그 외의 비호흡성 산증이 있다. 신장의 기능 부전이나 소화관장애 등으로 위독한 상태에 빠지면 발생한다. acid는 산, −osis는 병적인 상태를 의미하는 명사 어미이다.

혈전을 형성, 조직의 변성이나 괴사를 일으키는 증후군이다. 그러면 생체는 여기에 반응해서 역으로 혈액 응고인자를 감소시키기에 출혈소질에 빠져 다발성 출혈이 보인다. 출혈과 응고의 악순환을 반복하다가 치명적인 상태에 이른다.

색전증 : 혈관이 막힌다

루미   테니스 친구인 마사코는 스쿠버다이빙도 하는데요. 잠수했다가 올라오기 전에 안전정지라는 걸 한대요. 부상(浮上)할 때는 천천히, 그리고 수면 밑 3m에서 1~2분간 정지한다고 해요. 이건 무엇 때문인가요?

단노   다이빙을 하면 해저에서는 일단 고압 환경에 놓이게 되지. 그 상태에서 빠르게 부상하면 기압이 급격히 원래 상태로 돌아가기 때문에 혈액 속 질소가 기포(기체)로 바뀌면서 뇌혈관을 막아 뇌경색을 일으킬 우려가 있다네. 이를 방지하려면 '부상은 천천히, 수면 밑 3m에서 1~2분간 정지'가 필요하지. 이를 안전정지라고 한다네.

루미   무섭네요. 기포도 혈관이 막히는 원인이 되는군요.

혈관 내에서 만들어지거나 외부에서 들어온 물질로 혈관이 폐색 혹은 협착되는 증상을 색전증(塞栓症, embolism)이라고 하며, 막은 물질을 색전이라고 한다. 색전의 종류 중 가장 많은 것은 혈전이다. 이 밖에도 임신 시의 양수, 종양조직, 골절 시의 골수, 외상이나 수술 시의 지방색전 등이 있다. 질소 같은 기체는 가스색전이라고 부른다. 때로는 세균이나 진균, 기생충 등도 색전이 된다.

색전증이 일어나면 그 조직이 괴사에 빠져 경색이 발생한다. 심근경색증과 뇌경색 등이 그렇듯 부위에 따라서는 위독한 결과에 이른다. 그뿐만 아니라 미생물은 감염증을, 악성 종양세포는 전이를 일으킨다. 참고로, 이코노미클래스증후군의 원인 중 하나가 혈전성 색전이다. 발에 생긴 혈전이 뇌나 폐로 이동해서 그곳의 혈관을 막으면서 발생한다.

경색 : 동맥이 막혀서 세포가 죽는다

＊
종동맥(terminal artery)
: 다른 동맥과 맞물리지
않는 독립된 동맥지(動
脈枝)로 뇌와 심장, 폐
등에서 종동맥이 폐색
되면 그 지배 영역이 경
색돼 중대한 결과를 초
래한다.

지금까지 경색이란 단어가 여러 번 나왔는데, 경색(梗塞, infarction)이란 종동
맥＊의 폐색이나 파열로 동맥혈의 공급이 멈춘 탓에 그 조직이 국소성 괴사에
빠지는 것을 가리킨다. 경색에는 빈혈성 경색과 출혈성 경색이 있다.

경색이 일어나도 그 원인이 비교적 느리게 진행되고, 주위의 혈관에 샛길(보
통 두 개의 내장 사이에 또는 내장에서 신체 표면으로 통해 있는 비정상적인 통로)이 있을
경우에는 샛길의 혈관으로 대신 혈액이 흐르기 때문에 경색이 일어나지 않을
때가 있다. 이를 곁순환(collateral circulation)이라고 한다.

미소한 경색은 흡수되지만, 큰 경색은 이차적으로 염증을 유발하거나 반흔
을 남긴다. 심근, 폐, 뇌 등에서는 경색소(梗塞巢)가 작아도 치명적이거나 후유
증을 남긴다.

4.3 전신성 순환장애

단노 지금까지 국소성 순환장애를 살펴봤으니, 이번에는 전신성 순환장애에 관해 얘기해봄세.

루미 전신성이라고 하면 혈액이나 림프의 순환이 나빠진다는 소리지요?

단노 그렇지. 어떤 게 떠오르나?

루미 1일 시식 알바로 하루 종일 서서 일하다 보면 오후에는 다리가 퉁퉁 붓던데, 이게 순환장애 맞죠?

단노 그건 다리의 조직 간 수분(림프액, 조직액)이 증가한 상태로, 부종(수종)이라고 한다네. 일시적인 현상이라면 걱정할 필요가 없지. 부종은 혈관 내의 수분이 혈관 밖으로 이동해서 조직과 조직 사이나 체강에 과도하게 고인 상태를 말한다네. 전신에 수분과 나트륨이 증가하지.

부종 : 물이 너무 많다

부종(浮腫, edema, 수종)은 빈틈이 있는 체강, 안검(눈꺼풀), 음낭 등에 잘 나타나며, 부위에 따라 복수, 흉수, 음낭수종, 관절수종, 폐수종, 뇌수종 등으로 부른다. 국소성 부종은 수종, 전신성은 부종이라고 구분한다.

부종의 원인은 세 가지로 정리해볼 수 있다.

① 림프액의 환류장애나 모세혈관의 투과성이 항진해서 수분이 혈관 밖으로 이동한다(117쪽).

② 모세혈관 내의 정수압*이 상승해서 수분이 혈관 밖으로 이동한다.

③ 혈중 단백질의 감소로 교질삼투압*이 내려가 수분이 혈관 밖으로 이동하기도 한다. 구체적으로는 정맥염*, 혈관신경 마비, 신증*, 간경변증, 심부전, 저단백 상태, 상피병* 등으로 부종이 생긴다.

쫀득쫀득 지식 충전! ## 과음과 부종

숙취가 심한 아침에는 두통이나 구역질, 권태감과 함께 얼굴이나 눈꺼풀에 부종이 나타난다. 알코올은 말초혈관의 확장과 투과성의 항진을 초래한다. 그래서 혈장 성분이 혈관 밖으로 유출돼 부종이 생기고, 그 상태가 다음날 아침까지 이어지는 것으로 보인다. 또 알코올의 탈수작용까지 겹쳐서 혈관 내의 수분이 감소하기 때문에 숙취가 남은 아침에는 목이 말라 물을 벌컥벌컥 마시고 싶어진다. 어쨌거나 음주를 절제하는 것이 최선의 방법이다.

탈수증 : 물이 부족하다

인체의 70%는 수분으로 돼 있다. 전신의 수분이 감소하는 현상을 탈수증(脫水症, dehydration)이라고 한다. 전신의 수분 중에서 15%의 수분을 잃으면 위험하다고 본다. 탈수증의 원인으로는 수분 섭취 부족과 과잉 발한, 소화관 질환으로 인한 설사와 구토 등이 있다.

루미　　이번에도 겐타 얘기인데요. 걔가 조깅을 좋아해서 하루걸러 달리고
　　　　있거든요. 거기까진 괜찮은데, 그 뒤가 아저씨 같다고 해야 하나, 사
　　　　우나에 들어가서 땀을 쫙 뺀다고 해요. 그렇게 하면 1kg 정도는 감량
　　　　할 수 있다고 툭하면 자랑해요. 그런데 그렇게 땀을 흘리면 몸에는 별
　　　　로 안 좋을 것 같아요.

단노　　1kg 정도는 괜찮다네.

쇼크 : 혈액이 부족하다

　　육체적 및 정신적으로 손상을 입어서 말초혈관으로 가는 혈류량을 필요한
만큼 확보하지 못하게 된 상태를 쇼크(shock)라고 부른다. 쇼크가 오면 의식이
몽롱해지고, 체온이 떨어지며, 맥이 빨라지거나(빈맥), 피부가 창백하게 질린
다. 심한 경우 혼수상태에 빠져 사망한다.

　　쇼크는 순환혈액량이 급격히 줄거나, 심장의 펌프 작용이 제대로 작동하지
않거나, 말초혈관이 급격히 확장하거나 해서 일어난다. 그 원인으로는 대량의
출혈, 외상, 화상, 세균이나 엔도톡신*이라는 세균 독소, 심부전, 페니실린 등
의 알레르기, 특정 종류의 약제, 강한 정신적 타격 등이 있다.

*
엔도톡신(endotoxin) :
세균 내에 들어 있어 밖
으로 분비되지 않는 독
소. 세균이 죽어서 그
세포가 파괴될 때 외부
로 나타나는데, 콜레라
균이나 장티푸스균에
서 볼 수 있다. 균체내
독소 혹은 내독소.

고혈압

루미　　저희 아버지가 고혈압으로 줄곧 약을 드세요. 고혈압은 어떤 병인가요?

단노　　명확한 기준은 없지만, WHO(세계보건기구)에서는 수축기 혈압이 140
　　　　mmHg 이상이거나 확장기 혈압이 90mmHg 이상이면 고혈압이라고 규
　　　　정하고 있지(1999년 기준). 대부분 원인 미상의 본태성 고혈압이고, 원
　　　　인이 밝혀진 경우는 이차성 혹은 속발성 고혈압이라고 부른다네.

고혈압(高血壓, hypertension)이 생기는 원인은 명확히 밝혀지지 않았지만 유전인자, 기후나 식사 같은 환경인자, 신경인자, 호르몬인자, 순환기장애 등과 관련이 있으리라 추측된다. 특히 신장은 혈압 조절과 깊은 관련이 있다. 특정 조건에서 승압물질과 강압물질의 생성에 관여하는데, 혈압이 정상인 사람에서는 이들 물질이 제대로 조절된다.

고혈압은 본태성 고혈압과 이차성(속발성) 고혈압으로 분류된다.

■ 본태성 고혈압

예후가 나쁜 '악성 고혈압'과 병의 경과가 길고 강압제에 반응해서 비교적 예후가 좋은 '양성 고혈압'이 있다. 악성 고혈압에서는 전신의 세동맥이 변화하는데, 특히 신장의 수입세동맥(輸入細動脈, afferent arteriole)에서 피브리노이드 변성(괴사. 섬유소성 변성, 145쪽)을 보이고, 급격한 경과를 거치며 강압제에 반응하지 않는다.

■ 이차성(속발성) 고혈압

＊
신성(腎性) 고혈압 : 신장 질환이 원인이 되어 생기는 고혈압.

＊
내분비성 고혈압 : 어떤 원인으로 혈압을 상승시키는 호르몬이 과잉 분비되면서 발생하는 고혈압.

가장 많은 것은 신증(腎症)이나 사구체신염으로 인해 발생하는 신성 고혈압＊이다. 그다음으로 당뇨병(64쪽) 등을 동반하는 내분비성 고혈압＊이 있다. 내분비성 고혈압 중에는, 특히 부신수질(adrenal medulla)에 생긴 갈색세포종(pheochromocytoma, 320쪽) 때문에 카테콜아민의 분비가 증가하면서 생기는 고혈압도 있는데, 이 경우는 젊은 층에서도 나타난다. 이 밖에 동맥경화증, 임신중독, 뇌종양 등에서도 고혈압을 동반한다. 또한 지속적인 스트레스도 심인성 고혈압을 유발한다.

루미　항상 핏대를 세우며 화내는 사람도 위험하겠네요.

단노　그렇지. 무슨 일이 닥치건 정신적으로 여유를 갖고 생활하는 게 중요해.

루미　너무 열심히 공부하는 것도 안 좋을지 몰라요.

Summary

● 충혈이란 세동맥이나 모세혈관의 확장으로 국소(몸의 일부분)로 유입되는 동맥혈이 증가하는 현상이다.

● 울혈은 정맥혈의 환류장애로 정맥과 모세혈관의 확장과 울체를 일으켜 청색증을 초래한다.

● 허혈은 국소성 빈혈을 의미하며, 장시간 지속되면 경색을 일으킨다.

● 출혈이란 혈관 바깥으로 혈액이 유출되는 것으로, 내출혈과 외출혈이 있다.

● 혈액 성분이 굳어서 혈관이 협착되거나 폐색되는 것을 혈전증이라고 한다.

● 혈전이나 가스 등이 막아서 혈행장애를 일으키면 혈전증이 되고, 그 지배 영역에서 경색을 초래한다.

● 전신성 순환장애에는 부종, 탈수증, 쇼크, 고혈압 등이 있다.

생체의 방어 반응,
염증과 면역

5.1 염증과 면역이란?

루미 선생님, 겐타가 여름감기에 걸려서 기침과 열이 심해요.

단노 그거 큰일이군. 바보는 감기에 안 걸린다는데, 겐타는 머리가 좋은가 보이. 그럼 루미는?

루미 휴우, 어째서 감기에 잘 걸리느냐로 머리가 좋은지 아닌지를 판단하시나요?

단노 하하하! 기분이 상했다면 미안하네. 감기는 세균이나 바이러스에 감염되어 생기는 염증의 일종이라네. 똑같이 감염돼도 열이 나거나 기침이 나는 식으로 발증하는 사람이 있는가 하면, 별다른 몸의 변화를 보이지 않는 사람도 있지. 그 이유는 당시의 컨디션이나 면역력, 체질 따위의 요인이 작용하기 때문으로 보이네. 그럼 오늘은 염증과 면역에 관해서 공부해볼까.

염증이란?

＊
염증(inlfammation) :
inflame는 불을 붙인
다는 뜻의 명사형이다.
원래는 점화, 연소, 격
앙 등의 의미를 지닌다.

염증＊이란 몸에 해를 미치는 어떤 작용(침습)이 가해졌을 때 일어나는 방어 반응으로, 유해한 인자를 배제하고 손상된 부분을 수복하는 작용을 한다.

루미 염증이 일어나면 열이 나고 아프고 그래요. 그게 방어 반응인가요?

염증을 억제하는 약을 의사 선생님이 처방하기도 하잖아요.

단노 맞다네. 염증은 방어 반응으로 몸에 유익한 반응이지. 다만 병원균 같은 침습인자 자체가 몸에 해로운 작용을 하는 데다 염증 반응이 주변 조직에도 동시에 반응해 손상을 주는 탓에 여러 가지 증상을 일으키는 거라네. 그런 불쾌한 증상을 없애려고 항염제를 먹는 것이고. 그럼 그 증상에 관해서 설명하지.

염증의 5대 징후

염증의 일반적인 임상 증상으로 '5대 징후'가 있다(그림 5-1). 동통, 발열, 종창, 발적, 기능장애가 그것이다.

구체적으로는, 감기에 걸리면 인두가 빨갛게(발적) 붓고(종창), 통증(동통)을 동반하며, 고열이 나고(발열), 목소리가 변하는 등 불편해진다(기능장애).

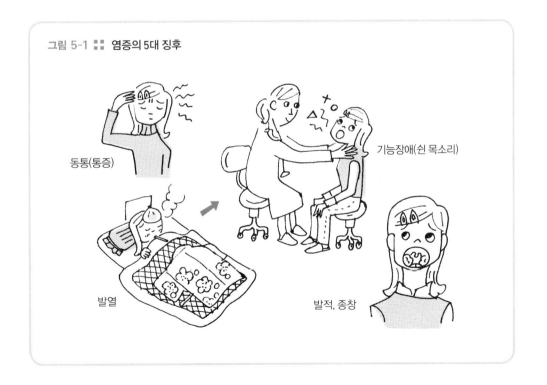

그림 5-1 ▪▪ 염증의 5대 징후

동통(통증)

발열

기능장애(쉰 목소리)

발적, 종창

면역과 염증

면역이란 외부에서 침입하는 미생물이나 단백질, 체내에서 생성된 특정 물질 등을 '이물(외적)'으로 인식하고 그들을 배제함으로써 몸의 항상성을 유지하려는 작용이다.

면역 반응은 이물(항원*)에 대한 항체*를 만들어서 항원-항체 반응을 통해 이물을 배제하는 '체액성 면역'과 림프구 자신이 직접 이물을 배제하는 '세포성 면역'으로 나뉜다. 다만 자주 과도한 면역 반응을 일으켜서, 이른바 알레르기를 유발해서 몸에 유해하게 작용하는 경우가 있다. 염증과 면역 모두 유해한 침습에 대항하는 생체의 투쟁이기에 그 결과로서 생체 자신에게도 어느 정도 장애가 발생하는 것은 필연인지도 모른다.

염증이 국소성(부분적인) 반응인 데 반해 면역은 전신성 현상이라고 할 수 있다.

*
항원(antigen) : 생체를 자극해서 항체 생성을 유도해 면역 반응을 일으키는 물질.

*
항체(antibody) : B림프구가 생성하는 면역글로불린으로, 항원과의 특이적 결합을 통해 면역 복합체를 형성해서 항원을 소화하거나 다른 세포를 자극해서 생체를 지키는 물질.

루미   염증이나 면역에 대해서 대충은 이해가 됐는데요. 구체적으로 몸 어디에서 어떤 메커니즘으로 그런 복잡한 일이 벌어지나요? 그때는 몸의 어느 부분이 관여하죠?

단노   어려운 질문이로군. 한마디로는 설명이 안 된다네. 차근차근 설명하지.

염증과 면역에서 활약하는 세포와 조직

염증과 면역에서는 각각의 과정에서 제각기 기능과 역할이 다른 세포나 조직이 출현해서 저만의 반응을 일으킨다(그림 5-2). 염증 시에 출현하는 각종 세포를 염증세포라고 한다.

■ 단핵구, 매크로파지(세망내피계 세포) : 이물을 먹는다

이들은 염증 현장으로 달려가 이물을 탐식한 뒤 효소 작용으로 소화, 청소

그림 5-2 ▪▪ 염증과 면역에서 활약하는 세포

T세포
NK세포, K세포

B세포

매크로파지

B세포
↓
항체

림포카인*,
호중구, 호산구
[장애 부위]

[장애 부위]

*
림포카인(lymphokine)
: T림프구가 항원의 자극을 받아 분비하는 가용성 소형 단백질을 통틀어 이르는 말. 항체와는 다른 것으로, 세포성 면역 발현이나 조절 작용을 한다.

*
사이토카인(cytokine) :
매크로파지나 호중구가 항원에 노출됐을 때 생성하는 물질로, 면역 반응의 세포 간 전달물질로서 기능한다.

헤파린(heparin) : 황산을 함유한 다당류의 일종. 혈액 응고를 막는 작용을 한다. 고등 동물의 각종 조직에 널리 분포되어 있으며, 수술 후의 혈전을 막는 데 쓰인다.

*
세로토닌(serotonin) :
혈액이 응고할 때 혈관 수축 작용을 하는 아민류의 물질. 포유류의 혈소판, 혈청, 위 점막 및 두족류의 침샘에 함유되어 있고 뇌조직에서도 생성되는데, 지나치게 많으면 뇌 기능을 자극하고 부족하면 침정(沈靜) 작용을 일으킨다.

*
히스타민(histamine) :
조해성이 있는 무색의 고체. 동물의 조직 내에 널리 존재한다. 단백질 분해산물인 히스티딘에서 생성되며, 체내에 과잉으로 있으면 혈관 확장을 일으키고, 심하면 알레르기 증상을 일으킨다.

한다. 또 항원을 처리해서 림프구가 반응하기 쉽게 만드는 작용도 한다. 동시에 사이토카인*을 생성한다.

■ 백혈구(골수계 세포) : 역할은 여러 가지

호중구는 염증이나 장애 부위에 모여들어 탐식 작용을 한다. 이 밖에 살균 작용과 사이토카인 생성 능력이 있다.

호산구는 알레르기성 질환이나 기생충 질환에서 증강하는데, 그 역할은 아직 명확히 밝혀지지 않았다.

호염기구는 헤파린*, 세로토닌*, 히스타민* 등을 생성해서 혈관 투과성을 높이며, 세포 표면의 IgE 항체는 아나필락시스(anaphylaxis) 반응(139쪽)에 관여한다.

■ 림프구계 세포 : 면역 반응의 주역

림프구는 형태적으로는 단순한 구형이고 모두 한 종류의 세포로 보이지만, 사실 여러 종류가 있다. 달리 면역세포라고도 불리는 림프구는 면역 반응에서 중심 역할을 수행한다.

*
감마글로불린(γ-globulin) : 혈장 단백질의 한 성분. 혈장 단백질의 11~17%를 차지하며 면역 기능. 특히 홍역과 간염의 예방에 이용된다.

면역 반응은 감마글로불린*이라는 단백질(항체)이 중심이 되는 '체액성 면역'과, 림프구 자신이 직접 주역을 맡는 '세포성 면역'으로 나뉘는데 여기에는 두 종류의 림프구가 관여한다. 바로 T세포(흉선 'thymus'의 T)와 B세포(점액낭 'bursa'의 B)다.

T세포와 B세포를 구별할 때는 세포 표면의 항원에 대한 단일클론 항체(monoclonal)를 이용하는데, 조직의 판별뿐만 아니라 분화의 정도까지 추정할 수 있다. 참고로 단일클론항체는 단 하나의 항원 결정기에만 항체 반응을 하는 순수한 항체로, 하나의 면역세포로부터 만들어진다.

- T세포 : 항원이 체내로 들어오면 먼저 매크로파지가 탐식 처리해서 T세포를 자극한다. T세포는 림포카인이라는 각종 반응매개물질을 생성해서 세포성 면역을 일으키는데, 이식 면역(장기나 조직의 이식 시에 생체에서 일어나는 면역 반응)과 종양 면역(종양을 대상으로 하는 면역의 총칭. 암 면역), 지연형 알레르기(접촉성 피부염, 결핵 등과 관계) 같은 반응을 담당한다. 또한 B세포를 자극해서 항체 생성을 촉진하거나 억제하는 기능도 있다.
- B세포 : 항원을 자극하거나, T세포의 자극을 받아 형질세포로 분화해서 항체(면역글로불린)를 분비함으로써 체액성 면역에 관여한다.
- NK세포와 K세포 : NK(Natura killer)세포는 림프구보다 조금 큰 세포로, 적을 가리지 않고 표적 세포를 파괴하거나 바이러스의 감염을 방어한다. K(Killer)세포는 항체를 매개로 항체와 결합한 표적 세포를 파괴하는데, 근본적으로 NK세포와 동일한 세포로 본다.

염증에 관여하는 화학물질

단노   루이스(Lewis)가 1927년에 처음으로 히스타민이란 화학물질이 염증에 관여한다는 사실을 발견한 이래로, 히스타민 외에도 수많은 화학물질이 염증에 관여한다는 사실이 판명되었지. 이들을 화학전달물질(chemical mediator)이라고 한다네. 염증이란 현상은 본질적으로 이들 물질의 지배를 받아 세포조직학적인 변화를 일으키는 것임이 밝혀졌지.

루미　조금 어렵네요.

단노　어려운 내용이지. 이제부터는 염증과 관련된 화학물질을 소개해보겠네.

■ 단백질 분해 효소(프로테아제) : 다양한 화학물질을 생성한다

호중구나 매크로파지 등에 존재하는 단백질 분해 효소인 플라스민, 칼리크레인(callicrein) 등은 키닌(kinin)과 브래디키닌(bradykinin)을 생성한다. 이들은 혈관의 투과성을 항진시키고, 호중구 주화성 인자(NCF)*를 만들어서 염증 반응을 발현시킨다.

＊
호중구 주화성 인자 (Neutrophil Chemotactic Factor ; NCF) : 각종 주화성 인자 중 호중구에 중요한 작용을 하는 인자의 총칭이다. 염증 반응에서 호중구의 염증 국소로의 동원은 생체 방어에는 가장 중요한 반응의 하나이기 때문에 많은 종류의 인자가 이 작용을 나타내어 지원 기구를 구성하고 있다.

■ 혈관 투과성 인자 : 혈관벽의 틈새를 넓힌다

혈관 투과성 인자를 지닌 화학물질은 히스타민과 세로토닌 같은 아민류를 비롯해서 브래디키닌, 칼리크레인 등 다양하다. 간접 혹은 직접적으로 혈관을 확장시키거나 투과성을 항진시키는 작용을 한다.

■ 백혈구 주화성 인자 : 백혈구가 국소로 모이기 쉬워진다

호중구, 매크로파지, 호산구의 주화성* 인자로 알려진 것으로는 보체(C3, C5)*의 분해물이 있다. 이 밖에 세균성인 것이나 콜라겐 분해물, 림포카인도 작용한다. 호산구의 주화성은 알레르기 시에 현저하게 보인다.

＊
주화성(chemotaxis) : 매질(媒質) 속에 있는 화학물질의 농도 차가 자극이 되어 일어나는 주성(走性, 외계 자극을 받아 이루어지는 방향성 있는 운동). 단세포 생물이나 정자(精子)에서 흔히 볼 수 있다.

■ 림포카인 : 반응의 중개역

한 번 항원과 반응한 T세포가 다시 항원과 반응할 때 생성되는 화학전달물질로 매크로파지, 호중구, 림프구나 세포조직에 작용해서 세포성 면역을 발현시킨다. 바이러스 감염을 간섭해 저지하는 인터페론을 비롯해 수십 종류가 있다.

＊
보체(complement) : 동물의 혈청 가운데 있으면서 효소와 같은 작용을 하는 불질. 항체와 협력하여 용균(溶菌), 식균(食菌), 살균(殺菌), 용혈(溶血) 현상 따위에 관여한다.

루미 물질 이름이 잔뜩 나와서 더 어려워졌어요. 좀 더 자세한 설명을 듣고
싶어요. 구체적으로 염증은 어떻게 생기나요?

단노 여러 가지 원인이 있지. 염증의 직접적인 원인은 세포나 조직의 손상
이니까, 어떨 때 세포나 조직이 손상되는지 생각해보게나.

염증의 원인

염증의 원인은 물리적 원인, 화학적 원인, 생물학적 원인으로 나눠볼 수
있다.

물리적 원인의 예로서 가장 알기 쉬운 것이 외상이다. 고열, 한랭, 고압 전
기, 방사선, 광선 등도 물리적 원인이다.

화학적 원인으로는 산·알칼리·세균·동식물 등의 외래성 독소, 스스로 생
성하는 체내성 독소, 이물, 그리고 각종 항원성 물질이 있는데, 알레르기를 일
으키는 옻나무가 대표적이다.

생물학적 원인으로는 세균·바이러스·진균 등의 미생물로 인한 감염, 원
충·기생충병·이식으로 인한 동종 세포 등이 있는데, 이에 관해서는 뒤에서
자세히 설명한다.

루미　목욕을 하고 나서 옷을 제대로 입지 않거나 차게 자면 감기에 걸린다고 하는데요. 이것도 염증과 관계가 있나요?

단노　염증의 직접적인 원인은 세포나 조직의 손상이라네. 일차적으로 여러 가지 원인으로 염증이 시작돼서 이차적으로 감염증을 일으키는 경우도 있지. 원인이 되는 현상의 강도나 장애 시간의 길이에 따라서 염증 반응의 유형이 달라진다네. 체온과 기온의 급격한 변화는 일시적으로 호흡기를 손상시키는 탓에 이차적인 감염이 쉽게 이뤄져 염증이 발생하지.

루미　염증의 원인은 대충 정리가 됐는데요. 염증일 때는 우리 몸속에서 어떤 반응이 일어나나요?

단노　염증은 대체로 일정한 경과를 거친다네. 원인이나 정도의 차이는 거의 없지. 물론 염증이 심하면 치유되지 않고 사망에 이르는 경우도 있지만 말일세.

염증의 경과(그림 5-3)

■ 1단계 : 초기 혈관 반응

조직이 손상되면 우선 국소에 순환장애가 오고, 이어서 혈관의 수축과 확장을 초래해서 혈류의 증가와 충혈이 일어난다. 이들 반응은 히스타민이라는 화학물질의 작용과 혈관의 신경 반사에 기인한다. 그리고 이윽고 백혈구가 혈관 내피에 부착해서 혈관 투과성을 증강시킨다.

■ 2단계 : 혈액의 액상 성분이 혈관 밖으로 새어 나온다

혈관 투과성이 항진되면 혈장 성분이 혈관 밖으로 새어나와서(삼출) 국소에서는 염증성 수종을 일으킨다. 삼출액은 각종 항염증 물질을 함유하고 있어서 침습물에 작용하거나 희석시킨다. 또 피브린을 형성해서 지혈 작용과 미생물의 확산을 방지하는 역할 등도 한다.

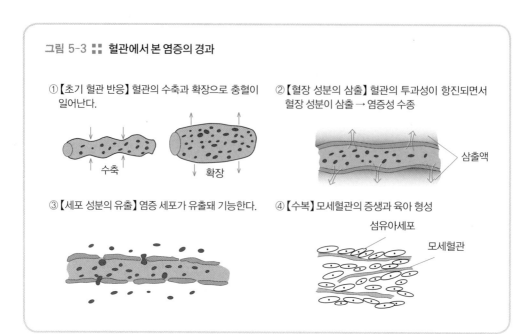

그림 5-3 :: 혈관에서 본 염증의 경과

① 【초기 혈관 반응】 혈관의 수축과 확장으로 충혈이 일어난다.

수축　확장

② 【혈장 성분의 삼출】 혈관의 투과성이 항진되면서 혈장 성분이 삼출 → 염증성 수종

삼출액

③ 【세포 성분의 유출】 염증 세포가 유출돼 기능한다.

④ 【수복】 모세혈관의 증생과 육아 형성

섬유아세포

모세혈관

＊
위족(僞足, pseudopoda)
: 원생동물인 아메바에서 가장 전형적으로 볼 수 있는 세포체의 일시적 돌기로, 헛발이라고도 한다. 운동을 위한 세포기관으로 아메바 외에 김 등의 유주자, 백혈구, 회충의 정자, 변형균의 변형체 등에서도 볼 수 있다.

■ 3단계 : 혈액의 세포 성분이 유출

모세혈관에서 액상 성분이 혈관 바깥으로 새어 나오면 제일 먼저 백혈구(호중구 등)가 혈관 밖으로 이동해 장애 부위로 침윤하기 시작한다.

자세하게 설명하면, 혈관벽에 부착한 백혈구는 위족＊을 내서 내피세포의 틈으로 파고들어 혈관 바깥으로 빠져나온다. 그렇게 빠져나온 백혈구는 주화성 인자의 작용으로 장애 부위로 모인다. 백혈구 중에서는 호중구가 최초로, 이어서 매크로파지가, 만성기에 접어들면 림프구가 장애 부위에 등장한다. 경우에 따라서는 호산구도 출현한다.

■ 4단계 : 수복

염증이 일단락되면 파괴된 조직이 수복되기 시작한다. 먼저 혈관 내피세포가 증식해서 모세혈관이 새로이 만들어지고, 이어서 섬유아세포(fibroblast)가 증식하고 육아가 형성된다. 재생 능력이 뛰어난 조직에서는 원래 세포의 재생도 일어난다. 중추신경에서는 신경교세포로 메워진다. 장애 부위는 탈락한다. 마지막으로, 콜라겐 합성으로 반흔이 형성되면서 염증은 종료된다.

염증의 시기적 분류

염증은 장애인자의 강도, 작용 시간, 생체의 저항성, 면역력, 치료 등에 따라 경과가 좌우된다. 그 시기에 따라 급성, 아급성, 만성으로 분류한다(표 5-1).

표 5-1 :: 염증의 시기적 분류

염증의 시기	조직 소견	출현 세포
급성기	혈관의 확장, 투과성 항진, 삼출액	백혈구 주체(호중구)
아급성기	증식성 염증(육아 형성, 조직구의 출현)	백혈구 감소, 림프구 출현
만성기	육아 형성, 반흔 형성	림프구, 매크로파지, 형질세포

5.3 염증의 형태학적 분류

루미   염증은 원인이야 어떻든 일정하고 동일한 경과를 거친다고 하셨는데요. 감기에 걸렸을 때 기침이 심한 경우나 고열이 나는 경우, 아니면 콧물만 흐르는 경우 등 증상이 다른 이유는 무엇인가?

단노   염증은 처음에 세포조직의 손상으로 시작돼서 ①혈관 반응 ②삼출 ③세포 성분의 유출 ④수복(증식성 변화)이라는 일정한 경과를 거친다네. 이들 반응 중 어느 단계가 강하게 드러나느냐에 따라서 염증을 분류할 수 있지. 그에 따라 임상 증상도 달라진다네.

실질성 염증

간·신장 등 실질조직의 세포 변성이나 괴사 등 퇴행성 병변을 주축으로 하는 염증으로, 감염증이나 중독으로 발생한다. 바이러스성 간염이 대표적인 실질성 염증이다. 세포 및 조직을 손상시키는 강도가 너무 커서 혈관 반응 같은 방어 반응이 일어나기 전 단계의 염증이다.

삼출성 염증

혈관 반응으로 인한 삼출성 변화가 주축으로 나타나는 유형으로, 혈관염이라고도 한다. 삼출되는 물질에 따라 다음과 같이 분류한다.

■ 장액(성) 염증(serous inflammation)

세포 성분이 적은 장액*의 삼출이 두드러지는 염증으로, 간질에 발생하면 염증성 수종이 된다. 점막에서는 특히 카타르염(장액성 카타르)이라고 하는데, 콧물이 줄줄 흐르는 급성 비염이나 장염(대장 카타르)이 이에 속한다. 흉강이나 복강에서는 흉수, 복수가 된다.

■ 섬유소(성) 염증(fibrinous inflammation)

섬유소(피브린)를 다량 함유한 삼출액을 생성하는 염증으로, 주로 점막이나 장막(漿膜)에서 발생해 하얀 위막*이나 융모를 형성한다. 위막의 박리가 쉽고 점막의 변화가 경도인 것을 크루프*, 점막의 괴사를 동반해서 위막의 박리가 곤란한 유형을 위막성 염증*이라고 한다. 목에 생기면 호흡곤란을 일으킨다.

■ 화농(성) 염증(purulent inflammation)

호중구의 삼출을 주축으로 하며, 황록색의 불투명한 고름을 분비한다. 그 형태에 따라 농양, 봉소염, 농성 카타르로 분류한다.

농양(abscess)은 고름이 덩어리 형태로 국소성으로 출현하는 염증으로 폐와 간, 뇌 등에서 보인다. 피부에서는 표피의 각질층 밑에서 출현하면 농포(pustule), 모낭이나 한선(땀샘)·피지선(기름샘)에서 생기면 종기(furuncle), 종기끼리 융합한 것을 큰종기(carbuncle)라고 한다.

봉소염(phlegmonous inflammation, 봉와직염phlegmon)은 화농성 염증이 조직의 사이로 스며들듯이 퍼져서(침윤성으로 진행) 벌집처럼 보이기 때문에 '봉소염'이라 불린다. 충수염이나 단독*, 손끝에 생기는 표저*가 있다.

농성(膿性) 카타르는 점막의 화농성 염증으로, 고름이 표면에서 유출된다.

*
장액(漿液, serous fluid)
: 장막(漿膜)에서 분비되는 투명한 황색 액체. 무기염류와 단백질이 들어 있다.

*
위막(pseudomembrane)
: 섬유소성 염증에서 섬유소의 일부가 삼출액과 혼합되어 외견상 막과 같이 보이는 것.

*
크루프(croup) : 후두의 가장자리에 섬유소성 위막이 생기는 급성 염증. 목소리가 쉬고 호흡곤란을 일으키는데, 위막이 쉽게 벗겨진다는 점이 디프테리아와 다르다. 급성 폐쇄성 후두염.

위막성 염증(pseudomem branous inflammation) : 위막 형성이 뚜렷한 염증. 디프테리아균에 의한 인두염에서는 균체외 독소(菌體外毒素)에 의한 점막상피의 괴사가 섞인 위막 형성을 볼 수 있다. 위막성 염증은 기관지염, 적리나 항생제 사용 후의 장관 점막에서도 볼 수 있다. 디프테리아성 염증이라고도 한다.

*
단독(丹毒, erysipelas) : 피부의 헌 데나 다친 곳으로 세균이 들어가서 열이 높아지고 얼굴이 붉어지며 부기, 동통을 일으키는 전염병.

*
표저(瘭疽, felon) : 손톱과 발톱 밑에 생기는 염증. 화농균이 들어가 벌집 모양의 조직을 형성하는 급성 염증으로, 동통이 심하다.

부비강이나 흉강 등에 고름이 찬 경우는 축농증이라고 하며, 부비강의 경우 코막힘을 일으킨다.

■ 출혈성 염증

정도의 차이는 있지만 염증에는 출혈이 따르는데, 특히 출혈이 두드러지는 경우를 가리킨다. 페스트, 세균성 이질, 천연두, 인플루엔자 등이 있다.

■ 괴저성 염증

병원체의 독소 때문에 조직의 괴사를 동반한 삼출성 염증이다. 때로는 부패해 악취를 풍기거나(부패성 염증) 가스를 만들어낸다(가스 괴저*). 유산 후의 괴저성 자궁내막염도 괴저성 염증이다.

증식성 염증

수복기에 등장하는 섬유아세포나 결합조직의 증식이 주체가 되어 생기는 염증으로, 만성 간염이나 혈관간세포증식 사구체신염(MesPGN)* 등이 그렇다. 또 매크로파지나 림프구가 반응을 보이는 티푸스나 림프절의 동카타르 같은 경우도 있다. 후자를 '번식성 염증'으로 구분하기도 한다.

쫀득쫀득
지식 충전!

특이성 염증(특수성 염증, 육아종성 염증)

특이성 염증이라는 질환이 있다. 증식성 염증 중에서 특이적인 육아종을 형성하는 질환으로, 형태를 보면 어느 정도 병원(病原)을 추정할 수 있는 염증이다. 앞서의 설명에서 염증은 다소의 변화는 있더라도, 원인이 어떻든 간에 형태적으로는 동일한 경과를 보인다고 했는데, 이것만은 별개이다.

결핵의 결핵결절(아래 그림), 매독의 고무종*, 류마티스관절염의 아쇼프결절* 등이 이에 속한다. 결핵결절은 유상피세포로 이루어진 육아종으로, 랑그한스 거대세포(①)*의 출현과 건락 괴사(②, 73쪽)가 특징이며, 주위에 림프구가 침윤한다.

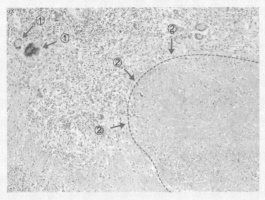

결핵결절

＊
고무종(gumma) : 제3기 매독에 나타나는 육아종(肉芽腫). 고무처럼 탄력이 있는 크고 작은 결절로 내장, 뼈, 근육, 피부 따위에 잘 생긴다.

＊
아쇼프결절(Aschoff nodule) : 류마티스열로 인하여 관절 주변의 연부(軟部)와 심장 근육층 따위에 생기는 결절. 독일의 병리학자 아쇼프(K.A.L. Aschoff)가 발견한 데서 나온 이름이다.

랑그한스 거대세포(Langhans giant cell) : 결핵병으로 인한 신체 변화에서 나타나는 특유한 세포. 핵이 많고 크기가 거대하다.

5.4 감염증은 미생물이 만드는 염증이다

미생물 때문에 발생하는 염증을 감염증(infections disease)이라고 한다. 감염증은 미생물 본체에 의한 것과 미생물이 생성하는 독소로 인한 것으로 나뉜다.

감염증의 특성

감염증에 대한 생체의 반응은 기본적으로 물리적·화학적 원인에 의한 염증과 동일하지만, 원인이 생물이기 때문에 이들이 끼치는 장애에는 다음과 같은 특성이 있다.

① 생체 내에서 증식, 확대하며 지속적으로 자극한다. 확대에는 4가지 유형이 있다. 연속으로 퍼지는 경우, 기관·소화관 등의 관강(管腔)으로 퍼지는 경우, 혈관을 통해서 퍼지는 경우, 림프관을 통해 퍼지는 경우 등이다.
② 일정 기간의 잠복기를 거친 뒤에 발병한다.
③ 감염돼도 어느 정도의 조건이 갖춰지지 않으면 발병하지 않는 경우가 있는데, 이 경우를 불현성 감염(inapparent infection)이라고 한다.
④ 병원체에 따라 독소나 각종 염증을 일으키는 염증성 물질을 생성한다.
⑤ 화학요법으로 거의 박멸된 미생물이 새로이 힘을 축적해서 내성균을 출

현시키는 일이 있다. 또 화학요법으로 강한 미생물이 배제되면서 그때까지 약독균으로 얌전히 있던 것이 날뛰는 경우가 있다(균교대현상). 이를 기회감염(opportunistic infection)이라고 한다.

감염에 대항하는 생체의 방어 기구

루미 감염증에 대항해서 생체는 면역 저항과 염증 반응을 통해 방어한다는 사실은 대강이나마 알겠는데요, 이것 말고도 또 있나요?

단노 좀 더 단순한 것들까지 포함해서 방어 기구에는 여러 가지가 있으니 여기서 정리하고 가지.

■ 해부생리학적 저항

피부나 점막은 외부에서 들어오는 미생물의 침입을 막는다. 또 눈물이나 타액에 들어 있는 라이소자임(lysozyme)은 상당히 강한 살균 작용으로 감염에 대항한다. 라이소자임은 동물의 조직, 침, 눈물, 알의 흰자위에 들어 있는 항균성 효소의 하나로, 세균의 세포벽에 들어 있는 무코다당류 등을 가수분해함으로써 세균의 감염을 막는 역할을 한다. 식염수에는 녹으나 아세톤, 알코올에서는 침전한다. 1922년에 영국의 세균학자 플레밍(A. Fleming)이 발견하였다.

■ 유전적 혹은 종족적 저항

병원미생물에 대한 저항성은 사람마다 다르고 종족이나 성별, 연령에 따라서도 달라서 이를 소질이라든가 체질의 차이로 설명해왔다. 그러나 최근 모종의 유전자가 관여한다는 사실이 밝혀졌고, 이들을 면역반응유전자(immune response gene)라고 부른다.

■ 백혈구 탐식 작용

호중구와 매크로파지는 미생물, 특히 세균을 탐식해서 리소좀*의 효소 작

*
리소좀(lysosome) : 가수분해효소를 많이 함유하여 세포 내 소화작용을 하는 단일막으로 둘러싸인 세포의 작은 기관. 식세포 작용을 하는 세포에 많이 있으며, 세균 이물이나 노후한 자신의 세포를 소화하는 구실을 한다.

■ 인터페론

간세포 등은 바이러스에 감염되면 당단백질의 일종인 인터페론(interferon)을 만들어낸다. 인터페론은 바이러스혈증*을 특이적으로 개선하는 작용을 한다. 이 기능은 C형 간염의 치료에 응용되어 큰 성과를 올리고 있다.

■ 면역에 의한 방어

세포성 및 체액성 면역은 감염의 발증에 대한 방어와 저항에서 큰 역할을 한다(112쪽).

감염증 1 _ 세균 감염증

루미 감염증의 원인이 되는 미생물은 얼마나 많나요?

단노 나도 다 알지 못할 정도로 많은데, 사람에게 발생하는 것은 수백이 아닐까 생각한다네. 병원미생물은 크기나 증식 패턴에 따라 세균, 바이러스, 진균, 리케차* 등으로 분류된다는 것은 알고 있겠지? 감염증으로 인한 사망률은 항생물질의 발달로 격감했지만, 새로운 내성균의 출현이나 기회감염 등 문제가 산적해 있다네. 이번에는 대표적인 감염증과 최근 주목받고 있는 것들에 관해서 공부해보세. 가장 먼저 세균 감염증에 대해 설명하지.

■ 포도상구균 감염증

대표적인 화농균으로, 피부에 많아서 부스럼이나 종기를 형성한다. 그 밖에 화농성 폐렴이나 골수염의 원인이 돼 위독한 결과를 초래하기도 한다. 그 중에서도 MRSA*는 원내 감염(院內感染)으로 자주 집단발생하는데, 저항력이 약한 고령자나 영유아에게서 자주 발병하고 심하면 사망하기도 한다.

---

*
바이러스혈증(viremia) : 바이러스가 병소로부터 혈류로 나오는 것을 말한다. 보통 1차 병소로부터 국소 림프절로 이동해 혈류로 나와 1차 바이러스혈증을 일으켜 전신으로 퍼지는데, 이 단계에서는 아직 임상 증상이 나타나지 않으며 혈중 항체가 유효하게 작용한다. 그 뒤 바이러스가 특정 장기의 특정 세포에서 대량으로 증식해 2차 바이러스혈증을 일으키는데, 제1차의 그것보다 훨씬 크고 임상 증상의 발현과 직접 관련되는 경우가 많다.

*
리케차(rickettsia) : 발진티푸스, 양충병, 큐열(Q fever)을 일으키는 병원미생물로, 세균과 바이러스의 중간적인 성질을 나타낸다. 현재 50여 종이 발견되었으며 0.3∼0.5㎛ 크기의 공 모양 또는 막대기 모양이다. 이, 빈대, 진드기 따위에 기생하며, 번식 방법은 세균과 비슷하나 살아 있는 세포에서만 번식한다는 차이점이 있다.

*
MRSA(Methicillin-Resistant Staphylococcus Aureus) : 메티실린 내성(耐性) 황색포도상구균. 페니실린이나 세팔로스포린 등 거의 모든 항생제에 강한 내성을 지닌 악성 세균.

■ 연쇄상구균 감염증

연쇄상구균(streptococcus)은 사슬 모양으로 증식, 배열하는 그람 양성균의 한 무리다. 성홍열*, 단독, 심내막염 등의 원인균으로서 출혈소질(99쪽)이 강하며, 화농균이지만 포도상구균에 비해 묽은 고름을 만든다. 자가면역질환인 류마티스열*, 사구체신염도 연쇄상구균이 원인이다.

■ 임균 감염증

임균(淋菌, gonococcus)은 임질을 일으키는 병원균으로 요도, 자궁, 눈의 점막을 통해 감염되며 고름이 되어 요도로 흘러나온다. 임균 감염증은 성병 중에서 가장 많으며, 면역이 성립하지 않아서 반복적으로 감염돼 발병하는 경우가 있다. 요도의 화농성 카타르로 남성에서는 부고환염을, 여성에서는 난관염을 일으켜 불임증의 원인이 된다.

■ 클로스트리듐 감염증

클로스트리듐군(Clostridium群)은 염기성 균으로, 독소를 생성해 보툴리누스중독(보툴리누스균에 의한 식중독), 파상풍 같은 신경 친화성 질환의 원인이 된다. 또 창상으로 감염되는 가스 괴저는 봉소염(121쪽)을 일으켜서 악취를 풍기는 가스를 생성한다.

■ 페스트

페스트(pest)는 원래는 쥐의 질환인데, 벼룩을 매개로 사람에게 감염된다. 출혈소질이 강해서 급속히 패혈증에 빠져 사망한다. 피하 출혈로 피부가 검게 변하기 때문에 흑사병이라고도 불린다. 과거에 유럽에서 크게 유행했었다.

■ 콜레라

콜레라(cholera)는 인도의 풍토병인 감염증으로, 비브리오균의 일종이 원인이다. 과거에는 자주 생겨나서 수만 명의 사망자를 내기도 했다. 균체 내 독소로 인해 강한 설사, 구토, 탈수를 일으켜 사망에 이른다. 소장 점막의 위축과

＊
성홍열(scarlet fever) : 용혈성(溶血性) 연쇄상구균에 의한 법정 급성 전염병의 하나. 흔히 가을부터 겨울 사이에 어린이에게 유행한다. 갑자기 고열이 나고 구토를 일으키며 두통, 인두통(咽頭痛), 사지통(四肢痛), 오한이 있고, 얼굴이 짙은 다홍빛을 띠면서 피부에 발진이 나타난다. 류마티스관절염, 중이염, 신장염을 일으키는 일이 있다.

＊
류마티스열(rheumatic fever) : 용혈성 연쇄상구균의 감염으로 특정 소질을 가진 어린아이에게 일어나는 세균 알레르기 질환. 고열, 상기도염(上氣道炎), 관절통을 일으키고, 환자 가운데 반수는 심장염을 일으키며, 가끔 심장 판막증도 일으킨다.

탈락이 보인다. 오늘날에도 산발적으로 발생하고 있다.

■ 살모넬라 감염증

이질균와 티푸스균 감염증이 대표적이다. 세균성 이질의 경우 경구적으로 감염된 균이 대장에서 증식하고, 균체 내 독소가 카타르성 병변을 일으키며 이어서 괴사, 궤양 형성, 출혈성 설사를 초래한다.

장티푸스는 마찬가지로 경구 감염돼 피부의 발진과 함께 림프절에 티푸스결절이라는 육아종을 형성한다. 또 균체 내 독소로 인해 심근이나 신장의 변성을 초래한다.

■ 대장균 감염증

여름철 식중독의 원인 중 대부분을 차지한다. 최근 집단 발생해서 다수의 사망자를 낸 병원성 대장균 O-157은 출혈성 대장염의 원인균으로 사회문제가 되었다. 이 밖에 복막염이나 충수염, 담낭염 등을 일으키는 대장균도 있다.

■ 결핵

화학요법의 발달과 BCG 접종 등으로 결핵(tuberculosis)의 발병과 사망률 모두 격감했지만, 여전히 어느 정도는 발생하고 있다. 보통은 기도로 감염돼 호흡기를 매개로 림프행성(lymph行性), 혈행성(血行性), 관내성(管內性)으로 확산된다. 특이적인 유상피세포 육아종인 결핵결절을 형성하는 특이성 염증이다. 랑그한스 거대세포의 출현을 동반하며, 진행되면 건락 괴사와 공동(空洞) 형성 등의 소견을 보인다.

■ 한센병

한센병(Hansen's disease)의 원인균인 나균은 감염력이 지극히 약해서 영유아기의 빈번한 접촉을 통한 비말 감염 등이 감염 경로로 추정된다. 감염돼서도 장기간의 잠복기를 거친 뒤에 발병하는 특징이 있다. T세포가 관여하는 세포성 면역능(cellular immune function)에 의존하는 것으로 보인다. 주로 피부 점막 및 신경을 침범하는데, 형질세포와 포말세포*라 불리는 특징적인 매크로파지로 이루어진 육아종을 형성해 조직의 변화를 가져온다. 특이성 염증의 일종이다.

*
포말세포(foam cell) : 세포질 내에 잘 발달된 작은 공포(空胞)로 말미암아 세포질이 넓고 거품상(狀)으로 밝게 보이는 세포.

감염증 2 _ 진균 감염증(진균증)

단노   이번에는 진균증에 대해 알아볼까?

루미   선생님, 진균증이라면 곰팡이에 감염되는 질병 말인가요?

단노   진균은 곰팡이의 친구지. 진균증이라고 하면 과거에는 무좀이나 백선(白癬, ringworm) 같은 피부병이 대부분이었네. 하지만 최근에는 항생물질의 발달로 인한 균교대현상*이나, 스테로이드제의 과용이나 면역결핍증후군* 등으로 인한 기회감염증이 많이 보인다네. 얌전히 있던 진균이 활약하면서 내장의 진균증이 늘고 있지.

■ 칸디다증

칸디다는 원래 체내에 존재하는 곰팡이(상재균)인데 숙주의 면역력이 떨어지면 내인성 감염증을 일으킨다. 칸디다증(candidiasis)은 생식기, 소화관, 폐에서 많이 보인다. 궤양이나 농양을 형성하며, 괴사 부위에서 균괴(菌塊)를 볼 수 있다.

■ 아스페르길루스증

아스페르길루스증(aspergillosis, 276쪽)은 폐에 호발(好發)하지만, 다른 부분에서도 보인다. 때로 아스페르길루스종*이라 불리는 결절상의 병변부를 형성해서 결핵이나 종양과의 감별이 곤란한 경우가 있다.

■ 크립토코쿠스증

주로 비둘기의 배설물이나 토양 중에서 기도를 통해 감염돼 일으키는 폐의 병변이 크립토코쿠스증(cryptococcosis)이다. 자주 수막(髓膜)이나 뇌 실질에 낭

*
균교대현상(Microbial substitution) : 상재(常在) 세균의 세력 분포가 숙주의 상태나 치료로 인해 변화하는 것.

*
면역결핍증후군(immuno deficiency syndrome) : 면역 기구에 어떤 이상이 있어서 병에 걸린 뒤에도 그 병에 면역이 되지 않고 인공 면역도 되지 않는 병. 젖먹이에게 주로 많은데, 선천적 이상체질에서 오는 난치병인 경우와 생후 백혈병, 재생불량성 빈혈 따위가 원인이 되어 생긴 후천적인 경우가 있다.

*
아스페르길루스종(aspergilloma) : 폐 안의 공동(空洞) 내에서 아스페르길루스 곰팡이가 증식하여 집락이 형성된 것. 공동은 대표적으로 폐결핵 같은 질병을 심하게 앓았던 환자에게서 볼 수 있는데, 아스페르길루스종은 이런 비어 있는 공간에 자리 잡은 진균 덩어리이다.

포성 병소를 형성해서 운동장애나 지각장애 같은 뇌의 증상으로 발증한다.

■ 기타 진균증

이 밖에도 방선균증(actinomycosis), 털곰팡이증(mucormycosis), 노카르디아증(nocardiosis) 등의 내장 진균증이 있다.

방선균증은 혐기성 방선균에 의하여 생기는 만성 전염병이다. 주로 가축에 생기고 드물게는 사람에게도 전염된다. 입 안, 호흡기관, 소화기관 따위로 균이 침입하는데 단단한 응어리나 고름집이 생긴다.

털곰팡이증은 진균의 접합균류 털곰팡이목(mucorales) 중 털곰팡이(Mucor), 활털곰팡이(Absidia), 거미줄곰팡이(Rhizopus) 속의 균종에 의해 발생하는 진균 감염증이다. 뇌 부비동, 흉부, 복부−골반 및 위, 피부를 침범한다. 건강한 사람에서는 상재균의 하나이지만 암이나 당뇨병 환자, 혈액 질환자, 항생물질이나 스테로이드호르몬 등의 장기 투여로 숙주 저항성이 저하된 환자에게는 발병하기 쉽다.

노카르디아증은 호기성 병원성 방선균인 노카르디아(nocardia)에 의해 일어나는 질환으로 전신성과 국한성으로 구분된다.

감염증 3 _ 리케차 감염증

리케차(rickettsia)는 살아 있는 동물의 세포 내에서만 증식이 가능한 소형 미생물이다. 벼룩, 이(虱), 진드기 등의 절지동물을 매개로 사람에게 감염된다.

발진티푸스는 이의 자상에서 감염돼 혈관 내에서 증식하며, 출혈 괴사를 동반하는 티푸스결절을 형성하고, 피부의 발진과 뇌 증상을 나타낸다. 폐, 간 등에도 감염된다.

쯔쯔가무시병(scrub typhus)은 털진드기(쯔쯔가무시)가 매개해서 발진과 함께 뇌, 심장의 혈관염 및 간질성 폐렴을 초래한다.

감염증 4 _ 스피로헤타 감염증

루미 스피로헤타(spirochaeta) 하면 매독이 떠올라요.

단노 정답이네. 스피로헤타는 나선 형태에 독특한 움직임을 보이는 세균군
으로 사람에게 병원성을 보이는 것만 해도 바일병, 재귀열, 서교증 등
많지만 발병 자체는 비교적 드물지.

매독(syphilis)은 대표적인 성행위 감염증으로 피부 점막의 작은 상처로부터
감염된다. 드물게는 수혈로도 감염되며, 태반을 통한 선천성 감염도 있다.

병변은 초기 경결*과 혈관염의 제1기, 피부 병변을 일으키는 제2기, 내장에
고무종(유상피세포나 형질세포로 구성된 육아종)을 형성하는 제3기로 나뉜다. 제3
기에는 균이 신경에 이르러서 진행성 마비*나 운동실조를 일으키는 척수매독
*에 빠지는 일이 있다(333쪽). 최근에는 항생물질 덕에 정형적인 매독은 감소
하고 있지만 비정형적인 경과를 보이는 경우가 많아졌다.

감염증 5 _ 클라미디아 감염증

클라미디아(chlamydia)는 살아 있는 동물의 세포 내에서만 증식이 가능한
미생물이다. 일군의 바이러스상(狀) 병원체 감염증으로, 각각의 감염세포질 내
에 특징적인 봉입체를 형성한다. 봉입체란 증식 중인 클라미디아의 병원체 덩
어리에서 생겨난 주머니이다. 클라미디아는 증식 사이클에 특수성이 있다는
점에서 바이러스 감염증과는 다르다. 클라미디아 감염증에는 다음과 같은 것
들이 있다.

앵무병(psittacosis)은 앵무새나 잉꼬 등의 분변에서 기도로 감염돼 간질성(間
質性) 폐렴을 초래하며(277쪽), 비종*이나 간과 신장의 병변을 동반한다.

서혜림프육아종(lymphogranuloma inguinale)은 제4성병이라고도 불리는 성
행위 감염증이다. 화농성 림프절염을 일으키며, 만성화하면 결합조직의 증식

*
초기 경결(初期便結,
initial sclerosis) : 매독
의 병원균(Treponema
pallidum)의 인체 감염은
거의 성교에 의해 생기
고, 그 침입 문호인 음경,
대소음순, 질구 등에 경
결이 생기는데, 이것을
초기 경결이라고 한다.

*
진행성 마비(進行性痲痺,
progressive paralysis) :
매독에 감염된 후 3~40
년(평균 15년)의 잠복기를
거쳐서 일어나는 신경매
독성 질환. 마비성 치매
라고도 하며, 뇌매독의
한 종류이다. 예전에는
병원체에서 발생하는 독
소를 원인으로 생각하였
으나, 1913년 뇌 속에서
병원체인 스피로헤타를
발견하였다. 발병 빈도는
전체 매독 환자의 약 4~
5%이며, 감염 후 10~15
년의 것이 가장 많고, 연
령은 30~50세에 많다.
정신과 육체의 활동이
점차 황폐해지다가 결국
죽음에 이르게 된다. 발
병하여 사망할 때까지는
평균 2년 반이지만, 페니
실린요법의 발견으로 그
예후가 현저하게 좋아
지고 환자수도 감소되었
다.

*
척수 매독(脊髓梅毒,
tabes dorsalis) : 처음 매
독에 걸리고 15~20년
후에 척수의 후삭과 척
수 신경 후근에 점차적
으로 변성이 진행되는
병. 날카롭게 쑤시는 듯
한 통증과 오줌이 새며,
운동의 협동이 되지 않
는 증상이 나타난다.

*
비종(脾腫, splenomegaly) :
비장이 비정상적으로 비
대해지는 증상. 백혈병,
말라리아, 용혈황달 같
은 병에서 많이 일어나는
데, 비장이 약 2배로 부
어서 왼쪽 끝의 갈비뼈
밑으로 만져진다.

트라코마(trachoma)는 수영장 등에서 눈의 결막에 감염된다. 카타르성 결막염으로 시작해 림프여포* 형성이나 상피의 증식 등으로 눈의 점막에 반흔을 형성하는 경우가 있다.

감염증 6 _ 바이러스 감염증

바이러스는 가장 작은 병원체로, 바이러스 감염증은 다른 감염증과 구별된다.

가장 큰 특징은, 자신이 좋아하는 살아 있는 세포나 장기에서만 증식한다는 점이다. 이를 장기 친화성이라고 한다. 또 감염 국소, 림프절, 친화성 장기(臟器)의 3단계로 증식하는 모습을 엿볼 수 있다. 감염된 세포는 변성, 괴사에 빠져 지속적인 장애를 받는다. 또한 바이러스에 감염된 세포의 핵 내 유전기구를 손상시켜서 세포의 성격을 바꾸거나 종양화한다. 바이러스의 덩어리가 핵 내 혹은 세포질 내 봉입체로서 관찰되는 경우가 많으며, 때로는 세포를 융합시켜서 거대세포를 출현시킨다.

피부 점막의 바이러스 감염증으로는 홍역, 풍진, 두창, 헤르페스바이러스 감염증 등이 있다. 홍역(measles)은 영유아에 많고, 접촉 감염된다. 코플릭 반점(koplik's spots)이라는 구강 내 볼 점막의 발적(發赤)으로 시작되고, 이어서 전신에 발진, 발열을 일으킨다. 보통 10일 전후로 염증은 가라앉고 치유되지만, 때로 뇌염이나 폐렴을 합병해서 위독한 결과를 초래한다. 세포성 면역이 크게 관여함으로써 생애면역을 획득한다.

풍진(rubella)은 홍역과 매우 유사한 임상 결과를 보이지만 보통 경증으로 끝난다. 하지만 생식기에도 친화성을 보여서 임신 초기의 임부가 감염되면 태아에 기형을 일으키는 경우가 있다.

두창(smallpox)은 소위 천연두다. 두(痘)라는 특이적인 발진을 일으키고 수포와 농포를 합병하며, 반흔을 남기고 치유된다. 하지만 출혈형인 경우에는

＊
림프여포(lymphoid follicle) : 림프소절(lymphoid nodule). 림프절, 비장, 소화관, 비뇨기, 호흡기 등의 상피에 나타나는 림프구의 작은 결절상 집합을 말한다. 조직학적으로는 그 중앙부에 비교적 대형으로 핵질이 결여된 핵을 가진 세포로 이루어지며, 염색 표본으로 밝게 보이는 배중심(胚中心. 이것이 결여된 림프여포도 많다)과 그 주변의 소형 림프구 밀집으로 인해 어둡게 보이는 부분으로 이루어진다. 배중심에서는 림프관 생성이 나타나며, 염증 시에 비대 신장과 림프구의 분열상이 다수 나타나며, 증식하는 림프구는 B세포계에 속하고 항체 생성에 관여한다. 림프여포에서 배중심이 결여된 것을 1차 소절이라고 하며, 가진 것을 2차 소절이라고 한다.

급격한 출혈로 사망에 이른다. 제너(Edward Jenner)가 종두법(백신)을 개발한 이래로 발생이 격감해 1980년에 WHO가 완전 퇴치를 선언했다.

헤르페스바이러스 감염증(herpes simplex virus infection)을 일으키는 헤르페스바이러스는 포진(疱疹)바이러스라고도 한다. 헤르페스바이러스 감염증인 단순포진은 소아에 많이 나타나며 구내염이나 구순염을 일으킨다. 반면 대상포진(herpes zoster)은 신경에도 친화성을 보이며 동통을 동반한다. 자궁 경부에 감염되는 경우도 있는데, 발암과 관련성이 있어 보인다.

타액선(침샘)바이러스 감염증의 하나인 유행성 이하선염은 볼거리라고도 하는데, 생식기에도 친화성을 보여 불임증을 초래하는 일이 있다.

이 외에 신경, 간, 호흡기 등의 바이러스 감염증에 대해서는 9~20강에서 다룬다.

감염증 7 _ 원충 감염증

원충(原蟲, protozoa)이란 '원생동물'이라 불리는 단세포 생물인데, 이 중에는 사람에 기생해서 병해를 입히는 것이 있다.

말라리아는 모기(학질모기)를 매개로 발증하며 적혈구의 파괴, 비종을 일으키고 고열을 동반한다.

이질아메바(entamoeba histolytica)는 장관에 기생해서 간농양을, 나아가서는 간경변증을 초래한다.

주폐포자충폐렴(카리니폐렴)은 주폐포자충이라는 일종의 기생충에 의한 폐감염이다. 전 세계적으로 널리 분포되어 있는 기회감염 진균인 뉴모시스티스 카리니에 의해 면역 억제 환자에서 폐렴이 발생하는 것이다. 면역력이 저하된 환자에게 주로 발증하며, 최근에는 AIDS의 합병증으로 주목받고 있다.

기타 원충 감염증으로는 톡소플라스마증, 트리파노소마증 등이 있다. 톡소플라스마증(toxoplasmosis)은 톡소플라스마 원충에 의한 사람과 동물의 공통 전염병이다. 사람에게는 쇠고기, 돼지고기, 가축, 애완동물 따위에서 입을 통하여 옮는다. 임산부에게 옮으면 유산하거나 태어난 아이에게 맥락막염, 수두증(水頭症), 소두증(小頭症), 구순열 등의 기형과 뇌의 장애가 나타난다.

트리파노소마증(trypanosomiasis)은 수면병이다. 서아프리카의 콩고강, 남아메리카의 아마존강 유역 등에 발생하는 전염성 풍토병으로 트리파노소마라고 하는 편모충류가 체체파리를 매개로 사람의 혈액 속에 기생함으로써 발생한다. 두통과 부종을 일으키며 수면에 빠지고, 마침내 혼수상태가 되어 사망하게 된다.

Summary

- 염증이란 신체에 침습이 가해졌을 때 일어나는 방어 반응으로, 유해인 자를 배제하고 손상 부위를 수복하는 작용을 한다.

- 면역이란 외부에서 침입하는 미생물이나 단백질, 혹은 체내에서 생성되는 면역물질을 이물(항원)로 인식해서 항체를 만들고, 항원-항체 반응을 일으켜서 자기를 지키는 것이다.

- 염증이나 면역에서는 단핵구, 매크로파지, 호중구, 호산구, 호염기구, 림프구 등의 세포와 B림프구가 분비하는 면역글로불린과 각종 화학물질이 주역을 맡는다.

- 염증의 원인에는 물리적, 화학적, 생물학적(감염증) 원인이 있다.

- 염증은 형태학적으로 실질성 염증, 삼출성 염증, 증식성 염증으로 분류한다.

- 감염증의 원인 미생물로는 세균, 진균, 리케차, 스피로헤타, 클라미디아, 바이러스, 원충, 기생충 등이 있다.

또 다른 형태의
염증과 면역,
알레르기와 장기 이식

6.1 알레르기

루미　겐타, 아직도 감기가 안 나았어? 콧물이 줄줄 흐르잖아.

겐타　감기는 다 나았는데, 어제 방 청소를 했더니 갑자기 콧물이랑 재채기
　　　가 나오네. 집먼지 때문인가 봐.

루미　집먼지?

겐타　실내의 먼지나 진드기 같은 게 항원이 돼서 알레르기 반응을 일으키
　　　거든.

루미　그래? 흥미로운데. 단노 선생님께 여쭤봐야겠다.

알레르기란?

　이물에 대한 면역 반응이 과잉되어 나타나는 염증성 조직장애를 '알레르기
(allergy)' 혹은 '과민증'이라고 한다. 알레르기는 체액성 항체 때문에 일어나는
즉시형, 세포성 면역으로 인한 지연형으로 구분된다. 알레르기에서는 호산구
가 증가하는데, 그 이유는 확실치 않다.

루미　제 친구인 마사코는 우유를 마시면 발진이 생기는데요. 그것도 알레
　　　르기인가요?

단노　우유에는 여러 종류의 단백질이 들어 있어서 항원이 될 수 있지. 알레

르기의 원인이 되는 물질을 알레르겐(allergen)이라고 한다네.

알레르기의 유형

쿰즈(Robin Coombs)와 겔(Philip Gell)이란 연구자가 알레르기를 4가지 유형으로 분류했다(Gell–Coombs classification, 표 6–1).

■ I형 : 아나필락시스 반응

처음 항원에 감작된 이후로 두 번째부터는 같은 항원이 체내로 들어오면 항원 작용 후 몇 분 안에 즉시형 과잉면역 반응이 발생하는데, 이를 아나필락시스 반응이라고 한다. 기관지천식이나 화분증(꽃가루알레르기), 두드러기(urticaria), 음식 알레르기, 약물 알레르기 등이 여기에 해당된다. 이 반응에 관여하는 항체

표 6-1 ▪▪ 알레르기의 4가지 유형

	유형	질환 예	반응의 주역
즉시형	I (아나필락시스 반응)	페니실린 쇼크, 기관지천식, 두드러기, 장관 알레르기, 위장관 알레르기	IgE(레아긴)
	II (세포독성 반응)	부적합 수혈, 용혈성 빈혈, 굿파스처증후군*	IgG, IgM
	III (면역복합체 반응)	혈청병*, 사구체신염, 결절다발동맥염*, 류마티스관절염	면역복합체
지연형	IV (지연형 과민반응)	결핵(투베르쿨린 반응*), 접촉성 피부염, 이식의 거부 반응	감작림프구(T세포)

＊ 굿파스처증후군(Goodpasture's syndrome) : 폐출혈과 사구체신염이 동반되는 경우를 통칭한다. 원인을 모르는 경우도 있으나 다양한 원인 질환이 이 증후군을 일으킬 수 있다. 신장 기능이 빠른 속도로 감소하며 폐출혈이 동반되기 때문에 빠른 진단과 치료가 시행되지 않으면 영구적으로 신장과 폐에 손상이 와서 이에 따른 장애가 발생할 수 있다.

＊ 혈청병(serum disease) : 이종(異種) 혈청을 주사하였을 때 나타나는 과민성 반응. 아나필락시스 같은 쇼크 증상과 발열, 두통, 전신 권태감, 발진 등의 증상으로 나뉜다.

＊ 결절다발동맥염(polyarteritis nodosa) : 작거나 중간 정도 크기의 동맥에 염증이 생기는 복합성 희귀 질환으로, 신체의 여러 기관에 영향을 미친다. 특히 신장, 심장, 소장, 신경계, 그리고 골격근에 영양분을 공급하는 혈관(동맥)에 변성이 온다.

＊ 투베르쿨린 반응(tuberculin reaction) : 결핵균 감염의 유무 또는 BCG 접종 효과의 반응을 진단하기 위한 중요한 검사법.

는 IgE 항체로, 레아긴(reagin)이라고 한다. 특히 격렬한 I형 알레르기 반응을 '아나필락시스 쇼크(anaphylactic shock)'라고 하는데, 호흡곤란 등의 전신 증상을 일으켜 사망에 이르기도 한다.

■ II형 : 세포독성 반응

*
세포독성항체(cytotoxic antibody) : 세포 표면의 항원에 특이적으로 상해를 입히는 항체의 총칭.
*
옵소닌 작용(opsonization) : 항체(옵소닌) 등이 항원과 결합함으로써 매크로파지 등의 탐식 작용을 촉진시키는 것.

세포 표면의 항원에 세포독성항체*가 작용해서 세포를 파괴하는 즉시형 알레르기로 옵소닌 작용*을 동반한다. 혈액형 부적합 수혈이 대표적이다.

■ III형 : 면역복합체 반응

사구체신염 등 면역글로불린이나 보체의 복합체로 인해 발생하는 즉시형 알레르기이다.

■ IV형 : 지연형 과민반응

*
감작림프구(sensitized lymphocyte) : 항원에 대응하는 생체 측의 항체에 상당하는 림프구. 지연형 과민증의 발현은 항원-항체 반응은 아니고 림프구와의 반응 결과로 생긴다. 이 림프구는 이식 거부 반응과도 관계가 있다.

세포성 면역이 원인이 되어 발생하는 지연형 알레르기다. 감작림프구(T세포)*가 주역을 맡는다. 결핵이나 옻에 의한 접촉성 피부염이 이에 속한다.

겐타　알레르기 분류가 만들어진 게 1963년이라고 들었습니다. 이제 겨우 50년 정도 됐군요.

단노　알레르기에 관해서는 아직 알려지지 않은 부분도 많은데, 앞으로 더 많은 내용이 밝혀지겠지.

6.2 장기 이식

겐타 최근 장기 이식이 활발하더군요. 저도 간과 각막의 기증을 등록했습니다. 그런데 사람끼리의 이식인데 누구는 성공하고 누구는 실패하던데, 왜 그런 건가요?

단노 미생물 등에 감염되면 인체는 미생물을 이물로 보고 면역학적으로 배제하려고 하지. 그와 마찬가지로, 이식된 조직편(組織片)을 자기 몸에 들어온 이물로 인식해서 배제하려는 면역 반응이 일어나기 때문에 이식에 실패하는 사례가 생긴다네.

이식의 종류

이식이란 이식편(移植片, graft)을 장기 제공자의 몸에서 채취해 장기 수용자에게 이식하는 것을 말한다. 자신의 몸 일부를 자기 몸의 다른 부위에 이식하는 것은 자가이식이다. 예를 들면, 팔에 화상을 입었을 때 엉덩이 피부를 팔에 이식하는 경우가 그렇다.

부모와 사식 사이나 형제간처럼 유전자 구성이 거의 동일한 사람들 사이에서 행해지는 이식을 동계이식이라고 말한다. 같은 종(사람과 사람)끼리 이루어지는 이식이지만, 유전자 구성이나 이식 항원(HLA 항원)이 다른 경우는 동종이식이다. 돼지의 심장판막을 사람에게 이식하는 경우처럼 다른 종끼리의 이식이 이종이식이다.

거부 반응

*
HLA(Human Leukocyte Antigen) : 인간백혈구 항원. 백혈구의 1형. 장기 이식 시 타인의 장기가 체내에 들어오면 인체는 이것을 이물로 인식하여 체외로 방출하려고 하며 심한 거부 반응을 일으킨다. 따라서 장기 이식 시에 가장 중요한 조건은 HLA의 일치성 여부이다. HLA는 세포 표면에 널리 분포하며, 체외에서 HLA가 다른 장기가 들어오면 심한 거부 반응을 일으킨다.

이식편이 제대로 자리 잡지 못하고 탈락하는 현상을 거부 반응(rejection)이라고 한다. 거부 반응은 보통 처음 이식했을 때는 일정 기간을 거친 뒤에 서서히 나타나지만, 같은 공여자로부터 두 번째 이식을 받으면 그 즉시 격렬한 반응을 일으킨다. 이때의 거부 반응은 첫 번째 이식에서 생긴 항체가 바로 반응한 것으로, 면역현상의 일종이라고 할 수 있다. 거부 반응을 일으키는 항원을 이식 항원이라고 한다.

이식 항원의 특이성은 조직 적합 유전자에 의해 정해진다. 이는 종에 따라 다른데 사람은 HLA*라고 한다.

이식의 조건

겐타   이식에 성공하려면 어떻게 하면 됩니까?

단노   이식의 성패에는 면역이 크게 관여한다는 사실은 알고 있지? 면역 반응의 억제가 중요하다는 뜻이라네. 구체적으로는 다음과 같은 조건을 갖추면 성공 확률이 높아지지.

• 자가이식이나 동계이식일 것

• 장기 이식의 구조가 단순할 것

• 이식편이 신선하고 생명력이 높을 것

• 이식편과 같은 조직으로의 이식(동소이식)일 것

• 감염의 방어

• HLA 유전자가 일치할 것

이식편 대 숙주 반응(GVH 반응)

이식편이 오히려 장기 수용자(숙주)의 조직을 이물로 인식해서 면역 반응을 일으키는 경우가 있는데, 이를 GVH 반응(Graft Versus Host reaction)이라고 하며, 급격한 반응으로 사망을 초래하는 경우가 있다. 특히 수혈에서 발생하기에, 최근에는 혈액제제에 미리 방사선을 쐬서 면역능을 떨어뜨린 뒤에 수혈한다.

6.3 자가면역질환

루미   면역 반응은 외부에서 체내로 들어온 항원물질이나 미생물에 대해서 일어나는 거죠?

단노   과거에는 그런 식으로 생각했어. 하지만 최근에는 용혈성 빈혈도 그렇고, 자기 성분이나 생성물을 항원으로 인식해 자가항체를 만들어서 면역 반응을 일으킨다는 사실이 밝혀졌지. 이런 식으로 발생하는 질환을 자가면역질환(autoimmune disease)이라고 부른다네.

루미   왜 자기 성분에 반응하는 걸까요?

단노   여러 가지 설이 있지만 버넷＊의 학설에 따르면 이렇네. 원래대로라면 자기에 대한 면역 담당 세포의 클론(금지클론)은 태아기에 소거되었어야 하는데, 이게 생후에 부활해서 자신에 대한 면역 반응을 일으키는 것이지. 또 감염이나 항원 자극, 혹은 유전인자로 인한 면역 조절 기구의 이상 때문이라는 의견도 있다네. 이 경우는 자가항체＊ 생성을 억제하는 억제T세포(suppressor T cell)의 조절 이상 때문에 자가항원＊에 대한 항체를 과잉 생성해서 자가면역질환에 빠진다고 하지. 조금 어렵긴 한데, 이 밖에도 각종 설이 있다네.

겐타   자가면역질환에는 어떤 게 있습니까?

단노   크게 전신성과 장기 특이성으로 나뉘네.

전신성 자가면역질환

아교질병이라 불리는 질환군이 전신성 자가면역질환이다. 공통된 소견으로 혈관염과 결합조직의 피브리노이드 변성(섬유소성 변성)*이 보인다. 루푸스(SLE)를 비롯해서 류마티스관절염, 결절동맥주위염, 피부근(육)염, 피부경화증, 쇼그렌증후군 등이 있다. 주된 병변 부위에 따라 병명이 정해진다. 또 각각의 질환 특유의 자가항체가 존재한다(표 6-2). 아교질병(399쪽)은 여성에 압도적으로 많고, 10대 후반부터 20대 초반의 젊은 여성에서도 많이 발증한다.

아교질병 가운데 루푸스(SLE)는 주로 DNA나 핵소체를 항원으로 한 항핵항체를 자가항체로 삼는다. 임상적으로는 피부 발진이 나타나는데, 특히 안면에 나비 모양의 홍반이 보인다. 또 루푸스신염이라고 해서 사구체 모세혈관 기저막의 비후를 일으키는 병변과 증식성 심내막염(202쪽) 등이 보인다. 혈중에 LE세포*가 출현하거나 고(高)글로불린혈증이 보인다.

*
피브리노이드 변성
(fibrinoid degeneration,
섬유소성 변성) : 혈관벽의 투과성이 갱신되면서 혈액을 응고시키는 피브린 등이 혈관 밖으로 유출. 침착됨으로써 괴사를 동반하는 혈관염. 아교질병에 공통적으로 나타나는 소견이다.

*
LE세포(Lupus Erythematosus cell) : 자홍색으로 물드는 포식된 봉입체를 지닌 호중구. 루푸스(SLE)에서 가장 빈번히 출현해서 루푸스의 확정 진단을 위한 검사에 이용한다(LE세포 검사).

표 6-2 :: 전신성 자가면역질환

질환	자가항체	표적 장기
만성 갑상선염(하시모토병)	항마이크로솜 항체	갑상선
류마티스관절염	류마티스 인자*	윤활막*
루푸스(SLE)	항핵항체, 항DNA항체	신장, 피부 등
피부경화증	Scl-70항체	피부
다발근육염*, 피부근육염	–	근조직, 피부
쇼그렌증후군	SS-A항체, SS-B항체	누선, 타액선

*다발근육염(polymyositis) : 목, 어깨, 팔, 허리, 엉덩이, 넙다리 등의 근육에 염증이나 변성이 일어나 근육에 힘이 들어가지 않게 되는 병. 면역 이상이 원인으로 여겨지며, 여성에게 발병할 확률이 높다.

* 류마티스 인자(Rheumatoid Factor) : RF로 약기. IgG의 Fc 분절에 대한 자가항체의 일종. 류마티스관절염에서 높은 비율로 검출된다.

* 윤활막(synovial membrane) : 관절낭의 속을 싸고 있는 막. 윤활액을 분비한다.

장기 특이적 자가면역질환

겐타　자가면역질환은 어떤 장기에 많나요?

단노　거의 모든 장기에서 보이지만 갑상선과 신장, 혈액 등에서 두드러지지. 오늘은 대표로 바제도병에 관해서 공부하도록 하지.

　　바제도병(Basedow's disease) 환자의 혈중에 갑상선자극호르몬(TSH) 수용체에 대한 자가항체(LATS)가 있다는 사실이 밝혀지면서, 바제도병은 그 작용으로 인한 자가면역질환임이 판명되었다. 임상적으로는 갑상선 비대, 안구 돌출, 심계 항진(동계)을 일으키며, 검사 소견에서는 기초대사율의 상승, 혈중 아이오딘(요오드)의 증가가 보인다.

6.4 면역결핍증후군

겐타   에이즈는 면역력이 저하되는 질환이라고 들었습니다만….

단노   그렇지. 면역력이 저하되는 상태를 면역결핍증후군(immunodeficiency syndrome)이라고 하는데, 선천성인 경우와 후천성인 경우가 있지.

선천성 면역결핍증후군

드물게 나타나는 질환군이다. 유전적 혹은 선천적으로 면역 담당 림프구(T세포 혹은 B세포)의 기능에 문제가 있다. 둘 다 염색체 이상이나 유전자 이상이 원인이다.

후천성 면역결핍증후군

이식 수술에 수반되는 면역 억제 요법이나 스테로이드 치료 등으로 후천적으로 면역 결핍을 일으키는 경우가 있다. 이 외에도 각종 원인으로 면역 결핍에 빠지는데, 사회적으로 가장 문제가 되는 것은 에이즈이다.

에이즈는 레트로바이러스*의 일종인 HIV(Human Immunodeficiency Virus)의 감염으로 발생해 고도의 면역 기능 저하를 초래한다. 에이즈 바이러스는 CD4

> * 레트로바이러스(retrovirus) : RNA를 유전물질로 가지며, RNA에서 DNA로의 역전사 효소를 지닌 바이러스. 대부분 세포 증식과 함께 증식하는 패턴을 보이지만, HIV는 세포를 파괴하며 증식한다.

양성 T세포(헬퍼T세포) 내로 들어가 막기능(膜機能)을 파괴해 세포 자체를 사멸시킨다. 헬퍼T세포가 사멸하면 면역 기능이 정상적으로 작동하지 않게 된다. 에이즈의 감염 경로로는 혈액제제의 수혈, 성교, 감염 주사침 등이 있다. 수혈받은 혈우병 환자가 감염된 사건이 있었는데, 사회적으로 큰 화제가 되었다.

임상적으로는 면역 결핍으로 인한 주폐포자충폐렴(Pneumocystis Carinii Pneumonia; PCP, 카리니폐렴, 277쪽)이나 사이토메갈로바이러스 감염증(cytomegalovirus infection, 276쪽), 카포시 육종*을 비롯한 종양의 발생 등을 초래해 예후는 매우 불량하다. 또 발증하지 않은 바이러스의 보균자에서도 감염력이 있는 데다 잠복기도 최장 10년이나 된다. 아프리카를 비롯해 감염자와 발증자는 여전히 증가하고 있다. 최근 들어 항바이러스제가 개발되었다.

*
카포시 육종(Kaposi's sarcoma) : 바이러스에 의해 피부 및 기타 장기에 발생하는 내피세포 기원의 드문 악성 종양.

Summary

- 알레르기는 과잉면역 반응으로 인한 염증성 조직장애를 가리키며, 즉시 형과 지연형이 있고, Ⅰ~Ⅳ형으로 분류한다.

- 장기 이식에는 자가이식, 동계이식, 동종이식, 이종이식이 있다.

- 자가이식의 성공률이 가장 높고, 현재 이종이식은 성공하지 못했다.

- 자기 성분이나 체내 생성물을 항원으로 인식해 항원-항체 반응을 일으키는 일이 있는데, 자가면역질환이라고 부른다. 대표적인 질환으로 아교질병이 있다.

- 면역결핍증후군에는 선천성인 것과 후천성인 것(에이즈 등)이 있다.

암의 모습과
형태

7.1 암은 무엇이고, 어떻게 생겨날까?

사인 1위 질병, 암

단노　자, 그림 7-1을 보게나. 일본인 남성의 3대 사인을 연도별로 추적한
　　　것이야. 최근 사인 1위를 달리고 있는 A 질병이 뭐라고 생각하나?

겐타　암입니다.

단노　호오. 열심히 공부했나 보군. 일본에서는 연간 17만 명 이상이 암으

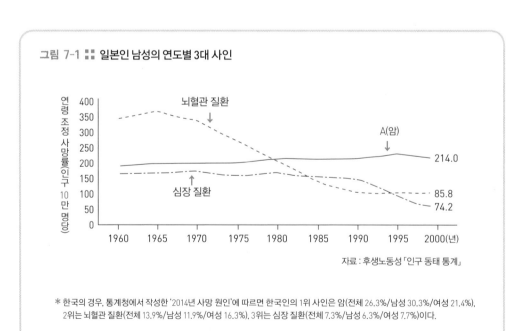

그림 7-1 :: 일본인 남성의 연도별 3대 사인

자료 : 후생노동성 「인구 동태 통계」

* 한국의 경우, 통계청에서 작성한 '2014년 사망 원인'에 따르면 한국인의 1위 사인은 암(전체 26.3%/남성 30.3%/여성 21.4%),
　2위는 뇌혈관 질환(전체 13.9%/남성 11.9%/여성 16.3%), 3위는 심장 질환(전체 7.3%/남성 6.3%/여성 7.7%)이다.

로 쓰러지는데, 1981년에 뇌혈관장애를 제친 이래로 사인 1위를 고수하고 있다네. 게다가 40~50대의 한창 일하며 사회에서나 가정에서나 주춧돌 역할을 할 사람들이 걸리기 때문에 그 후폭풍은 헤아리기 어려운 측면이 있지*.

루미　그렇죠. 그런데 암 하면 양성이니 악성이니 종양이니 뭐니 해서 이런저런 종류가 많아서 헷갈려요.

단노　그럼 하나씩 설명해주지.

종양은 모두 암?

생체의 세포가 과잉 증식해서 응어리(종괴)를 형성하는 경우를 종양(tumor)이라고 한다. 종양 중에서 생체의 제어에서 벗어나 자율적으로 세포 증식을 무한히 일으키는 것을 악성 종양, 일반적으로는 '암(cancer, carcinoma)'이라고 정의한다. 다시 말해 암이란 '무한으로 증식하는 별개의 비정상적인 생체가 생체에 생기는 것'이다.

암의 분류

종양은 크게 양성과 악성, 상피성과 비상피성으로 나뉜다. 악성 상피성 종양을 암종(좁은 의미에서의 암), 악성 비상피성 종양을 육종*이라고 부른다(그림 7-2).

*
육종(sarcoma) : 간엽
조직(비상피계 조직, 58쪽
참조) 유래의 악성 종양.
상피성과의 차이는 세
포 간 결합이 없고 간질
을 가지지 않는다는 데
있다. sarco-는 '살'이
란 의미이고, -oma는
'종양'이란 뜻의 접미어
이다.

그림 7-2 :: **암의 분류**

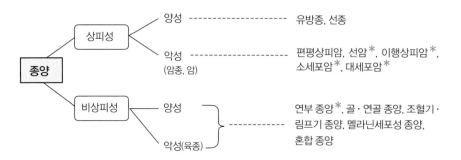

	상피성	양성 --------------------	유방종, 선종
종양		악성 -------------------- (암종, 암)	편평상피암, 선암*, 이행상피암*, 소세포암*, 대세포암*
	비상피성	양성	연부 종양*, 골·연골 종양, 조혈기· 림프기 종양, 멜라닌세포성 종양, 혼합 종양
		악성(육종)	

* 선암(adenocarcinoma) : 위암이나 대장암과 같이 선(腺)을 구성하고 있는 세포에서 발생하는 암.

* 이행상피암(transitional cell carcinoma) : 방광, 요관, 신우 등의 내면을 이루는 상피조직에 발생하는 상피성 악성 종양. 신우 종양. 요관 종양. 방광 종양 등의 대부분은 이에 속하는데 다발성, 재발성인 경우가 많다.

* 소세포암(small cell carcinoma) : 조직학적으로 작은 핵과 소량의 세포질을 가지고 있는 소형의 세포에서 생기는 종양으로, 전체 폐암의 약 20∼25%를 차지한다. 편평상피암과 더불어 흡연과 밀접한 관련이 있다.

* 대세포암(large cell carcinoma) : 특정한 분화 경향을 나타내지 않은 대형 세포로 구성된 암. 전체 폐암의 약 10∼15%를 차지한다. 흡연, 대기오염물질, 분진, 방사능(라돈 등), 비타민 부족 등이 발병의 원인으로 알려져 있으며, 비교적 말초기관지에서 발생한다.

* 연부 종양(soft tissue tumor) : 연부(장기나 뼈조직 이외의 조직)에 발생하는 종양의 총칭. 일반적으로는 섬유조직, 지방, 근육, 혈관과 림프관, 신경, 윤활막 등에 생기는 각종 양성 종양과 육종을 가리킨다. 내장, 피부의 상피조직, 림프절, 골수에서 발생하는 종양은 제외된다.

쫀득쫀득
지식 충전!

암은 게?

암은 엄밀하게는 악성 상피성 종양을 의미하지만, 일반적으로는 악성 종양 전체를 가리키는 경우가 많다. 암을 의미하는 단어 cancer는 본래 게(crab)라는 의미로, 게가 다리를 벌린 모습이 암이 주위 조직으로 침윤한 육안상(肉眼像)과 닮았다고 해서 붙은 명칭이다(그림). 게 전문 음식점의 간판을 떠올리면 이해하기 쉬울 것이다. 그리고 별자리가 게자리인 사람에게는 안됐지만, 게자리도 영어로는 Cancer라고 한다.

암(위암)의 육안상과 게

암의 발생

루미   암은 조기 발견이 중요하다고 하는데요, 암의 진행은 빠른 편인가요?

단노   빠르지. 정상 세포가 암세포로 변해 증식하는데 잠복기, 전암 상태,
        조기암, 진행암의 과정을 밟아(그림 7-3). 특히 진행암 단계에 접어들
        면 급격히 진행한다네.

■ 잠복기

세포가 암세포화로 운명이 결정된 순간부터 임상적으로 암이라고 진단될
때까지의 기간을 잠복기라고 한다. 잠복기는 보통 암이 확실해진 때부터 사망
에 이르기까지 걸리는 기간의 3배라고 한다. 하지만 잠복기도 암의 종류나 환
자의 연령 등에 따라 다양한 양상을 보인다. 유아에 발생하는 소아암은 잠복

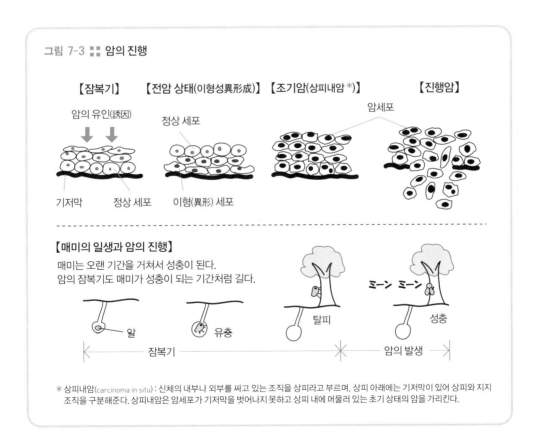

그림 7-3 ∷ 암의 진행

【잠복기】　【전암 상태(이형성異形成)】　【조기암(상피내암 *)】　　　【진행암】

암의 유인(誘因)

정상 세포

암세포

기저막　　정상 세포　　이형(異形) 세포

【매미의 일생과 암의 진행】
매미는 오랜 기간을 거쳐서 성충이 된다.
암의 잠복기도 매미가 성충이 되는 기간처럼 길다.

ミーン　ミーン

알　　　　유충　　　　탈피　　　　성충

├──────── 잠복기 ────────── ✱ ──── 암의 발생 ──→

*상피내암(carcinoma in situ) : 신체의 내부나 외부를 싸고 있는 조직을 상피라고 부르며, 상피 아래에는 기저막이 있어 상피와 지지
조직을 구분해준다. 상피내암은 암세포가 기저막을 벗어나지 못하고 상피 내에 머물러 있는 초기 상태의 암을 가리킨다.

기가 짧고, 히로시마 나가사키의 원폭이나 체르노빌 원전 사고로 인한 백혈병은 발생하기까지의 잠복기가 10년 이상이었다.

■ 전암 상태

하나의 장기에 무언가 병변이 생겼다고 치자. 그 병변에서 암이 발생할 확률이 높은 경우, 그 병변을 전암 상태(precancerous lesion)라고 한다. 즉 세포가 암으로 가는 첫걸음을 내딛은 상태이다. 폐의 편평상피 화생이나 위의 장상피 화생이 바로 암화(癌化)의 첫걸음으로, 이형성(異形成, dysplasia)을 거쳐서 발암한다고 보고 있다(84~85쪽). 물론 모든 화생 병변이 암화하는 것은 아니고, 암화하는 화생 병변은 극히 일부에 불과하다. 이형성은 암이라고 단정할 수는 없지만 정상 세포에서는 볼 수 없는 변화라서 전암 상태라 해도 무리가 없다.

또 간세포암종과 간경변증, 담낭암과 담석, 유방암과 유선증 등이 서로 관련이 있다고 지적하는 사람도 있다.

■ 조기암

발생 초기의 암은 증식이 제한돼 주위로 퍼지지 않는다. 이 시기를 조기암(early cancer) 혹은 초기암이라고 한다. 위 및 자궁의 암은 경부에서는 점막 내로 국한된 것(상피내암), 폐에서는 최대 직경 2cm 이내의 암을 가리킨다. 이 시기에 발견할 수 있느냐 없느냐가 예후에 크게 영향을 미친다. 조기암 상태에서 절제하면 거의 100% 재발하지 않는다고 본다.

7.2 암의 증식과 전이

어떻게 증식할까?

사람의 세포가 분열을 하면 정상 세포의 경우 둘로 늘어난 세포 중 하나는 사멸해서 결국 세포의 수는 늘지 않는다. 반면 암세포는 둘 다 살아남고, 그들이 다시 짧은 기간에 분열해서 넷이 되고 여덟이 되는 식으로 기하급수적으로 증가한다. 암조직이 2배가 되는 데 필요한 시간은 1~3개월이라고 한다 (그림 7-4).

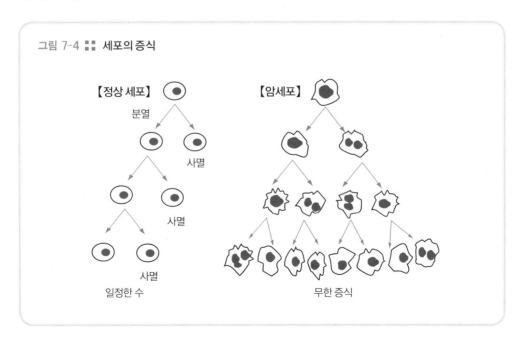

그림 7-4 ∷ 세포의 증식

【정상 세포】

분열

사멸

사멸

사멸

일정한 수

【암세포】

무한 증식

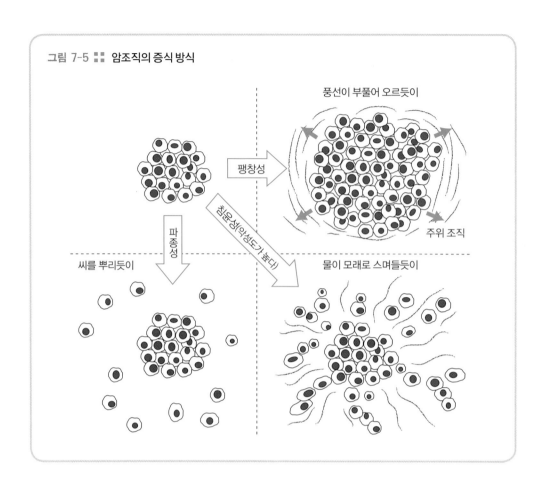

그림 7-5 ▪▪ 암조직의 증식 방식

풍선이 부풀어 오르듯이

팽창성

주위 조직

침윤성(악성도가 높다)

파종성

씨를 뿌리듯이

물이 모래로 스며들듯이

증식 방식에는 풍선이 부풀어 오르듯 늘어나는 팽창성 증식과, 물이 모래로 스며들듯 조직의 틈으로 암세포가 증식하는 침윤성 증식이 있다. 팽창성은 악성도가 낮고 침윤성은 악성도가 높다(그림 7-5). 또한 복강이나 흉강에서는 씨를 직접 뿌리듯이 암세포가 증가하는 파종성 증식을 한다(암성 복막염, 암성 흉막염).

암의 전이

종양세포가 원래 있던 장소(원발 병소, 1차 병터)에서 다른 장소로 퍼져서 병소를 만드는 경우를 '전이'라고 한다.

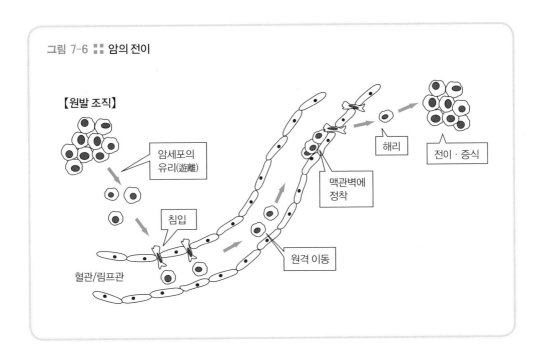

그림 7-6 :: 암의 전이

장기 중에는 암 전이를 잘하는 장기와 잘 안 하는 장기, 혹은 전이를 잘 받는 장기와 잘 받지 않는 장기가 있다. 이는 장기에 혈관이나 림프관이 많이 지나는지, 암세포에 전이를 일으키기 쉬운 소인이 있는지의 여부와 관계가 있는 듯하다.

전이가 일어나는 메커니즘은 비교적 단순하다. 암조직에서 떨어져 나온 암세포가 혈관이나 림프관으로 침입해 그 흐름을 타고서 다른 장기의 조직으로 이동한 뒤 그곳에서 내피세포에 부착되어 맥관* 밖으로 탈출해 그 자리에서 증식한다(그림 7-6).

전이가 되기 위해서는 혈액의 성상(性狀), 암세포의 결합 정도 등 여러 가지 조건이 갖춰져 있어야 한다. 전이 패턴에는 혈행성 전이와 림프행성 전이가 있으며, 특수한 것으로 소화관이나 요로를 매개로 한 관내성(管內性) 전이가 있다.

*
맥관(blood vessel) : 동물의 몸속에서 액체가 흐르는 관. 혈관과 림프관을 이른다.

7.3 암의 형태

루미　저희 아버지가 회사에서 건강검진을 하셨어요. 그런데 폐암이 의심스럽다는 소견이 있어서 정밀진단을 받으셨는데, 결국 옛날 결핵이 남긴 반흔이라고 나왔어요. 선생님, 암이란 게 구분하기 어려운 건가요?

단노　병리조직적인 진단으로는 확실하게 알 수 있지만 X선 같은 간접적인 화상 진단으로는 알기 어려운 경우가 있지. 그래서 생체검사를 하거나 내시경 진단을 하는 거라네.

암조직의 육안적 형태

일반적으로 암은 세포와 세포의 틈새로 파고들 듯이 증식(침윤성)하기 때문에(158쪽 그림 7-5) 주변과의 경계가 선명치 않고, 색은 회백색이며 딱딱하다. 또 암조직의 증식 속도를 영양 공급이 따라가지 못해서 중심부가 괴사에 빠지거나 많은 경우 출혈을 동반한다. 그래서 위암에 걸리면 토혈하고 폐암에 걸리면 객혈하는 것이다. 양성의 병변부는 보통 경계가 선명하기 때문에 암과는 구별된다.

암조직의 조직학적 형태

현미경으로 보면 암인지 양성인지를 쉽게 확인할 수 있다. 프롤로그에서도 위암조직의 표본을 들여다보는 장면이 나왔었다(27쪽).

암세포는 크기가 고르지 않고 핵이 커서 핵과 세포질의 체적비에서는 핵 부분이 커진다. 또 염색질*이 늘어나 핵분열상이 많이 보인다. 침윤성 증식을 하기 때문에 조직학적으로 정상 부분과의 경계가 선명하지 않다.

암세포는 그 발생 조직과 비슷한 형태를 하고 있기 때문에 발생원을 추정할 수 있지만, 때로는 형태가 커져서 어디서 왔는지 알 수 없는 경우도 있다. 이를 미분화암(undifferentiated carcinoma)이라고 한다. 간질의 양에 따라서도 암을 분류할 수 있는데, 섬유성 간질이 많아서 딱딱한 암을 '경성암(scirrhous carcinoma)', 간질이 적어서 비교적 부드러운 암을 '수질암(medullary carcinoma)' 이라고 부른다. 육종(악성 비상피성 세포)은 간질 없이 전부 종양세포로 이루어져 있다.

*
염색질(cromatin) : 세포핵에 있는 DNA와 단백질의 결합물질로, 분열 활동이 활발해서 미숙한 세포일수록 많은 양이 보인다.

쫀득쫀득 지식 충전! 암의 증식

암세포는 무한으로 증식한다고 앞에서 설명했는데, 모든 암이 그런 것은 아니다. 여기에는 '조건만 갖춰지면'이라는 전제가 붙어야 한다. 암세포를 일정 환경에서 배양하면 순조롭게 증식해서 배양접시를 가득 채우게 된다. 정기적으로 계대배양*하면 반영구적으로 계대가 이루어진다. 정상 세포는 배양접시의 바닥에 층이 하나 늘어나면 거기서 증식이 멈추고, 계대도 어느 시기에 이르면 세포가 사멸하면서 멈춘다. 암세포는 체내에서는 사람이 죽을 때까지 증식한다.

*
계대배양(subculture) : 세포 증식을 위해 새로운 배양접시에 옮겨 세포의 대(代)를 계속 이어서 배양하는 방법. 제한된 배양접시에서는 세포가 증식을 멈추게 되므로 이것을 막고 세포가 증식할 수 있게끔 새로운 공간을 제공하는 것이다.

7.4 암의 악성도, 이형도, 분화도

암에는 성질이 나쁜 암과 비교적 착한 암이 있다. 성질이 나쁜 정도를 '악성도'라고 한다. 암의 악성도란 '내버려두면 얼마나 빠르게 사망에 이르는지'를 나타내는 정도로 암세포의 형태가 불규칙한 정도(이형도), 배열이 무질서한 정도, 침윤성의 강도, 증식의 속도 등으로 판별한다(표 7-1).

세포의 분화도는 세포가 성숙해서 정상적인 활동을 하는지에 대한 척도이다. 그러므로 악성도와 이형도는 비례하고 분화도와는 반비례한다.

표 7-1 :: 암의 악성도

성상(性狀)	악성도가 높다	악성도가 낮다
발육 속도	빠르다	느리다
발육 형식	침윤성	팽창성
전이	많다	적다
조직 배열의 무질서도	높다	낮다
정상부와의 경계	선명하지 않다	선명하다
분화도	낮다	높다
핵의 크기	크다	중간 크기~작다
핵의 이형도	높다	낮다
염색질의 양	많다	적다
핵분열상	많다	적다

7.5 암에 대한 면역 반응

우리 몸에는 병원균 등으로부터 스스로를 지키는 면역 기능이 있다(112쪽). 암세포에 대해서도 면역 반응이 일어날까?

몸은 암세포를 항원으로 간주해서 면역 반응을 보인다고 알려져 있다. 이는 임상적으로 보이는 다양한 현상으로 알 수 있다. 예를 들어 암의 병소에 면역 반응의 주역인 림프구가 모인다거나, 혈중에 암세포가 존재하는데도 전이하지 않는다거나, 혹은 매우 드문 경우이긴 하지만 암의 자연퇴축이 보이기도 한다.

한편 암세포는 특이적인 항원성 물질을 생성하는데, 이를 종양특이항원이라고 한다. 예를 들면 간세포암종의 AFP(α-페토프로테인)*, 대장암의 CEA(암배아항원)* 등이 있는데, 이들은 종양 표지자(169쪽)로서 암 진단에 도움을 준다.

*
AFP(Alpha-FetoProtein) : 태아의 간에서 분비되는 단백질. 간암에 걸린 성인에게서도 나온다. 알파태아단백.

*
CEA(CarcinoEmbryonic Antigen) : 당단백으로 위장관암에서 가장 흔히 사용되는 종양 표지자이다. 초기에는 대장암에 특이적인 표지자로 생각되었으나 유방암, 폐암, 간암 등에서도 증가할 수 있다는 것이 밝혀졌다.

암의 면역

- **면역 감시(immunological surveillance)** : 암의 면역은 주로 T세포가 수행한다. 암세포에 자극받은 T세포가 수용체를 매개로 암세포에 부착해서 그 암세포를 파괴한다. 또한 매크로파지를 활성화해서 암세포를 처리하기도 한다. 이밖에 림포카인이나 NK세포, K세포도 암세포를 공격한다. 이들 현상을 면역 감시라고 한다.

- **면역 도피(immunological escape)** : 암세포는 면역 감시에서 벗어나 증식하려고 하는데, 이를 면역 도피라고 한다. 암세포 표면에 막을 치거나 스네이킹이라고 해서 뱀이 구불거리며 틈새로 숨어들듯이 감시에서 달아나 증식한다. 또 면역학적 관용이라고 해서 어느 정도까지는 묵인하고 암세포의 증식을 허용하는 경우도 있다.

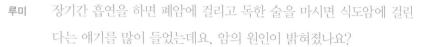

7.6 암은 왜 생길까?

*
인유두종바이러스(Human
Papilloma Virus) : 파포바
바이러스과에 속하는 이
중나선상 DNA 바이러스.
현재까지 알려진 100여
종의 인유두종바이러스
중에서 40여 종이 생식기
관에서 발견되며, 자궁 경
부 상피 내에 병적인 변화
를 일으키는 것으로 알려
져 있다. 발암성 인유두종
바이러스 중 16번과 18번
이 전 세계적으로 70% 이
상의 자궁경부암에서 발
견된다.

*
EB바이러스(Epstein-
Barr virus) : 헤르페스바
이러스과에 속하는 DNA
바이러스이다. 전염성 단
핵증이나 종양(적도 아프리
카의 어린이에게 다발하는 버
킷림프종, 중국 남부에 다발
하는 상인두암 등)의 원인이
된다. 비말 및 접촉에 의해
전파되며 구강과 상기도
점막에서 증식하고, B림
프구를 악성변성시킨다.

*
HTLV-I(Human T cell
Leukemia Virus I) : 사람
T세포백혈병바이러스.
성인T세포백혈병(ATL)
의 원인 바이러스로, 레
트로바이러스에 속한다.
성인T세포백혈병바이러
스(Adult T-cell Leukemia
Virus, ATLV)라고도 한다

루미　　장기간 흡연을 하면 폐암에 걸리고 독한 술을 마시면 식도암에 걸린
　　　　다는 얘기를 많이 들었는데요, 암의 원인이 밝혀졌나요?

단노　　암의 원인도 그렇고 발암 메커니즘도 그렇고, 유감스럽게도 현재로
　　　　서는 확실한 것이 하나도 없다네. 하지만 루미 말대로 암에 걸리는
　　　　조건이라고 할까, 암의 유인(誘因)이라고 할 법한 것들은 몇 가지 밝
　　　　혀졌지. 대표적인 것만 몇 가지 알려주겠네.

바이러스

　　친숙한 것으로는 인유두종바이러스(HPV)*의 일부가 유발하는 자궁경부
암이 있다. 또 EB바이러스*로 인한 B림프종, HTLV-I*으로 인한 T세포백
혈병, B형 간염바이러스로 인한 간세포암종이 잘 알려져 있다.

화학물질

　　많은 화학물질이 암을 초래한다는 사실은 실험으로도 증명되었다. 예를
들면 DMBA*와 백혈병 및 유방암, DAB*와 간세포암종, 우레탄과 폐암, 비

*
DMBA(Di Methyl Benz
Anthracene) : 디메틸벤
즈안트라센. 실험용 발
암물질로 항암제 개발
을 위한 동물실험 등에
주로 이용된다.

*
DAB(4-Dimethyl
Aminoazo Benzene,
butter yellow) : 각종 아
조색소의 대표적 발암
물질. 간암을 일으킨다
고 밝혀졌으며, 착색료
등에 존재한다.

소와 피부암 및 폐암, 크롬과 폐암 등이 그렇다.

호르몬

유방암, 난소암, 전립선암 같은 내분비 장기의 종양과 호르몬이 관련 있을 것으로 추측된다. 하지만 암의 발생보다는 암의 증식을 촉진시키는 것으로 보인다. 유방암 치료를 예로 들면, 난소호르몬 수용체가 암의 증식에 관여한다고 판단되는 경우에는 난소를 절제한다. 또 내분비 장기의 종양은 호르몬을 과잉 분비하는 일이 많아 그 영향이 몸에 나타난다. 하수체전엽선종에 동반하는 말단비대증이나 거인증이 그 예이다.

기타 암의 유인

흡연을 통해 체내로 들이마신 타르로 인한 폐암, 지방을 다량 섭취하는 식습관 때문에 생기는 대장암, 고사리나 고비를 많이 먹어서 생기는 위암, 고농도 알코올로 인한 식도암 등은 역학적으로도 증명돼 있다. 유전의 영향도 있을 것으로 추측된다. 3대에 걸친 1가계에서 갑상선수질암(medullary carcinoma of thyroid) 환자가 10여 명 발생한 경우가 있으며, 위암과 관련해서는 유의한 차이로 발생하는 가계와 그렇지 않은 가계의 존재가 확인되었다.

하지만 발암에 관여하는 유인(誘因)은 하나가 아니라 여럿인 경우가 많다고 한다. 유전인자와 식습관과의 복합 유인, 혹은 바이러스와 화학물질 등의 조합을 생각할 수 있다.

암에도 유행이 있을까

암에도 대세라고 해야 하나, 유행이 있을까? 암 발병률은 해마다 변화가 있지만 지역이나 남녀 사이에도 커다란 차이가 보인다. 남성은 여성의 약 1.4배나 많이 암에 걸린다. 이는 세계 각국에서 거의 동일하게 나타난다. 연령면에서는 이른바 소아암이 발생하는 4세에서 조금 증가했다가 50대에 크게 증가한다. 장기별로 보면, 일본에서는 줄곧 위암 사망률이 1위를 차지했지만 1992년에 남성에서, 2001년에는 남녀를 합쳐 폐암이 1위 자리에 올랐다. 이 밖에도 췌장암이나 대장암이 증가하고 있다.

한편 사인으로서는 감소하고 있는 암은 위암 외에도 유방암과 자궁암이 있다. 식생활의 서구화로 발암 자체는 증가했지만, 검진의 보급과 암에 대한 계몽활동의 효과 등으로 사망률은 감소했다.

외국 사례와 비교해보면 나라마다 특징이 있다. 유전적인 소인과 생활환경의 차이 때문으로 보이는데, 영국에서는 폐암이 일본의 3배가 넘는다. 또 프랑스에서는 식도암, 한국에서는 간암이 눈에 띄게 많다.

7.7 암의 진단과 치료

암의 진단

암의 진단에서 최종 진단은 병리조직학적 진단이 되겠지만, 보통 제일 처음에는 X선, CT, MRI 등을 이용해 화상 진단을 한다. 최근에는 밀리미터 단위의 작은 종양을 발견하는 일도 가능해졌다.

이어서 직접 눈으로 보는 내시경 진단을 한다. 내시경 진단은 소화관뿐만 아니라 호흡기, 요로, 복강 등 대부분의 장기를 검사할 수 있으며 검사와 함께 생체검사 재료를 채취할 수 있다.

스크리닝(특정 화학물질이나 생물 개체 등을 다수 중에서 선별하는 조작)으로는 세포진과 종양 표지자 검사로 대략적인 판단을 내린다. 종양 표지자 검사에서는 세포가 특이적으로 생성하는 단백질이나 항원물질, 호르몬 등의 혈중치를 검사해서 그 부위를 추정한다.

이 밖에도 유용한 진단법이 많지만, 표 7-2에 소개한 방법을 주로 사용한다.

표 7-2 :: 주요 종양 표지자

표지자(marker)	종양
CEA(암배아항원)	대장암
AFP(α-페토프로테인, 알파태아단백)	간세포암종
HCG(인간융모성 생식선자극호르몬)	융모암
산성 인산화 효소(전립선특이항원)	전립선암
CA19-9	췌장암, 담도암 등
CD 그룹	악성 림프종

암의 치료

암의 치료 원칙은 외과적 절제이다. 외과적 절제를 하면 초기 위암에서는 거의 100%, 진행암이라 해도 비교적 조기 단계(스테이지 II)라면 50%의 5년 생존율을 얻을 수 있다.

이 밖에 국소적 요법으로 방사선치료가 있다. 방사선을 쏘여서 암세포를 공격하는 방법인데 식도암과 자궁경부암, 후두암 등에서 좋은 결과를 얻을 수 있다. 백혈병 등의 비고형 종양이나 원격 전이를 동반하는 경우의 화학요법*은 경우에 따라 유효하다. 또 보조적인 치료법으로 면역요법이나 호르몬요법이 시도되고 있지만 효과는 불안정하다.

＊
화학요법(chemotherapy)
: 주로 항암제를 이용해서 광범위하게 퍼진 암을 치료하는 방법이다. 수술이나 방사선치료가 불가능한 말기 암이나 백혈병 등이 대상이다. 구역질이나 탈모, 빈혈 등의 부작용을 동반하는 경우가 있다.

루미　요즘에는 치료 기술이 진보해서 암에 걸려도 성급하게 단념하지 않는 게 중요한 것 같아요.

단노　그렇지.

겐타　종양의 대략적인 내용은 이해했는데요, 구체적으로 어떤 종양이 있는지 알고 싶습니다.

단노　알았네. 그럼 종양에 대해 하나씩 알아볼까? 앞에서 상피성 종양과 비상피성 종양이 있다고 설명했었지. 그 분류에 따라 설명하겠네.

7.8 암의 분류 1 : 상피성 종양

＊
삼배엽성(triploblastic) :
상배엽, 중배엽, 하배엽
등 3개의 초기 배엽층
을 갖는 것.

루미 '상피성(上皮性)'이란 말이 무슨 뜻인지 모르겠어요.

단노 상피란 피부·소화관, 호흡기의 점막 같은 삼배엽성＊의 편평상피 혹은 선상피 등을 말한다네. 그곳에서 발생한 종양은 세포 결합을 보여서 선관(腺管) 같은 일정한 포소(胞巢)를 형성하지. 반면 비상피성 종양은 뼈·근육·섬유 성분 등의 간엽성 조직, 혈액이나 조혈조직, 중추신경 등에서 발생하는데 일정한 형태도 없고 세포 배열도 제멋대로인데다 세포 간 결합도 보이지 않는다네.

루미 그 말씀은, 상피성 종양은 뭔가 덩어리를 만들지만 비상피성은 제대로 된 덩어리를 만들지 않는다는 뜻인가요?

단노 현미경으로 보면 그렇다는 소리고, 육안적으로는 양쪽 모두 덩어리를 만들지.

루미 그럼 피부에 생기는 사마귀도 상피성 종양인가요?

단노 증식성 병변으로 인한 사마귀는 아니지만, 순수하게 종양성인 사마귀는 상피성 종양이 맞다네.

양성 상피성 종양

■ 유두종(乳頭腫, papilloma)

유두 모양으로 융기하는 상피성 종양이다. 피부에 생기는 사마귀는 편평상
피성 유두종이다. 구강, 식도, 기관지 등에도 생긴다. 이행상피성* 종양은 요
로에 생긴다. 유선에 생기는 관내유두종은 선상피에서 발생하는데, 악성인 것
과의 감별이 어려울 때가 많다.

＊
이행상피(transitional
cell) : 요로(신우, 요관,
방광, 요도)의 상피는 편
평상피와 선상피의 중
간적인 조직으로 이루
어지기 때문에 '이행'이
라고 이름을 붙였다.

■ 선종(腺腫, adenoma)

소화관 점막, 갑상선 등의 내외분비선이나 그 도관에 생기는 종양으로 선상
피, 원주상피로 이루어진다. 점막에서는 폴립상(polyp狀, 버섯의 머리 모양)으로
조직 내에서는 경계가 명료한 구형의 결절을 형성한다. 내시경검사를 하면 의
사가 "폴립(용종)이 있군요. 양성으로 보이지만 혹시 모르니 검사하죠"라고 말
하는 경우가 많다. 실제로 폴립은 흔히 보인다. 그러나 위장관에 생긴 폴립은
악성으로 변하는 경우가 적지 않다.

선종은 형태에 따라 관상(管狀), 유두상, 선방상(腺房狀), 융모상, 여포상, 삭
상(索狀) 등으로 분류된다. 관상 선종은 소화관에서 여포상 선종은 갑상선에
서 많이 보인다. 또 선종의 일부가 대상(주머니 모양)으로 확장한 것을 낭종(囊
腫, cyst)이라고 하는데, 난소에서 많이 발생한다.

악성 상피성 종양(암종 혹은 암)

루미 정확하게는 악성의 상피성 종양을 암이라고 하죠?

단노 그렇지. 악성 종양 중 90% 이상이 암, 즉 악성 상피성 종양이고 나머
지 10% 이하가 육종이라네. 그래서 악성 종양 전체를 암이라고 부르
곤 하지.

*
암진주(pearl formation, cancer pearls) : 각질이 변성한 편평상피암세포가 층상 구조를 나타내는데, 그 모습이 마치 진주의 분할 면처럼 보인다고 해서 이런 이름이 붙었다. 이름은 진주이지만 악성이다.

■ 편평상피암(squamous cell carcinoma)

피부나 구강, 식도, 자궁 질부 등의 편평상피조직에서 발생하지만 기관지, 자궁 경부, 요로에서도 편평상피 화생을 거쳐 발생한다. 조직학적으로는 이형 편평상피세포가 불규칙한 배열로 증식하며 각화 경향을 보인다. 때로 양파 모양으로 각화해서 암진주*를 형성한다. 또 세포간교(intercellular bridge)라

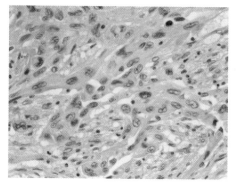

그림 7-7 ▦ 편평상피암

이형세포가 충실성으로 증식한다(폐암).

불리는 결합구조가 나타나 조직 진단의 근거로 삼기도 한다. 세포간교는 중층(重層) 편평상피의 세포 간 결합으로서 다수의 가시처럼 관찰된다. 조직 절편(切片)에서 흔히 관찰할 수 있으나 드물게는 찰과(擦過), 도말 표본에서도 볼 수 있다. 각화와 더불어 중층 편평상피의 특징적 소견이다. 표피, 구강, 후두, 성대, 식도, 귀두(龜頭), 질(膣), 자궁 경부에서 볼 수 있다.

■ 선암(adenocarcinoma)

선관상(腺管狀), 유두상, 여포상, 삭상으로 이형 선상피(腺上皮)가 증식하는 암이다. 소화관과 췌장, 난소, 갑상선 등의 내외분비선과 폐, 유선 등에 출현한다.

소화관, 특히 위에서 보이는 선암 중에는 점액을 다량 생성해서 세포 내에 가득 찬

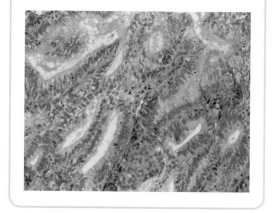

그림 7-8 ▦ 관상선암(위암)

모습이 마치 반지처럼 보이는 암세포로 구성된 것이 있는데, 이를 반지세포암(인환세포암)이라고 한다(57쪽).

■ 이행상피암

신우, 요관, 방광, 요도에서 생기는 암으로 이형 이행상피가 불규칙한 유두상 혹은 침윤성으로 증식한다. 요(尿)세포진에서 암세포가 인정되는 경우가 많다.

그림 7-9 :: 이행상피암

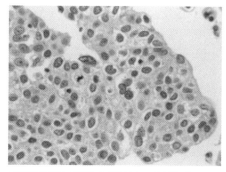

이형의 이행상피세포가 유두상으로 증식한다(방광암).

■ 소세포암, 대세포암

상피성 결합을 보이지만 조직형(形)을 추정할 수 없는 암을 미분화암이라고 한다. 미분화암은 세포의 크기에 따라 대세포암과 소세포암으로 나뉘는데, 대부분 폐에서 보인다. 대부분의 소세포암은 특수한 신경내분비세포에서 유래된다는 사실이 판명되었다.

그림 7-10 :: 소세포암, 대세포암

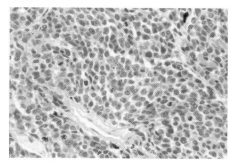 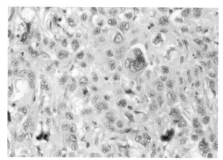

【소세포암】 소형. 원형의 이형세포가 확산성으로 증식해 있다.

【대세포암】 크기가 일정치 않은 대형 세포가 충실성으로 증식해 있다.

장기 특유의 악성 상피성 종양

루미　선암이면 선암, 편평상피암이면 편평상피암이라는 거죠? 어느 장기에
　　　　생기든 조직상(像)은 다 같은가요?

단노　기본적으로는 그렇지. 하지만 장기에 따라서는 특유의 조직상을 보이
　　　　는 암도 있어서 세포 형태나 배열만 봐도 어느 장기에서 온 암인지 판
　　　　명할 수 있다네.

■ 간세포암종과 신세포암(그라비츠종양)

둘 다 특유의 조직상을 나타낸다. 간세포암종은 11장(252쪽)에서, 신세포암
은 16장(357쪽)에서 자세히 설명한다.

■ 카르시노이드종양(carcinoid tumor, 유암종)

기관지나 직장을 비롯한 소화관에 출현하는 종양으로, 신경내분비세포의
장크롬친화세포에서 유래한다. 소형의 원 혹은 타원형 세포가 포소상(胞巢狀)
이나 특유의 리본형 배열을 형성한다. 세로토닌 등의 호르몬을 생성하는 경우
가 많으며, 악성도는 낮다.

■ 기타

피부에는 파제트병(표피 내의 유관선암) 혹은 아포크린선암, 기저세포암, 보엔
병(상피 내 편평상피암) 등이 있다. 이 밖에도 특유의 암이 많은데, 이에 대해서
는 9~20장에서 장기별로 다루겠다.

7.9 암의 분류 2 : 비상피성 종양

루미   비상피성 종양은 종양세포의 덩어리가 생기지 않는 종양을 말하는 거죠?

단노   정확히 말하면, 덩어리는 생기지만 일정한 구조를 만들지 않고 세포끼리의 결합이 없는 것이 상피성과 다른 점이지.

연부 종양

연부 종양(軟部腫瘍, soft part tumor)이란 부드러운 부분에 생기는 종양으로 근육과 지방, 결합조직, 섬유조직, 혈관, 림프관, 말초신경 등 피하와 심부의 조직에서 출현하는 종양을 가리킨다(표 7-3).

그중에서도 악성 섬유조직구종*은 최근 주목을 받고 있는 육종으로 가장 빈도가 높은 악성 연부 종양이다. 대퇴부나 상완부의 심부에서 많이 보이지만 전신 어디에든 출현한다. 다핵(多核), 거핵(巨核)의 대형 이형 세포나 포말세포, 이형 섬유아세포가 특유의 소용돌이 모양으로 배열하며 악성도가 높다.

*
악성 섬유조직구종
(Malignant Fibrous Histiocytoma, MFH) :
육종 중 빈도가 높은 종양으로, 대부분 50대 이후에 발생한다. 주로 사지에서 몇 개월간 자라는 무통성의 종물로 인식되며, 비정상적으로 큰 경우가 아니라면 운동장애나 통증을 수반하지 않는다. 원인이 밝혀지지 않은 데다 악성도가 높고, 급속히 커지고 몸의 다른 부분으로 전이하는 경우도 많아서 치료가 어렵다.

표 7-3 ▪▪ 연부 종양

발생 조직	양성 종양	악성 종양	호발 부위
섬유조직	섬유종 섬유종증 (예: 공격성 섬유종증*)	섬유육종	전신 진피, 비인강 복근, 전신
조직구	양성 섬유성 조직구종 피부섬유종 황색종 건초거세포종*	악성 섬유성 조직구종	전신 진피 전신 진피 수족 관절 대퇴, 상완, 전신
지방조직	지방종	지방육종	두경부, 체간, 후복막
근육	평활근종 횡문근종	평활근육종 횡문근육종	자궁, 소화관, 연부, 인두, 두경부 (소아)두경부, 방광, 정소, 주위
혈관 림프관	혈관종 림프관종	혈관육종 림프관육종	두부 피부, 연부, 간, 폐 유방 절제 후 림프관 육종 등
말초신경	신경초종* 신경섬유종(증)	악성 신경초종 신경섬유육종	사지, 두경부, 신경근 종격* 전신

* 공격성 섬유종증(Aggressive fibromatosis) : 데스모이드종양(desmoid tumor, 유건종)으로도 알려져 있다. 드문 섬유아세포 종양(fibroblastic tumor)으로서 국소적으로 공격적인 성장을 보인다. 주로 복벽 섬유근막층에서 천천히 자라는데, 원격 전이가 되지는 않지만 공격적이며 침습적으로 자라고 재발을 잘한다. 100만 명에 3~4명꼴로 발병하며, 가족성 선종성 용종증이 있는 경우 발병 위험이 1000배나 증가한다.

* 건초거세포종(giant cell tumor of tendon sheath) : 건초나 관절 주위에서 볼 수 있는 종양으로 여성에게 많다. 손과 발의 관절에 자주 발생해 1~3㎝의 종양을 형성한다.

* 신경초종(schwannoma) : 신경을 둘러싸서 받쳐주는 관상의 구조인 신경초에서 발생하는 종양.

* 종격(mediastinum) : 좌우의 흉막강 사이에 있는 부분으로 앞쪽은 흉골, 뒤쪽은 척추, 아래쪽은 횡격막에 의하여 경계 지어진다. 종격의 중앙부는 기관과 기관지가 있는 곳이 되며, 이것을 경계로 종격 전부와 종격 후부로 나뉜다. 전부에는 심장과 심장에 출입하는 대혈관을 비롯하여 흉선(胸腺), 내흉동맥, 내흉정맥, 횡격신경 등이 포함되고, 후부에는 식도, 미주신경, 흉대동맥, 기정맥(奇靜脈), 흉관 등의 중요한 기관이 있다. 그 밖에 림프절도 다수 포함되어 있다. 종격 종양일 때는 이들 장기가 압박되어 중증으로 발전하기 쉽다. 종격동 혹은 종격장이라고도 한다.

골, 연골의 종양

단노   골육종이란 말을 들어본 적 있나?

겐타   네. 예전에 본 드라마에서 운동선수로 나온 등장인물이 골육종에 걸렸어요. 정말 멋진 드라마였죠.

드라마도 챙겨 보나 보군. 확실히 골육종이란 병명은 청춘 드라마에 자주 등장하지. 그도 그럴 것이 골육종은 젊은 사람에게 많이 생기는 뼈의 암이기 때문이라네.

■ 골육종(骨肉腫, osteosarcoma)

골육종은 대부분 성장이 왕성한 사춘기 청소년에게 주로 출현한다. 사지의 장간골(長幹骨) 등에 출현해 이형도가 높은 골모세포가 불규칙적으로 증식하는데, 악성도가 지극히 높아서 조기에 침윤성 전이를 보인다.

■ 기타 뼈의 종양

양성 골종(骨腫)은 드물고, 때로 유골*세포의 혼재를 인정한다. 뼈 특유의 종양으로 골거대세포종*이 있다. 성인의 장간골 골단부에서 보이는 종양으로, 그 가운데서도 슬관절을 중심으로 대퇴골 하단, 경골 상단, 비골 상단 등에 자주 발생한다. 그 밖에 골반, 척추 등에도 생긴다. 섬유아세포 같은 형태를 한 방추형 세포와 다핵의 거대세포가 조밀하게 증생하며, 때로 악성을 보인다.

■ 연골의 종양

연골종(軟骨腫, chondroma)이란 종양세포가 연골을 형성하는 것이다. 양성의 연골은 전신의 뼈 어디에든 출현한다. 때로 미립종*으로 폐에서 보인다. 연골종에는 골 내에 증식하는 내연골종(enchondroma)과 골 외로 돌출하는 외연골종(exostosis)이 있다. 내연골종은 연골종이라고도 하며, 전 연령층에 고루 분포되지만 주로 30대 이전에 증상이 있어서 발견되고, 남녀의 차이는 없다. 주로 손발의 작은 뼈에서 발생하는데, 손가락뼈에 나타나는 종양 중 가장 많이 나타난다. 외연골종은 골연골종(osteochondroma)이라고도 하며, 뼈에서 가장 흔하게 발생하는 양성 종양의 하나이다. 경골 결절 부위에 잘 나타나고, 일반적으로 양쪽 무릎 모두에 생긴다. 남녀 차이 없이 대개 10~25세에 발견된다.

*
유골(類骨, osteoid) : 골의 석회화전선과 골모세포 사이에 개재하는 미석회화골조직. 골모세포에 의해 형성된다. 콜라겐(I형)과 소량의 비콜라겐성 단백질로 구성되는 유기 기질로 채워져서 석회화의 기초가 된다. 포유동물의 뼈에서는 폭이 통상 2 μm가량이지만, 비타민 D가 결핍되면 현저하게 폭이 넓어진다.

*
골거대세포종(giant cell tumor of bone) : 양성 골종양으로 분류되지만 다른 양성 골종양에 비해 재발률이 높고 폐 전이를 일으키는 경우도 있다. 또 매우 드물긴 하나 악성 골거대세포종으로 변화하기도 한다. 주로 20~45세에 발생하며 여성에게 좀더 많이 발생한다. 뼈의 성장이 끝나지 않은 사람에게는 거의 발생하지 않는다. 파골세포종(osteoclastoma)이라고도 한다.

*
미립종(aberrant tumor) : 어떤 조직 속에 다른 조직이 잘못 들어오는 것을 미립(迷入)이라고 하는데, 그것이 종양화한 것이 미립종이다.

*
연골아세포(chondroblast)
: 연골이 형성되는 초기
에 나타나는 세포. 연골
아세포, 조연골세포.

연골육종은 비교적 젊은 성인에게 많이 나타나는 악성 종양으로 골반, 척추, 장간골에서 발생한다. 이형의 연골아세포*와 기질(基質)이 불규칙적으로 증식하는데, 때로 기질이 점액 변성해서 점액상 연골육종의 형태를 취한다.

조혈기, 림프조직의 종양

백혈병은 종괴(腫塊)를 만들지 않고 침윤성 증식도 하지 않지만 악성 종양이다. 혈액암이라고도 표현된다. 이 밖에 이 분야의 종양으로 림프종과 골수종이 있는데, 그에 관해서는 13장에서 다룬다.

중추신경의 종양 : 뇌에도 암은 생긴다?

겐타   뇌에도 악성 종양이 생깁니까?

루미   그러고 보니 뇌암이라는 병명은 별로 들어보지 못했어요.

단노   진정한 의미에서의 악성 종양은 적지. 다만 양성의 작은 종양이라도 생기는 부위에 따라 임상적으로 위독한 결과를 일으키는 경우가 있다네. 자세한 내용은 15장에서 설명하지.

멜라닌세포성 종양

루미   사마귀도 내버려두면 악성으로 변한다는 소리가 있던데.

겐타   맞아. 내가 전에 본 만화에서는 등장인물이 손톱에 검은 반점 같은 게 생겨서 자꾸 건드렸더니 그게 자극이 돼서 전신으로 퍼져서 죽었어. 그 이후로 검은 사마귀를 보면 무섭더라구.

■ 악성 흑색종

사마귀는 멜라닌색소를 만드는 모반세포의 종양으로, 의학 용어로는 색소성 모반이라고 한다. 피부나 점막에 생기는데, 악성인 것은 악성 흑색종(malignant melanoma, 그림 7-11)이라고 부른다. 성인의 피부, 구강, 비강 등에 발생하며 악성도가 높다. 갑자기 커지거나 주위로 번지듯 증식하는 사마귀는 주의가 필요하다.

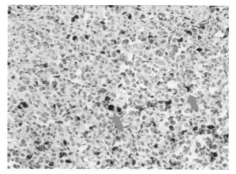

그림 7-11 ▪▪ 악성 흑색종

고도의 이형을 보이는 흑색종 세포가, 일부 멜라닌 생성을 보이며 조밀하게 증식해 있다.

혼합 종양

혼합 종양(mixed tumor)은 두 종류 이상의 요소로 이루어진 종양으로, 기존의 세포가 종양화하는 단계에서 다방면으로 나뉜 것으로 보인다.

■ 선편평상피암

자궁이나 폐에서 보이는 종양으로, 선암과 편평상피암이 혼재돼 나타난다.

■ 신아세포종(nephroblastoma, 빌름스종양)

소아의 종양으로, 신장의 원기(原基)＊세포에서 유래한 소형의 미숙한 악성 세포와 함께 횡문근, 섬유조직 등의 간엽계 종양이 보인다.

■ 간아세포종(hepatoblastoma)

소아에 나오는 간세포성 악성 종양으로, 때로 연골육종 등의 비상피성 종양을 동반한다.

＊
원기(primordium) : 개체 발생에서 어떤 기관이 형성될 때 그것이 형태적, 기능적으로 성숙하기 이전의 예정 재료 혹은 그 단계. 동물에서는 그 기관의 예정 재료가 배엽에서 형태적으로 구별되며, 또한 조직 분화가 아직 진행되지 않은 상태에 있을 때 원기라고 한다.

■ 기형종(teratoma)

삼배엽성의 성분을 전부 함유한 복잡한 종양이다. 주로 난소나 정소에 출현하며, 성숙한 양성 종양과 미숙한 악성 종양이 있다.

표피와 그 부속기(附屬器)가 낭포를 형성하는데, 신경이나 상피 성분을 포함하는 경우가 있어 유피낭종(類皮囊腫, dermoid cyst)이라고 부른다. 난소에서 보인다. 또 생식세포가 원기인 채로 종양화하는 경우가 있는데, 이때는 생식세포종(남성에서는 정세포종, 여성은 미분화세포종)이 된다.

루미 　전문 용어가 잔뜩 나와서 머릿속이 빙빙 돌아요.

단노 　듣다 보면 익숙해질 걸세.

겐타 　정말 그럴까요오….

Summary

- 종양이란 생체의 세포가 과잉 증식하는 것을 말하며, 그것이 자율적으로 무한 증식해서 생체를 죽음에 이르게 하는 경우를 악성 종양(암)이라고 한다.

- 종양에는 양성과 악성, 상피성과 비상피성이 있다. 악성 상피성 종양을 좁은 의미에서의 암(혹은 암종), 악성 비상피성 종양을 육종이라고 한다.

- 암은 일반적으로 잠복기가 길며 전암 상태, 조기암(상피내암), 진행암의 경과를 보인다.

- 암(암종)은 선암, 편평상피암, 이행상피암, 미분화암, 장기 특유의 간세포암종 등으로 분류하고, 육종은 골육종, 지방육종 등 조직별로 분류한다.

- 암의 원인은 밝혀지지 않았지만 유인(誘因)으로 특정 화학물질, 바이러스, 호르몬, 흡연, 음식, 유전 등이 거론되고 있다.

선천적인
신체 이상, 기형

겐타　기형은 왜 생기나요?

단노　기형의 원인은 앞부분에서 설명했듯이 염색체 이상, 유전자 이상, 환경 요인, 그리고 환경인자와 유전적 요인의 복합 작용을 들 수 있지. 기형은 선천적 이상 중에서 눈에 보이는 비가역적인 신체의 형태나 구조의 이상을 뜻한다네.

　기형(畸形, anomaly, malformation)은 모체의 뱃속에 있는 동안 어떤 원인으로 발생하는 육안적으로 알 수 있는 형태의 이상을 말한다. 단독으로 일어나는 단순기형(simple monster)과 쌍둥이 등에서 보이는 중복기형(double monster, 이중체 기형)이 있다. 단순기형은 기형이 한 곳뿐인 단독기형(isolated malformation)과 복수인 다발성 기형(multiple malformation)이 있다.

기형의 내인

　염색체 이상과 유전자 이상에 관해서는 제1강을 참고한다.

기형의 외인

임신 12주 정도 되면 인체의 기본 기관은 완성된다. 그러므로 외인이 기형의 원인이 되는 것은 이 시기까지이다.

■ 물리적 인자

가장 강력한 물리적 인자는 히로시마 나가사키의 원폭이나 체르노빌 원전 사고로 인한 방사능이다. 임신 초기에 피폭된 산모에서 소두증 등의 기형이 다수 보였다. 그 외에 자궁 내에서의 요인으로 양수과다증*이나 탯줄감김(looping of umbilical cord) 등이 있다.

양수과다증(poly-hydramnios) : 임신 말기에 양수가 비정상적으로 늘어나 2,000cc 이상이 되는 병. 호흡곤란, 미약 진통, 조기 파수(破水), 탯줄 이탈, 출혈 따위의 이상이 나타나고 조산하기 쉽다.

■ 화학적 인자

탈리도마이드(thalidomide)로 인한 사지기형(해표지증phocomelia)은 임신 초기의 산모가 수면제인 탈리도마이드를 복용하면서 생긴다. 이 밖에 코르티손(cortisone) 제제, 성호르몬제, 말라리아 약인 키니네, 일부 항암제 등도 기형을 야기할 수 있다.

■ 생물학적 인자

임신 초기에 모친이 풍진에 감염되면 선천성 풍진증후군(Congenital Rubella Syndrome, CRS)을 일으킨다. 선천성 풍진증후군은 태아에게 심장 기형, 청력 장애, 선천성 백내장 등 각종 기형을 초래한다. 또 원충의 톡소프라스마증(toxoplasmosis), 거대세포봉입체병 등이 최기형성(임신 중인 모체에 작용해 태아에 기형이 생기게 하는 것)을 보인다.

■ 기타 요인

고령이면서 초산인 산모에서 다운증후군이 많이 태어난다는 사실은 이전부터 알려져 있었다. 당뇨병 산모의 태아한테서는 거대아(巨大兒)나 뼈의 이상이 생기는 일이 있다.

기형의 발생 유형

*
보탈로관개존증(patent ductus Botalli) : 태아기에 대동맥과 폐동맥을 연결하는 혈관인 동맥관(보탈로관)이 출생 직후에도 닫히지 않고 계속 열려 있는 상태. 성장하면서 동계(動悸)와 호흡곤란을 느끼게 되고 마침내 심부전을 일으켜 부종 등이 나타난다.

*
난원공개존증(patent foramen ovale) : 출생한 뒤에 심방중격(心房中隔)에 있는 난원공이 닫히지 않은 채 그대로 있는 것.

*
정중경루(median cervical fistula) : 태생기 갑상설관은 갑상선 원기의 하강에 수반하여 설맹공(舌盲孔)에서 설골 하단을 돌아서 갑상선으로 통하나, 태생 2개월 이후에는 거의 소실된다. 이 갑상설관이 남아 있어서 일부에 내강(內腔)을 만들어 낭포를 형성한 것이(정중경낭포) 다시 염증을 일으켜서 정중선상 설골에 접하여 그의 전방 또는 하방의 피부에 외루(外瘻)를 만든 것을 말한다. 점액농성의 분비액이 배출되며, 피하조직과 유착하여 통증을 일으킨다.

*
단안증(cyclopia syndrome) : 드문 형태의 완전전뇌증(holoprosencephaly)으로, 안와가 두 개로 적절하게 분리되지 못한 배아 발생장애이다. 유전적 원인 또는 독성물질이 배아 전뇌 분할 과정에 문제를 일으킬 수 있다.

루미   모델 중에는 코가 정말 높은 사람이나 다리가 이상할 정도로 긴 사람이 있는데요, 그런 건 기형이 아닌가요?

단노   수나 위치가 이상하지 않다면 기형이 아니라 정상이라네. 다만 지나치게 도를 넘었다거나 기형 특유의 변화(마판증후군이나 다운증후군 등)는 기형이라고 할 수 있겠지. 기형에는 몇 가지 발생 유형이 있다네.

■ 발달의 억제

가장 극단적인 경우는 아무것도 형성되지 않는 무형성이고, 모양은 있지만 기능적·형태적으로 불완전한 경우를 형성 부전(不全) 혹은 저형성이라고 한다.

■ 과잉 발달

수가 많거나 크기가 지나치게 큰 경우로 다지증, 거대결장 등을 말한다.

■ 태생기 유잔(遺殘)

태생기에는 존재했지만 생후에는 보이지 않는 기관이나 조직이 출생 후에도 남아 있는 경우로 보탈로관개존증*, 난원공개존증*, 정중경루* 등이 있다.

■ 분리의 억제

원래 출생 시에 분리되었어야 할 장기가 분리되지 않고 이어져 있거나(유합), 둘 있어야 할 것이 하나밖에 없는 경우로 마제신(그림 8-1)이나 단안증*이 이에 속한다.

그림 8-1 ▪▪ 마제신

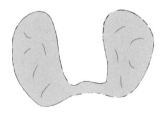

마제신(horseshoe kidney)은 척주(脊柱) 양쪽 좌우에 1개씩 있어야 할 신장이 밑부분이 서로 붙어서 말편자 모양[馬蹄形]으로 된 신장의 선천성 기형. 신장의 맨 아랫부분이 유합(癒合)되어 있다.

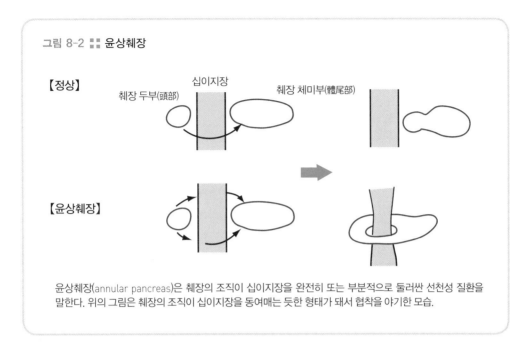

그림 8-2 **:: 윤상췌장**

【정상】

췌장 두부(頭部)   십이지장   췌장 체미부(體尾部)

【윤상췌장】

윤상췌장(annular pancreas)은 췌장의 조직이 십이지장을 완전히 또는 부분적으로 둘러싼 선천성 질환을 말한다. 위의 그림은 췌장의 조직이 십이지장을 동여매는 듯한 형태가 돼서 협착을 야기한 모습.

■ **유합 부전, 이상유합**

'분리의 억제'와는 반대로, 출생 시까지 유합해야 할 장기가 비정상적으로 유합하거나 불완전하게 유합한 것으로 구순열(hare lip), 구개열(cleft palate), 윤상췌장(그림 8-2) 등이 있다.

■ **위치 이상**

가장 극단적인 경우는 완전역위(complete situs inversus)로 모든 내장이 좌우 역전하는 것이다. 보통 기능적으로는 문제가 없다. 국소적으로는 우심증이나 유주신장*이 보인다.

* 유주신장(movable kidney) : 신장이 제자리에 고정되어 있지 않고 비정상적인 위치로 움직이는 병. 누웠을 때보다 섰을 때 두드러지게 아래로 이동하며, 허리나 등에 통증을 일으키고 혈뇨가 나타난다. 여자와 마른 사람에게 많다.

각 장기의 기형

내장에 관해서는 9~20강에서 자세히 다룰 예정이니 여기서는 대략적인 내용만 소개한다.

＊
정중 경낭포(median cervical cyst) : 태생기의 갑상설관이 남아 있는 질환. 갑상설관은 보통 태생 4주경에 소실하나, 이의 일부 또는 전부가 남게 되면 갑상설관낭포 또는 갑상설관루를 만든다. 전자가 정중경낭포로, 갑상선과 설맹공과의 중간 영역에 낭포를 형성한다.

＊
측경낭포(lateral cervical cyst) : 태생기에 아가미처럼 보이는 새구라는 홈이 유잔해서 목 부위에 농포가 생긴 것이다. 낭포로 이어지는 관이 피부로 열린 경우를 측경루라고 한다.

＊
서혜헤르니아(inguinal hernia) : 탈장의 하나로, 서혜부(사타구니) 주위를 통해 빠져 나온 경우를 말한다. 서혜부탈장, 샅굴탈장.

＊
횡격막 헤르니아(dia-phragmatic hernia) : 배 안의 구조들이 횡격막을 통하여 가슴 안으로 빠져나가는 것.

■ 샴쌍둥이

일란성 쌍둥이에게 발생하는 기형으로 몸의 일부가 유합하거나 공유하는 경우를 말한다.

■ 두부의 기형

무두개증(無頭蓋症)은 두개골이 결손되는 기형으로 뇌의 형성 부전이나 무뇌증을 동반한다. 그 정도에 따라 뇌가 돌출돼 있는 뇌류(encephalocele)나 뇌가 노출되는 태아뇌증(胎兒腦症, exencephaly) 등으로 구분한다.

■ 안면의 기형

가장 많은 것은 윗입술의 유합 부전으로 인한 구순열이며, 연구개와 경구개에도 갈라짐이 있는 경우를 구개열(217쪽)이라고 한다. 단안증은 불완전한 안열(fissura optica)이 얼굴의 중심부에 하나 있는 것이다.

■ 경부의 기형

새구(branchial groove, 아가미홈)라 불리는 태생기의 기관이 출생 후에도 폐쇄되지 않고 유잔해서 샛길이나 낭포를 형성하는 경우가 있다. 이를 정중경루, 측경루＊, 정중경낭포＊, 측경낭포＊라고 한다.

■ 탈장

탈장(hernia)이란 본래 막혀 있어야 할 구멍이 열려 있어서 그곳으로 장기가 탈출하는 경우를 말한다. 가장 일상적으로 볼 수 있는 것이 배꼽탈장이다. 일차적인 경우는 문제가 없지만 환원이 불가능한 경우라면 장폐색에 빠질 위험이 있다. 이 밖에 서혜헤르니아＊나 횡격막헤르니아＊가 있다.

■ 성기의 기형

염색체 이상 등으로 발생하는 반음양은 1개체 안에, 정도의 차이는 있지만 남성과 여성의 생식기를 함께 가지고 있는 경우이다. 정도에 따라 진성과 가성으로 분류된다.

■ 사지의 기형

팔, 다리 없이 직접 손이나 발이 체간에 붙어 있는 경우를 해표지증이라고 한다. 손발가락이 정상보다 많은 것은 다지증, 적은 경우를 결지증, 유합한 경우를 합지증이라고 한다.

Summary

- 기형의 원인은 내인과 외인으로 나눠볼 수 있다. 내인은 염색체나 유전자 이상이고, 외인은 방사능·탈리도마이드·풍진 등의 물리적·화학적· 생물학적 요인으로 분류된다.

- 기형의 발생 유형에는 발달의 억제 및 과잉, 태생기 유잔, 분리의 억제, 유합 부전이나 이상, 위치 이상 등이 있다.

2부

인체 내 장기별
질병들

심장과 맥관,
순환기 질환

9.1 심장의 구조

1부에 이어서 루미와 겐타는 장기별 질병에 대해 배우기로 했다. 병리학 공부는 앞으로도 쭉 이어진다.

단노   장기별 질병의 첫 강의는 순환기 질환이네. 순환기란 혈액이나 림프액 등을 순환시키는 기능을 지닌 장기로 심장과 혈관, 림프관을 말하지. 그럼 심장부터 시작하지.

루미   심장의 질병, 즉 심장 질환이라고 하면 굉장히 심각한 병처럼 느껴져요. 심장이 멈추면 사람은 바로 죽으니까요.

겐타   거기다 심장 질환은 돌연사를 초래하는 일이 많죠. 서구에서는 심장 질환이 사인 1위인 나라가 많다고도 들었고요. 일본에서는 암이 1위이고, 뇌혈관장애와 심장 질환이 2위를 다투지만요*.

*
우리나라도 비슷하다.
암이 압도적 1위이며,
뇌혈관 질환과 심질환
이 그 뒤를 잇는다.

심장의 엔진부는 관상동맥과 자극전달계

심장(그림 9-1)은 혈액을 전신으로 내보내는 펌프 역할을 해서 분당 5ℓ의 혈액을 배출한다. 심장의 펌프 작용은 심장 근육이 일정한 리듬으로 수축하기 때문에 생기는데, 수축에 필요한 막대한 에너지는 관상동맥에서 심장으로 공급되는 영양과 산소로 만들어진다.

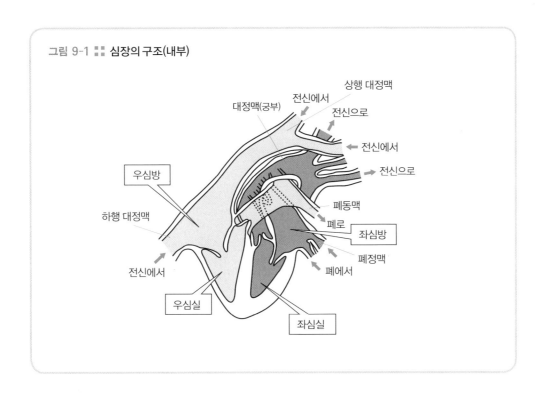

그림 9-1 ▪▪ 심장의 구조(내부)

상행 대정맥

대정맥(궁부)

전신에서

전신으로

전신에서

전신으로

우심방

하행 대정맥

폐동맥

폐로

좌심방

폐정맥

전신에서

폐에서

우심실

좌심실

심장 근육에 수축 리듬을 정확히 전달하기 위해서 자극전달계라는 조절 기구가 있는데, 이들 관상동맥과 자극전달계는 심장의 기능을 좌우하는 주요 인자라고 할 수 있다.

9.2 여러 가지 심장 질환

심장 질환의 절반 이상은 관상동맥의 장애로 인한 관상동맥 순환장애(허혈성 심질환)다. 이 밖에 선천성 심장 질환, 류마티스, 심근병증, 염증 등이 있다. 하나씩 살펴보자.

관상동맥 순환장애

루미 관상동맥은 심장에 영양을 공급하는 중요한 동맥이죠. 관상동맥에 장애가 생기면 구체적으로 어떻게 되나요? 바로 죽나요?

단노 관상동맥에 문제가 생겨서 심근으로 가는 혈류가 줄거나 멈추면서 생기는 장애를 관상동맥 순환장애, 즉 허혈성 심장 질환이라고 하지. 관상동맥 순환장애에는 일시적인 것(협심증)과 원 상태로 회복되지 않는 것(심근경색증)이 있다네.

■ 협심증

협심증(狹心症, angina pectoris)이 오면 급격한 흉통이 수분간 이어진다. 관상동맥에서 들어오는 혈류가 줄어들거나 끊겨서 일시적인 허혈(95쪽)이 심근에 일어났기 때문이다. 이때 심근에서의 조직학적인 변화는 인정되지 않는다. 협심증은 관상동맥경화증(심장의 관상동맥이 좁아지거나 막혀 생기는 허혈성 심장 질환,

그림 9-2)이 있는 사람에게 많이 보이며, 심근경색증의 예비군으로 여겨진다.

심근에 일시적인 허혈이 생기는 원인으로는 혈전(핏덩이. 100쪽)으로 인해 관상동맥이 일시적으로 막힌 경우를 생각해볼 수 있다. 하지만 혈전이 생겨도 단기 폐색된 동안 혈전이 융해되거나 우회로(bypass)가 생겨서 심근 조직에 경색을 일으키기 전에 혈액 공급이 복원된다.

기타 원인으로는 일시적인 관상동맥의 연축(관상동맥이 경련을 일으켜서 혈류가 정체된 것)도 있다.

■ 심근경색증

관상동맥이 혈전이나 죽상동맥경화증(죽처럼 질퍽질퍽한 덩어리가 동맥 내벽에 달라붙는 것. 그림 9-2)으로 막히거나 흐름이 나빠져 심근으로 가는 혈액 공급이 멈추면서 그 부분의 심근에 급격한 괴사가 일어나는 질환이 심근경색증(心筋梗塞症, myocardial infarction)이다. 경색(102쪽)이 일어나는 부위는 좌심실 전벽이 가장 많고, 후벽이 그 뒤를 잇는다.

조직학적으로는, 발작 직후에는 소견이 확실치 않다. 심근경색증의 경우 발작 후 24시간 이내에 30~40%의 환자가 사망하지만, 생존한 경우에는 수시간

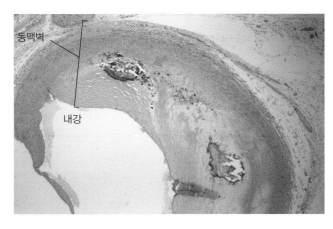

그림 9-2 ⠿ **관상동맥경화증**

동맥벽

내강

석회화(⬆)를 동반한 죽상동맥경화증(208쪽)으로 관상동맥이 3분의 1 정도로 좁아졌다.

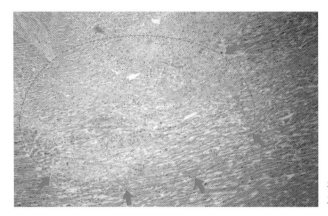

경계가 선명치 않은 심근의
괴사소(壞死巢)가 보인다.

뒤에 심근의 응고 괴사(그림 9-3, 72쪽)가 보이고, 이어서 호중구 침윤이나 출혈, 연화(軟化)를 초래하며, 며칠 후에는 육아 형성 후 섬유성 반흔을 만든다.

루미   경색이 일어나는 건 심근의 일부일 뿐인데 왜 심근경색증이 일어나면 바로 사망하는 경우가 많은가요?

단노   그건 부분적인 경색이라도 자극전달계가 손상돼서 심장의 수축 리듬이 흐트러져 무질서하게 불규칙적으로 수축하는(심실세동) 일이 많기 때문이라네. 바로 죽지는 않더라도 심장 기능의 저하로 쇼크, 울혈성 부전 등이 발생해 사망에 이르지. 또 심근의 괴사가 고도로 일어나면 펌프의 압력에 벽을 이루는 심근이 파괴되면서 심장을 둘러싼 주머니(심낭) 속으로 출혈해 심장눌림증(204쪽)에 빠지는 경우가 있다네.

겐타   사망까지는 이르지 않아도 일단 심근경색증이 일어나면 그 후에 무슨 문제가 생기나요?

단노   관상동맥에서 만들어진 혈전이 혈류를 타고 이동해서 폐나 뇌에 장애를 일으키는 경우도 있지.

루미	심근경색증의 요인에는 어떤 것이 있나요?
단노	흡연, 고지혈증, 비만, 고혈압을 심근경색증의 4대 요소로 본다네. 이 밖에도 유전, 정신적 스트레스, 식습관 등도 영향을 끼친다더군.
루미	저희 아버지는 담배도 피우시고 살도 찌셨으니 주의하시라고 해야겠어요.
겐타	난 정신적 스트레스를 많이 받으니 조심해야겠어.
루미	겐타는 그럴 필요 없어. 내가 보기엔 그래.

심근병증

겐타	마라톤 선수는 심폐 기능이 발달해서 심장이 커져 있다고 하더군요. 맥박수도 적다는 것 같고요.
루미	스포츠 심장이라는 거야. 그런데 선생님, 일반인이라도 심장이 크면 심장 기능이 발달해서 튼튼하다고 생각해도 되나요?
단노	아닐세. 일반인은 다르다네. 격렬한 운동을 하는 사람이 어느 정도 심장이 커지고 기능도 발달했다면 정상 범위이지만, 일반인이 단지 심장이 크기만 하다면 병적인 현상일 수 있거든. 또 스포츠 심장과 구별이 어려운 부분도 있으니 운동을 했던 사람이라면 주의가 필요하네.
겐타	병적인 경우에는 어떤 증례가 있습니까?
단노	확실한 원인을 모르는 경우도 있다네. 원인을 알 수 없는 심근의 질환을 [특발성] 심근병증(cardiomyopathy)이라고 하지. 어느 쪽이건 관상동맥의 병변을 동반하지 않는 것이 원칙이라네. 심근의 병변 형태에 따라 다음의 세 가지로 나눌 수 있지.

＊
울혈성 심부전(congestive
heart failure) : 심장이 점
차 기능을 잃으면서 폐
나 다른 조직으로 혈액
이 모이는 질환.

■ 확장성 심근병증 : 있는 대로 늘어난 고무공

확장성 심근병증(dilated cardiomyopathy, 울혈성 심근병증, 그림 9-4A)은 좌심실이 제대로 수축하지 않고 고도로 확장되는 질환이다. 심장 전체의 긴장이 떨어지면서 다른 심실까지 확장되는 탓에 심장의 중량이 3~4배에 달한다. 심장벽의 비후는 가볍게 나타나며, 울혈성 심부전＊에 빠진다. 조직학적으로 심근세포는 비대 혹은 위축해서 심근 간에 확산성 아교섬유가 생겨나거나 반흔이 형성된다. 임산부에서 보이는 급성 심부전이나 알코올성 심근병증이 이 유형인 경우가 있다.

■ 비대심근병증 : 밀가루 옷만 두껍고 내용물은 작은 튀김

비대심근병증(hypertrophic cardiomyopathy, 그림 9-4B)은 좌심실 벽이 비정상적으로 두꺼워진 결과 좌심실의 확장이 제한돼 좌심방에서 좌심실로 가는 혈류의 유입이 감소하면서 좌심방이 확장되는 질환이다. 상염색체 우성유전병으로, 가족력이 있는 경우가 있다. 조직학적으로는 심근세포의 비정상적인 비대와 무질서한 배열이 특징이며, 섬유화를 동반한다.

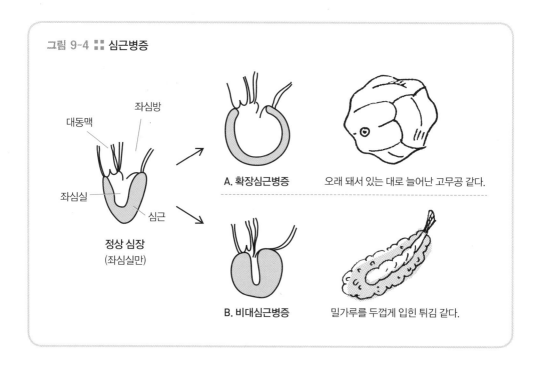

그림 9-4 ⁚⁚ 심근병증

대동맥
좌심방
좌심실
심근
정상 심장
(좌심실만)

A. 확장심근병증
오래 돼서 있는 대로 늘어난 고무공 같다.

B. 비대심근병증
밀가루를 두껍게 입힌 튀김 같다.

■ 제한성 심근병증

제한성 심근병증(restrictive cardiomyopathy)은 심근의 비대는 가볍게 나타나지만 확산성으로 고도의 섬유화가 보여 근육이 딱딱해지고, 그로 인해 확장 장애를 일으킨다. 드문 유형이다.

심근병증 이외의 심장 질환

■ 심근염

세균이나 진균, 바이러스 등의 감염을 원인으로 심내막염이나 패혈증에 속발해서 심근염(myocarditis)을 유발하는 경우가 있다. 때로 화농성 심근염을 일으킨다.

■ 아교질병에 동반하는 심근 질환

루푸스(SLE), 류마티스관절염, 류마티스성 심내막염(202~203쪽) 등에 걸리면 심근의 피브리노이드 변성(섬유소성 변성, 145쪽)이나 혈관염이 보인다. 특히 류마티스에서는 아쇼프결절이라 불리는 육아종을 심근에 형성한다.

■ 진행근디스트로피

진행근디스트로피(Progressive Muscular Dystrophy, 진행근육퇴행위축)란 진행성 근력 저하를 일으키는 유전성 질환이다. 근디스트로피 중에서도 유전형의 분류에서 빈도가 높은 뒤시엔느(Duchenne)형에서는 골격근과 마찬가지로 심근세포의 위축이나 섬유화가 보인다.

■ 가와사키병

1967년 일본의 소아과 의사인 가와사키(川崎)가 최초로 보고한 가와사키병(Kawasaki's disease)은 고열과 림프절 종창, 손발의 피부 발적, 박리(표피가 부슬부슬 떨어지는 증상) 등을 일으키는 원인 불명의 소아 질환이다. 관상동맥의 동

맥류 형성을 동반한다. 실제로 관동맥류의 파열이나 이차적인 혈전 형성으로
인한 폐색 때문에 심근경색증을 일으켜 많은 아이들이 사망했다. 원인은 밝혀
지지 않았지만 자가면역질환이 의심된다.

심내막 질환

단노   다음은 심내막 질환을 알아볼까?

루미   그런데 심내막이 어디인가요? 심장을 싸고
있는 막은 심외막이잖아요.

단노   심내막은 심장의 내강을 덮고 있는 얇은 섬
유성 막 같은 부분을 말한다네. 판막도 포
함되지. 이 부분이 염증을 일으킨 것을 심
내막염이라고 한다네.

루미   고무공에 메스를 대서 안쪽 껍질을 활짝 벌렸을 때 보이는 부분이 심
내막이군요?

겐타   루미다운 설명이네. 그건 그렇고, 아교질병과 내막염이 밀접한 관계가
있다고 들었습니다만.

단노   그렇지. 류마티스나 루푸스가 심내막, 특히 판막의 장애를 동반한다
는 사실은 예전부터 알려져 있었지.

■ 류마티스열과 심내막염

　류마티스열(급성 류마티스관절염)의 원인이 일종의 용혈성 연쇄상구균이라
는 사실이 최근에 판명되었다. 류마티스열은 발열과 관절염으로 시작해 심장
의 병변을 동반한다. 심장에서는 판막, 특히 승모판*의 변화가 심해서 피브
리노이드 변성이나 삼출성 병변을 보인다. 병변은 대동맥판*이나 삼첨판*
에도 발생하는데, 기질화한 혈전이 마치 사마귀처럼 보여서(그림 9-5) 우췌성
(verrucous, 사마귀 모양) 심내막염이라고도 한다. 류마티스열은 10세 전후의 아

---

*
승모판(mitral valve) : 좌
심실과 좌심방 사이의
판막. 판막이 두 개의 첨
판(이첨판)으로 되어 있
고 혈액이 심실에서 심
방으로 역류하는 것을
막는 구실을 한다. 왼방
실판막. 이첨판.

*
대동맥판(aortic valve) :
심장의 좌심실과 대동
맥 사이에 있는 판막으
로, 세 개의 얇은 판막으
로 구성되어 있다. 좌심
실에서 대동맥으로 나
간 혈액이 좌심실로 역
류하는 것을 막아준다.

*
삼첨판(ricuspid valve) :
심장의 우심실과 우심
방 사이에 있는 판막. 판
막이 세 개이며, 심실
에서 심방으로의 역류
를 막는 구실을 한다. 오
른방실판막.

동에게 많으며, 만성화해서 만성 심부전에 빠지는 일이 있다.

■ 감염성 심내막염

세균이나 진균에 감염되면 심내막, 특히 판막에 염증성 변화가 보인다. 이 상태가 장기간 이어지면 아급성 심내막염이 되어 판막의 폐쇄부전 등의 장애를 남기는 경우가 있다. 원인이 되는 균(기염균起炎菌)으로는 녹색연쇄상구균, 황색포도상구균, 칸디다균 등이 있다.

그림 9-5 ▦ 류마티스성 심내막염
(rheumatic endocarditis)

사마귀 형태의 심내막의 비후

심외막, 심낭의 질환

심외막은 심장을 싸고 있는 막이다. 심외막이 심장을 싼 상태의 주머니를 심낭이라고 한다.

■ 심외막염 : 심장에 털이 나는 염증도 있다?

심외막염(epicarditis)의 대부분은 주위의 병변에 동반해서 생기는 이차성으로, 여러 가지 유형의 염증을 일으킨다. 그 가운데에서도 섬유소성 심외막염(fibrinous pericarditis)에서는 표면에 실 모양의 섬유소 부착이 보이는데, 이를 융모심(hairy heart)이라고 부른다(심장에 털이 난 상태).

■ 심낭의 질환

심낭에는 정상일 때도 어느 정도의 심낭수가 고여 있는데(심장의 심막강 내에 수분이 저류), 울혈성 심부전 등으로 전신 부종을 일으키면 심낭수의 양이 늘어나서 때로 1000㎖를 넘기도 한다. 이를 심낭수종(심막수종)이라고 한다.

이 밖에 암성 심외막염이나, 심근경색증으로 심근의 벽에 구멍이 나면서(천

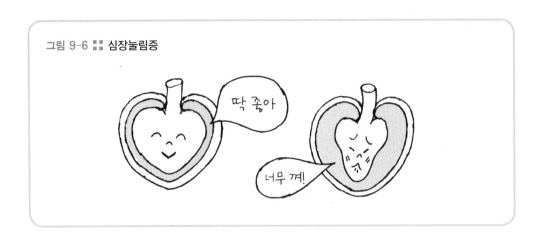

그림 9-6 :: 심장눌림증

공) 발생한 출혈 때문에 심낭 내에 저류액이 충만해서 심장의 확장에 장애가 생긴 상태를 심장눌림증＊이라고 한다(그림 9-6). 정맥압이 상승해 혈압이 떨어지고 박동이 약해지기 때문에 방치하면 심장이 정지한다.

심장의 종양

심장에도 종양이 생길까? 심장암이란 말은 별로 들어본 기억이 없다. 심장에도 전이성 악성 종양은 어느 정도 있지만 원발성의, 즉 심장에서 시작되는 악성 종양은 거의 없다. 드물게 보이는 경우가 좌심방 내막에서 폴립상(polyp狀)으로 발생하는 점액종인데, 양성이다.

선천성 심장 질환

겐타　태어날 때부터 심장 안의 벽에 구멍이 나 있어서 심한 운동을 못 하는 아이의 애기를 들은 적 있습니다.

단노　심장 기형은 신생아의 0.5%에서 출현한다지? 원인은 염색체 이상 등의 유전적 인자와, 임신 초기의 풍진 감염이나 약제 같은 환경인자인 경우가 있지.

루미 심장 안의 벽에 구멍이 나면 어떤 곤란한 일이 생기나요?

단노 예를 들어 좌심실과 우심실을 나누는 벽에 구멍이 났다면 동맥혈과 정맥혈이 섞여버리지. 그러면 동맥혈의 산소 농도가 감소해서 청색증이 나타난다네.

겐타 청색증이 오면 피부나 점막이 푸르스름한 빛을 띠죠?

단노 그렇지. 선천성 심장 질환은 청색증형과 비청색증형, 그리고 성장 과정에서 발증하는 지연성 청색증형으로 나뉜다네.

■ 청색증형

심장의 선천적인 4중 기형, 즉 팔로의 4징후(Tetralogy of Fallot, 그림 9-7)는 ①심실 중격 결손 ②대동맥 우방 전위(대동맥 기승) ③폐동맥 협착 ④우심실 비대를 합병한 고도 기형이다.

대혈관전위(transposition of great arteries)는 우심실에서 대동맥, 좌심실에서 폐동맥이 나가는 기형으로, 조기 수술이 필요하다.

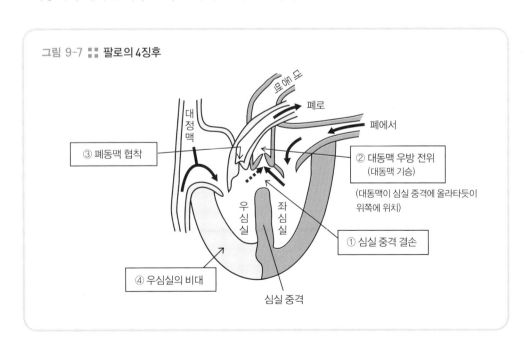

그림 9-7 :: 팔로의 4징후

③ 폐동맥 협착

② 대동맥 우방 전위
(대동맥 기승)

(대동맥이 심실 중격에 올라타듯이 위쪽에 위치)

① 심실 중격 결손

④ 우심실의 비대

대정맥

폐로

폐에서

우심실

좌심실

심실 중격

＊
폐동맥판협착증(pulmonary
valve stenosis) : 폐동맥관이
좁아져 혈액이 제대로 흐
르지 못하는 선천성 심장
질환.

■ 비청색증형

대동맥협착증(coarctation of aorta, 대동맥축착증)은 선천적으로 대동맥궁이 협
착해 있는 것으로 성인형과 유아형이 있다.

우심증(dextro cardia)은 심장이 오른쪽 가슴에 있는 것으로, 극단적인 경우
에는 전신 장기의 좌우 역전을 동반한다. 이 경우 아무런 장애 없이 정상적인
생활을 영위할 수 있다. 이 밖에 폐동맥판협착증＊ 같은 단독의 판막 이상이
있다.

■ 지연성 청색증형

심실 중격 결손, 심방 중격 결손, 보탈로관(동맥관) 개존증 등은 비교적 많이
출현하는 기형이다. 이 경우는 어느 정도 성장한 뒤에 수술을 하는 경우가 많다.

9.3 혈관, 림프관의 병변

루미 혈관과 림프관에도 다른 장기와 마찬가지로 염증이나 변성, 종양 같은 질환이 있나요?

단노 물론이지. 혈관과 림프관의 구조를 보면 단순한 관이지만 영양이나 산소, 노폐물을 운반하는 중요한 역할을 담당하고 있지. 그래서 이들 관이 병적인 상태가 되면 여러 가지 형태로 다른 장기에도 장애가 나타난다네.

동맥경화증

여러 가지 동맥 병변의 종착역이라고도 할 수 있는 현상으로 동맥벽의 변성과 비후, 경화를 일으킨다(그림 9-8).

■ 가령(加齡)에 따른 동맥경화증

고무관이 낡으면 탄력성을 잃고 기능도 떨어지듯이 동맥도 나이와 함께 변성하고 비후하며 탄성섬유의 변화로 탄력성을 잃어버린다. 동맥벽은 딱딱해지고 내강은 좁아지는 탓에 동맥의 길이가 늘어나 사행(蛇行)하게 된다. 최종적으로는 죽상경화증에 빠진다.

그림 9-8 :: 대동맥경화증

내강

대동맥벽(내막)

콜레스테롤의 침착(↑)을 일부 동반해 죽종을 형성하고 있다.

*
콜레스테롤에스테르
(cholesteryl ester) : 콜
레스테롤 3위치의 히
드록시기에 지방산이
에스테르 결합한 것. 혈
청콜레스테롤의 약 3
분의 2는 에스테르형
으로 리놀레산을 많이
함유하고 있다. 유리형
에 비해 친수성이 작기
때문에 리포단백질 속
에서는 중심(core) 부분
에 존재한다. 혈청 중
에서 LCAT(Lecithin-
Cholesterol AcylTrans
ferase)의 작용으로 생
성된다. 조직에 콜레스
테롤이 침착할 때에는
에스테르형이증가한다.

*
죽종(atheroma) : 콜레
스테롤, 각화물, 괴사
물질 등으로 이루어진
죽상(粥狀)으로 동맥벽
이 변화하는 것.

*
총장골동맥(common
iliac artery) : 골반과 다
리에 피를 보내는 동맥.
온엉덩동맥.

■ **죽상(동맥)경화증**

　주로 콜레스테롤에스테르*로 이루어진 질퍽질퍽한 죽종*을 동맥 내강에 형성하는 질환으로 하부 대동맥과 총장골동맥* 분기부에서 많이 보인다.

　죽상경화증의 원인에는 여러 가지가 있는데 가령 외에도 고혈압, 고지혈증, 비만, 흡연 등이 관여한다. 죽종은 이후 석회화하거나 붕괴 후 괴사, 궤양이나 육아 형성, 혈전 형성으로 발전해 염증이나 화농성으로 변화한다.

　죽상경화증은 대동맥 자체에는 큰 영향을 미치지 않지만, 죽종의 내용물이나 혈전이 혈관 속 여기저기로 돌아다니다가 다른 장소에서 색전증을 일으킨다. 또 뇌나 관상동맥처럼 비교적 가는 동맥에서 색전증이 발생하면 뇌경색이나 심근경색증의 원인이 된다. 하지나 신장의 동맥에서 발생하면 발가락의 괴사(버거병)나 신성고혈압(신장 질환이 원인이 되어 생기는 고혈압)을 야기한다.

동맥류

　동맥의 일부분이 확장해서 혹처럼 볼록해지는 경우를 동맥류(aneurysm)라고 한다. 동맥경화증이나 염증으로 동맥벽이 약해져서 일어나는 경우가 많고,

드물게는 선천적인 동맥벽의 일부 결손 때문에 생기는 경우도 있다.

루미   저희 친척분이 대동맥류 파열로 대수술을 받으셨는데요. 대동맥이 파
         열되기도 하나요?

단노   큰일 날 뻔하셨군. 대동맥 파열이란 수도관이 터져서 물이 분출되는
         것과 비슷한 상황이지. 동맥류는 대동맥에 제일 많은데, 파열하는 일
         이 잦아 급사의 원인이 된다네.

■ 대동맥류

대동맥류(aortic aneurysm)는 염증, 특
히 매독에 의한 경우와 동맥경화증 때
문인 경우가 있다(그림 9-9). 전자는 흉
부에서, 후자는 복부에서 많이 보인다.
기관이나 식도의 압박 증상을 일으키
거나, 파열해서 흉부나 후복막으로 크
게 출혈이 일어나 사망을 초래하기도
한다.

그림 9-9 :: 동맥류

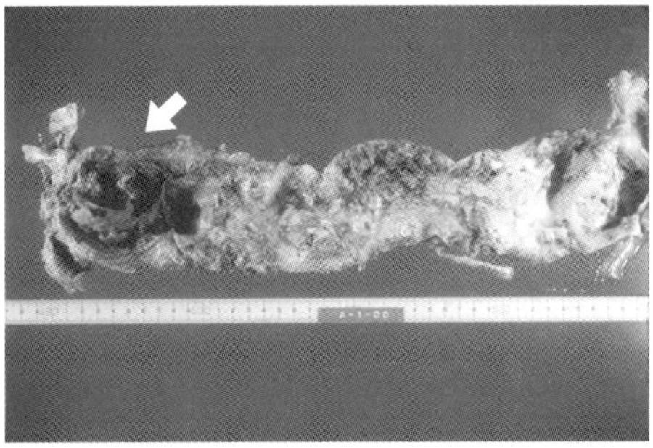

동맥경화로 인한 동맥류(복부 대동맥)

■ 발살바동 동맥류

대동맥판과 대동맥벽 사이의 공간을 발살바동(sinus of valsalva)이라고 한다.
이 부분은 다른 곳에 비해 얇아서 동맥류가 생기기 쉽다. 이곳이 파열되면 우
심실이나 우심방과 교통하면서 정맥혈과 동맥혈이 섞여 들어가 청색증을 유
발한다.

■ 뇌동맥류

뇌저동맥에서 많이 보인다. 쌀알 크기의 동맥류가 염주 모양으로 발생한다.
고혈압에 동반되는 경우가 많으며, 파열하면 지주막하 출혈로 급사하는 일이
있다.

■ 해리성 동맥류

대동맥에 많이 보이는 병변으로, 내막과 중막 혹은 중막과 외막 사이로 혈액이 흘러들어가 박리시키고 동맥류를 형성한다(그림 9-10). 원인으로는 죽상경화증이 많고, 드물게 임신에 동반된다.

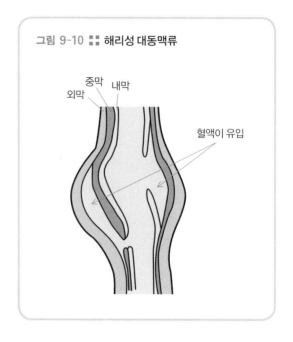

그림 9-10 ‖ 해리성 대동맥류

외막
중막
내막
혈액이 유입

정맥류

문맥압항진증(portal hypertension) : 문정맥 계통에 순환장애가 일어나 그 부분에 압력이 높아지는 병. 복수(腹水), 비장 비대 따위의 증상이 나타난다.

노인들의 다리를 뒤에서 보면 종아리 근처에 혈관이 올록볼록 부풀어 있는 경우가 있다. 염증이나 환류장애로 정맥벽이 변성해서 확장된 것인데, 하퇴의 피하에서 호발한다. 또 간경변증(250쪽)으로 인한 문맥압항진증*에서는 식도나 복부 피하에서 보인다. 식도의 정맥류는 쉽게 파열하기 때문에 간경변증으로 인한 사인의 대부분을 차지한다. 복부의 정맥류는 그리스신화에 나오는 메두사를 연상시킨다고 해서 ‘메두사의 머리(caput medusae)’라고 부른다.

림프관 폐색성 질환

수술 후의 반흔이나 종양, 기생충 등으로 림프의 환류장애가 생기면 그 말초조직에서 수종(水腫)이나 종대(腫大)가 발생한다. 유방암 수술 후에 생기는 상완의 부종이나, 선충의 일종인 필라리아(filaria, 사상충)로 인한 상피병(몸의 일부 피부가 비정상적으로 두껍고 딱딱해지는 것)이 이에 속한다.

혈관의 염증성 질환(그림 9-11)

겐타　앞에 나온 자가면역질환 부분에서(144쪽) 아교질병이 혈관염을 동반한 다고 배웠는데요. 특별한 소견이 있습니까?

단노　아교질병의 경우 크든 작든 혈관염을 동반하는데, 그 질환 특유의 변 화를 일으키지. 하는 김에 다른 동맥염들도 한꺼번에 설명해주지.

■ 아교질병에 동반하는 혈관염

가장 특징적인 병변으로는 청장년 남성에 많은 결절다발동맥염이 있다. 중 소 동맥에 염주 모양으로 확장한 다수의 결절이 보인다. 이는 피브리노이드 괴사 나 육아 형성으로 인한 것이다. 예후는 나빠서 소화관 출혈이나 신부전으로 사 망하기도 한다. 루푸스(SLE)나 류마티스관절염에서도 같은 병변이 보이는 경우 가 있다.

■ 매독성 혈관염

진행된 매독에서는 특유의 혈관염이 보인다. 대동맥 기시부(起始部)부터 흉 부 대동맥에서 호발하고, 고무종 형성과 형질세포의 침윤이 보이며 소위 코르 크따개 모양(corkscrew appearance)을 하고 있다.

■ 세균성 동맥염

패혈증이나 주위 조직의 염증이 파 급돼서 생긴다. 궤양성 대장염, 기관 지폐렴 등에서 자주 보인다. 위궤양 에서는 증식성 혹은 폐색성 동맥염을 동반하는 일이 있나(그림 9-11).

■ 무맥박병(대동맥염증후군)

동맥의 중막, 외막이 고도로 비후

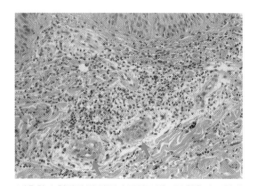

그림 9-11 ▪▪ **혈관염(vasculitis)**

비후한 소혈관의 벽 안쪽과 주위로 림프구 침윤이 보인다.

해서 혈관 내강의 협착이나 폐색을 보이는 질환이다. 특히 완두(腕頭)동맥이나 총경(總頸)동맥에 많아서 그 끝에 있는 요골(橈骨)동맥이 폐색돼버린다. 손목에서 맥을 잡을 때 요골동맥의 박동을 재는데, 이 질환에 걸리면 맥박이 잡히지 않는다.

■ 버거병(Buerger's disease, 폐쇄혈전혈관염)

혈관 내강의 폐색으로 인해 피부의 궤양이나 괴저를 일으키는 질환으로, 원인은 밝혀지지 않았다. 청장년 남성의 하지에 호발한다. 환자 대부분이 애연가라서 니코틴에 의한 혈관 수축 작용의 영향이 의심된다. 조직학적으로는 혈관 내막의 비후와 혈전 형성이 보인다.

맥관의 종양

■ 양성 종양 : 혈관종, 혈관내피종, 림프관종, 사구종양

혈관종(hemangioma)은 피부에 많이 보이는 양성 종양으로 소화관이나 뼈, 간, 뇌 등에도 출현한다. 불규칙적으로 확장된 모세혈관으로 이루어진 모세혈관종, 성숙 확장된 정맥으로 이루어진 해면상혈관종, 안면에 발생하는 과오종성*의 포도상혈관종 등이 있다.

혈관내피종은 연부에서 보이는 종양으로 증식한 혈관 내피세포로 이루어진 양성 종양이다.

림프관종은 다방성(multilocular)의 확장된 림프관으로 이루어진 낭종을 형성하는 종양으로 영유아의 경부에 호발한다. 하이그로마(hygroma, 활액낭종)라고 부른다(그림 9–12).

사구종양(glomus tumor, 글로무스종

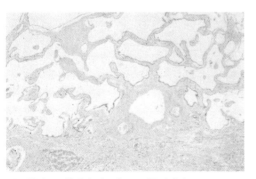

그림 9-12 :: 림프관종

불규칙적으로 확장된 림프관으로 이루어진다.

* 과오종성(過誤腫性, hamartoma) : 선천적인 미립(迷入) 조직, 유잔(遺殘) 조직 등이 증식하는 것으로, 진짜 종양은 아니다.

양)은 주로 손가락 피부나 손톱에 생기는 결절성 종양으로 모세혈관과 피부의 사구세포* 로 이루어진 양성 종양이다.

■ **악성 종양 : 혈관 육종, 악성 혈관외피(세포)종, 카포시 육종**

중노년 남성의 연부(96쪽)에서 보이는 혈관 육종(악성 혈관내피종)은 이형 내피세포로 이루어진 악성 종양인데, 연부 종양으로는 극히 드물다. 연부 외에 드물게 간*이나 뼈에서도 보인다.

악성 혈관외피(세포)종은 사지나 목의 연부에서 보이는 악성 종양으로 이형의 혈관 외피세포로 이루어진다. 침윤성 증식을 보인다.

카포시 육종(Kaposi's sarcoma)은 피부에 생기는 모세혈관성 악성 종양으로 헤모지데린(hemosiderin)색소의 침착이 뚜렷해 육안적으로는 검게 보인다. 아프리카나 유대인에서 많이 보인다. 최근 면역결핍증에 자주 출현하며, 에이즈 합병증으로 일본에서도 증가하고 있다.

*
사구세포(glomus cell) : 경동맥소체의 특수 상피성 세포.

*
간의 혈관 육종(angio-sarcoma, hemangio-sarcoma) : 간에 발생하는 혈관 육종을 쿠퍼세포 육종(Kupffer cell sarcoma)이라고 하는데, 진단용 조영제인 토로트래스트(thorotrast)의 관여가 의심된다. 현재 이 조영제는 사용되지 않는다.

Summary

- 허혈성 심장 질환에는 일시적인 협심증과 불가역적인 심근경색증이 있다.

- 심장 비대를 일으키는 심근병증에는 확장심근병증, 비대심근병증, 제한심근병증이 있다.

- 선천성 심장 질환에는 청색증형과 비청색증형이 있다.

- 동맥경화증은 여러 가지 동맥 병변의 종착역이다. 가령(加齡)과 고혈압, 고지혈증, 비만, 흡연 등이 유인으로 지적된다.

- 심장에는 악성 종양이 거의 없다.

소화관에 생기는 소화기 질환

루미 젠타, 고기 먹으러 안 갈래? 불고기 먹고 싶어.

겐타 응? 루미가 불고기를? 전에는 고기는 냄새도 싫다고 하지 않았어? 무슨 바람이 분 거야?

루미 가끔은 그럴 때도 있는 거지. 테니스 연습으로 운동량이 느니까 고기 생각이 나.

겐타 휴우, 여자의 변덕이란… 그래도 불고기 먹는 건 좋아.

루미 단노 선생님께도 연락드리자.

••• 병리학 연구실 •••

단노 오늘은 소화기 질환을 공부해볼까 하네. 소화기는 음식을 소화하기 위한 장기라고 보면 되지.

루미 소화기 하면 위나 장이 생각나는데요. 또 어떤 장기가 있나요?

단노 소화기는 크게 음식이 통과하는 소화관(구강에서 식도, 위, 소장, 대장, 직장)과 소화액을 분비하는 대사 장기(간, 담낭, 췌장)로 나뉘지. 소화관은 음식의 운반과 소화, 영양물의 흡수, 노폐물의

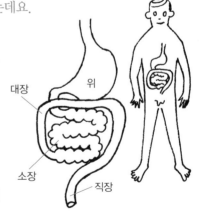

대장
위
소장
직장

배설을 담당한다네. 또 간과 담낭, 췌장은 소화효소나 담즙의 분비, 음식물의 대사, 영양물질의 저장, 해독 같은 중요한 역할을 담당하지. 소화기는 체외와 연결돼 있기 때문에 다양한 영향을 받아서 다채로운 질환이 생긴다네. 우선은 소화관에 대해 설명해볼까? 입부터 시작하지.

선천 이상

구강이란 입 안을 말한다. 구순열과 구개열은 비교적 많이 보이는 선천 이상으로, 증상의 정도는 다양하다.

구순열은 보통 윗입술에 보이는 융합장애로 발생한다. 구개열은 구개(입천장)의 안면 정중에서의 융합 부전 때문에 발생하는 구개부의 파열이다. 심한 경우 턱뼈까지 번져서 식사하기도 어려워진다. 요즘에는 교정술이 발달해서 둘 다 거의 정상적인 상태로 되돌릴 수 있다.

이들 외에 갑상선조직의 일부가 혀에 보이는 이소성 갑상선(ectopic thyroid)이나 측경낭포 같은 각종 낭포성 선천 이상이 있다.

낭포성 질환

입 안에서 자주 보이는 질환으로 치근낭(radicular cyst)과 여포성 치낭포(follicular dental cyst)가 있다. 치근부에서 보이는 치근낭은 주로 염증성이며, 육아조직이나 섬유성 벽으로 이루어진다. 여포성 치낭포는 치아 원기(原基)의 상피조직이 낭포화한 것으로 벽은 편평상피로 이루어진다.

충치

루미 저희 어머니가 어제부터 충치로 인한 통증 때문에 음식을 못 드시는 데요. 충치의 원인은 뭔가요?

겐타 충치의 원인이야 당연히 충치균이지. 치약 광고에도 나오잖아. 치주병 균이란 것도 있고 말이야.

충치(蟲齒, dental caries)의 정식 명칭은 치아우식증이다. 충치가 되는 요인은 ①세균 감염 ②당류 ③상아질이다. 충치는 에나멜질, 상아질, 시멘트질, 치수(齒髓, 치강 속에 가득 차 있는 부드럽고 연한 조직. 그림 10-1)의 순으로 치아 안쪽으로 진행되며, 최종적으로는 치아가 용해되거나 붕괴된다. 충치는 위의 세 가지 요인이 모두 갖춰졌을 때 발생하니, 무엇보다 식후 양치질이 최고의 충치 예방법이다.

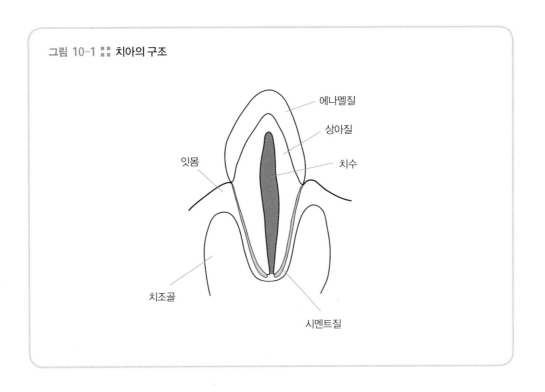

그림 10-1 ▪▪ 치아의 구조

에나멜질
상아질
치수
잇몸
치조골
시멘트질

치주염

치수에 다다른 충치가 치근부의 염증을 일으키는 것이 근첨성 치주염(apical periodontitis)이고, 치경부에서 치주부로 확산되는 것이 변연성 치주염(marginal periodontitis)이다. 방치하면 치조농루라 불리는 화농성 병변을 일으킨다.

구강 특유의 질환

겐타　뜨거운 수프를 먹으면 앞니 뒤쪽이나 아랫입술 안쪽이 하얘지면서 살짝 아팠다가 금세 괜찮아져요.

단노　입은 뜨겁고 차가운 자극뿐만 아니라 산이나 알코올 같은 강한 자극도 수시로 받지. 즉 눈에는 안 보여도 구강 점막은 항상 상처를 입고 있다는 말이네. 다만 그 회복력이 다른 조직에 비해 빠를 뿐이지.

겐타　그래도 구내염이 생기면 아픕니다. 잘 낫지도 않고요.

단노　그건 그렇지. 그럼 구강 특유의 질병에 관해서 설명하지.

■ 아프타구내염

헤르페스바이러스 감염 등으로 발생하는 아프타구내염(aphthous stomatitis)은 하얀 위막(僞膜)과 주변부의 발적을 동반하는 궤양성 병변이다. 재발을 반복하는 경우가 있으며, 베체트병*의 증상 중 하나로 출현하기도 한다.

■ 백판증

백판증(白板症, leukoplakia)은 지속적인 점막의 자극 때문에 발생하는 질환이다. 편평상피의 과형성과 유극세포* 증생, 과각화(過角化) 등이 나타난다. 육안적으로 하얗게 보이며, 전암 상태의 의미를 지니는 경우가 있다. 구강에서는 구순, 볼 점막 등에서 발생한다.

*
베체트병(Behçet' disease) : 아프타구내염, 피부 증상, 외음부 궤양 등을 일으키는 계통적자가면역질환.

*
유극세포(prickle cell) : 포유류의 표피를 형성하는 세포층의 하나인 유극층(有棘層)을 구성하는 세포. 표피는 진피에 접하는 쪽부터 기저층, 유극층, 과립층, 각화층으로 구분한다. 유극세포의 명칭은. 편편하고 다각형인 이 세포가 짧은 가시 모양의 돌기가 있는 것에서 유래한다. 가시세포.

■ 에풀리스

에풀리스(epulis, 치육종, 치은종)는 잇몸에 국소성으로 발생하는 폴립상(polyp狀) 종류(腫瘤)의 총칭이다. 염증성 육아종, 섬유종, 혈관종 등 다방면에 걸친다.

구강의 종양

루미　입 안에도 종양이 생기나요?

단노　자극이 많기 때문에 종양이 생긴다네. 양성 종양으로는 섬유종, 유두종, 혈관종이 있지. 악성 종양은 대부분 편평상피암이라네. 특수한 종양으로는 치원성 종양(齒原性腫瘍, odontogenic tumor)이 있지. 치원성 종양은 치아를 만드는 조직에서 유래하는 종양이지.

■ 치원성 종양

사기질종*은 아래턱에서 많이 보인다. 크고 작은 낭포를 형성하는 종양으로 섬유성 간질과 에나멜기*와 유사한 조직으로 이루어진다(그림 10-2). 혼합종양으로서 편평상피나 원주상피의 요소를 동반하는 경우가 있다. 때로 악성화한다.

이 외에도 시멘트질종, 치아종 등이 있다.

■ 악성 종양

대부분 혀나 잇몸에 생기는 편평상피암으로, 의치 등에 의한 만성 자극이 발병 요인으로 짐작된다.

그림 10-2 :: 사기질종

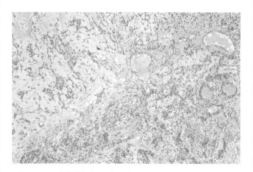

각종 요소가 혼합된 종양이다.

10.2 인두의 병변

루미   제 친구 마사코가 편도가 부어서 목
       이 아프다고 해서 좀 봤더니 목 양쪽
       으로 콜리플라워 모양으로 빨갛
       게 부어오른 게 있었고, 그 위에
       작고 하얀 반점이 다닥다닥 잔뜩
       붙어 있어서 깜짝 놀랐어요. 마사
       코 말로는 편도가 자주 붓는다던데, 원인이 뭔가요?

단노   습관성 편도염이야. 원인은 분명치 않지만, 아마 체질이나 소인(素因)
       같은 게 관여하지 않나 생각되는군.

마사코

편도선염

편도선염(tonsillitis)은 편도가 부풀어서 커지고 동통이 있고 감기 비슷한 증
상을 나타내는 카타르염으로 궤양을 형성하는 경우가 있다. 화농성 변화가 생
기면 편도주위농양*을 일으킨다.

*
편도주위농양(扁桃周
圍膿瘍, peritonsillar
abscess) : 편도의 화농
성 감염 등으로 편도 주
위 조직에 고름이 축적
된 것. 대개 편도의 화
농성 감염에서 비롯되
는데, 감염이 편도 주위
막을 뚫고 편도 주위막
과 편도 사이의 결합조
직으로 퍼지면서 농이
생긴다. 양측에 생기는
경우는 드물며, 편도의
상부에서 주로 발생한
다.

인두의 종양

■ 림프상피종

비인두암(鼻咽頭癌)이라고도 불리는 종양으로, 저분화형 편평상피암과 림프 조직이 혼재해서 나타난다. EB바이러스의 관여가 거론되고 있다.

■ 편평상피암

인두에서 가장 많은 악성 종양이다. 뜨겁거나 자극이 강한 음식물이 직접 통과하는 부위가 목이라는 점에서 식습관과 관련이 있을 것으로 여겨진다.

10.3 타액선의 병변

겐타   맛있는 냄새를 맡으면 입 안에 군침이 돌아요. 타액은 어디서 나옵니까?

단노   타액이 나오는 곳을 타액선(침샘)이라고 한다네. 큰침샘에는 악하선(顎下腺, 턱밑샘)과 이하선(耳下腺, 귀밑샘)이 있고, 작은침샘은 입술이나 혀밑에 있는데, 어쨌거나 다들 구강이나 그 주위에 있지.

타액선의 염증

유행성 이하선염(133쪽)이나, 핵 내 봉입체로 인해 세포가 거대화해서 폐나 신장까지 침범하는 사이토메갈로바이러스 타액선염(cytomegalovirus sialoadenitis)이 있다.

쇼그렌증후군(Sjogren's syndrome)은 타액선이나 누선(눈물샘) 등의 점액선이 염증을 일으켜서 위축되는 질환으로 입이나 목, 눈의 건조를 일으킨다. 조직학적으로는 타액선에서 도관이 협착해 림프구 침윤을 동반한다. 자가면역질환으로 분류하고 있다.

그림 10-3 :: 타액선의 종양

① 다형성 선종

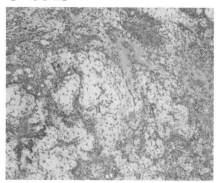

선양(腺樣) 구조와 관강 구조가 혼재해서 보인다.

② 와르틴종양

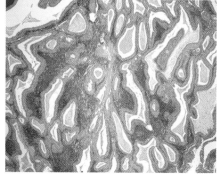

림프조직성 간질과 선관 구조가 혼재한다.

타액선의 종양

■ 양성 종양 : 다형성 선종, 와르틴종양

다형성 선종(pleomorphic adenoma, 그림 10-3①)은 타액선의 종양 중에서 가장 많은 종양으로 중노년 여성에서 많이 보인다. 조직학적으로는, 원주상피나 선상피로 구성된 선종의 성분과 편평상피, 근성(筋性)의 간질, 때로는 연골 등도 출현하는 다채로운 모습을 나타낸다. 가끔 악성을 보인다.

와르틴종양(Warthin's tumor)은 림프조직 속에 원주상피로 이루어진 확장된 선관(腺管) 구조가 혼재하는 특이적인 양성 종양이다(그림 10-3②).

■ 악성 종양 : 선낭암종, 점액표피양암종, 선방세포암

타액선 특유의 악성 종양이 세 가지 있다.

선낭암종(adenoid cystic carcinoma)은 특이한 사상 구조를 보인다(그림 10-4).

점액표피양암종(mucoepidermoid carcinoma)은 점액 생산성 선암세포와 각화 경향을 보이는 편평상피암의 요소로 구성된다.

선방세포암(acinic cell carcinoma)은 밝은 세포와 과립상 세포질을 지닌 세포로 구성된다.

그림 10-4 ▪▪ **선낭암종**

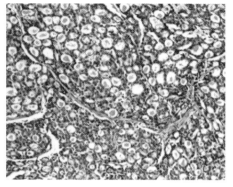

사양(篩樣) 구조가 보인다.

10.4 식도 질환

루미 식도는 입에서 위로 내려가는 음식물의 통로죠? 그게 다인가요?

단노 통로는 통로인데, 나름대로 기능이 있지.

루미 기능이요?

단노 식도의 길이는 대략 25cm인데, 입이나 목 같은 구강과 인두부까지 포함하면 37~38cm 정도 되지. 식도는 단순한 원통 관이 아니야. 경부와 기관지부, 횡격막을 통과하는 곳까지 해서 모두 세 군데의 생리적 협착부가 있다네. 식도의 기능은 상부 횡문근의 연동운동으로 음식물을 위로 운반하는 것이지. 3초에서 5초 정도 걸린다더군. 식도에는 특유의 질환이 몇 가지 있지.

식도의 형성 이상

식도의 운동을 관장하는 신경절의 세포가 감소하거나 결손되면 식도에 선천성 협착이 발생한다. 협착부 위쪽은 확장된다. 이 협착은 고형식을 시작하면서 발견된다.

선천적인 식도게실(소화관의 벽이 관 바깥쪽으로 돌출해서 주머니 모양이 된 것)은 식도의 생리적 협착부에서 보인다.

식도정맥류

간경변증으로 문맥압이 높아지면 식도나 위 상부에 정맥류가 발생해서 자주 파열한다. 간경변증의 사인 중 대부분을 차지한다.

기타 식도의 병태

■ 말로리바이스증후군

과음으로 인한 구토를 반복하다 보면 하부 식도의 점막에 열상이 생겨서 대량 출혈을 일으킬 때가 있다. 이 병태를 말로리바이스증후군(Mallory-Weiss syndrome)이라고 한다. 일시적인 경우가 많고, 위독해지는 일은 드물다.

■ 역류성 식도염

역류성 식도염(reflux esophagitis)은 식도염의 대부분을 차지하는 질환인데 어떤 원인으로 위액이 식도로 역류해서 위액의 소화작용 때문에 염증이 일어나는 것이다. 뚱뚱한 사람이 과식하면 역류성 식도염에 빠지는 일이 있다. 자주 과음하는 사람에게서도 많이 보인다.

■ 식도칸디다증

식도궤양이나 소모성 질환, 고령자 등에서 진균증인 식도칸디다증(esophageal candidiasis)이 자주 생긴다.

■ 식도백판증

만성 염증 등으로 식도백판증(esophageal leukoplakia)이 나타난다. 때로 암화한다.

식도암

대부분 편평상피암으로 식도의 생리적 협착부에서 호발하며, 특히 하부 식도에서 많이 보인다(그림 10-5). 진행된 뒤에 발견되는 일이 많다.

식도는 장막이 없기 때문에 주변, 특히 기관(氣管)으로 침윤해서 식도기관루(식동와 기도 사이에 누공을 형성한 것)를 형성한다. 예후가 나쁜 암 중 하나이다.

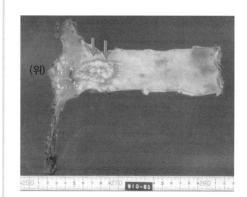

그림10-5 :: 식도암

(위)

궤양 형성형 식도암이 하부 식도에서 보인다.

원인 중 하나로 알코올 도수가 높은 술이나 뜨거운 음료를 습관적으로 섭취하는 습관을 들 수 있다.

10.5 위의 질환

겐타   가끔씩 형이 모임에서 과음을 하고 오면 다음날까지 힘들어합니다.
        그럴 때 형의 위는 어떤 상태인가요?

단노   폭음하면 위 점막이 충혈되는 것은 기본이지. 그리고 소화액의 과다
        분비로 위 점막의 미란(썩거나 헐어 문드러짐)이나 점막의 박리가 일어나
        구토와 통증을 유발하지. 사실 나도 자주 과음을 한다네.

위염

위염(胃炎, gastritis)에는 급성 위염과 만성 위염이 있다.

위 점막은 음식이나 소화액의 강한 자극으로 벗겨져도 다시 새로운 세포가
생겨난다. 하지만 폭음이나 폭식, 흡연, 약제, 스트레스 등의 강한 자극을 지
속적으로 받으면 점막의 충혈 및 출혈, 부종, 점액의 과다 분비 등의 증상이
나타나면서 급성 위염이 된다.

자극이 장기간 지속되면 만성 위염이 된다. 만성 위염은 표층 점막의 과형
성과 부종을 일으키는 표재성(과형성성) 위염과, 위선의 위축과 장상피 화생을
보이는 위축성 위염으로 구분된다.

위염의 국제분류

위염의 국제분류(시드니 분류: Sydney system)는 1990년 국제소화기병학회에서 승인된 새로운 위염 분류법으로 내시경을 이용한 육안 분류와 조직학적 분류가 있다. 조직학적 분류에서는 단핵구 침윤, 호중구 침윤, 위축성 변화, 장상피화생, 헬리코박터파일로리균 등 5가지 항목에 관해서 각각 4단계로 평가한다.

위궤양

루미   이가 너무 아파서 위까지 아파졌어요. 위궤양은 위에 구멍이 나는 거죠?

단노   그렇지. 위가 생성하는 위액의 소화작용으로 위 점막이나 근층의 일부가 결손되는 것을 위궤양(gastric ulcer, 그림 10-6)이라고 하지. 소화성 궤양이라고도 한다네. 궤양의 깊이에 따라 네 가지 유형으로 분류하지(그림 10-7).

위독한 감염증이나 수술, 화상, 스테로이드 투여 등의 신체적 스트레스 및 정신적 스트레스로 궤양이 발생하는 경우가 많은데(급성 궤양) 궤양 중심부[潰瘍底]에 괴사와 염증이 보인다.

궤양이 만성화하면 괴사층, 육아층, 반흔층의 3층 구조를 형성한다. 파일로리균도 영향을 끼치는 것으로 여겨진다. 만성 궤양에서 암이 발생하기도 한다.

그림 10-6 ▪▪ 위궤양

추벽(gastric fold)은 점막의 주름으로 음식이 위로 들어오면 추벽이 확장돼 위의 용적을 늘린다. 추벽이 집중된 곳에 궤양이 보인다.

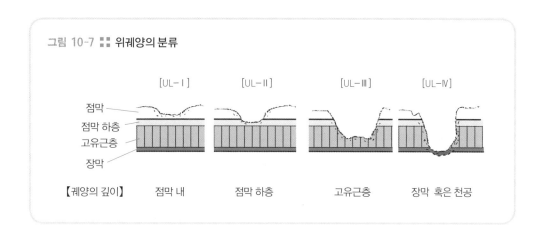

그림 10-7 ░░ 위궤양의 분류

[UL-I]　　　　[UL-II]　　　　[UL-III]　　　　[UL-IV]

점막
점막 하층
고유근층
장막

【궤양의 깊이】　　점막 내　　　점막 하층　　　고유근층　　　장막 혹은 천공

위의 폴립

겐타　예전에 아버지가 위의 폴립(polyp)을 제거하셨는데요. 폴립은 종양과 다르다고 알고 있습니다. 그런데도 위험한가요?

단노　육안으로 봐서 점막이 융기해 있으면 모두 폴립이라고 한다네. 종양인 경우도 있고, 그렇지 않은 경우도 있지. 모두 네 가지 유형으로 분류하지(그림 10-8).

■ 과형성성 폴립

점막이 단순히 폴립상으로 과형성된 것으로 만성 염증에 동반되는 경우가 많으나 종양은 아니다.

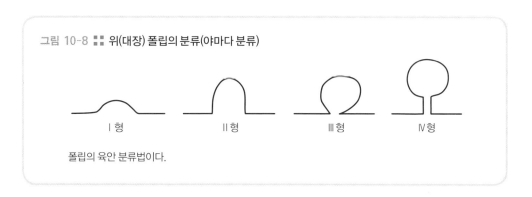

그림 10-8 ░░ 위(대장) 폴립의 분류(야마다 분류)

I형　　　　II형　　　　III형　　　　IV형

폴립의 육안 분류법이다.

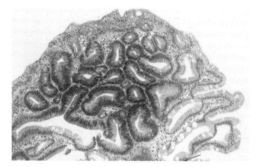

그림 10-9 :: 위선종(胃腺腫)

선종성 위 상피의 증생으로, 경도(輕度)의 이형을 동반한다.

그림 10-10 :: 위암

추벽이 끊긴 곳에 궤양이 형성되어 있다.

■ 위선종(선종성 폴립)

종양성 병변이다. 정도의 차이는 있지만 이형(異型)을 동반한다(그림 10-9). 전암 병변으로서의 의미를 지닌다.

위의 악성 종양

＊
한국의 국립암정보센터에 따르면, 2011년 기준으로 가장 많이 발생한 암은 갑상선암이고, 다음으로 위암, 대장암, 폐암, 간암, 유방암, 전립선암의 순이다. 이 가운데 위암은 모든 암 환자 중 14.5%로 2위를 차지했다. 남성의 경우에는 발생률이 가장 높은 암이 위암으로 전체 암 발생률의 19.4%에 달해 2위를 기록한 대장암의 15.6%보다 훨씬 높은 수치를 보였다. 또한 위암은 사망률 면에서도 전체 암 사망자의 12.7%를 차지해 3위를 기록했다.

겐타   일본의 경우 위암 사망률은 떨어졌지만 발생률은 1위더군요. 특별한 이유라도 있습니까?＊

단노   인종적, 유전적 요인과 식생활을 비롯한 환경 요인이 있지 않을까? 일본에서는 도호쿠 지방처럼 염분이 많은 절임 음식을 자주 먹는 식습관이 의미 있는 요인으로 꼽히고 있지. 파일로리균이 영향을 준다는 지적도 있고.

■ 위암(그림 10-10)

최근에는 집단검진이나 계몽활동으로 조기 발견, 조기 치료가 가능해져 그 영향으로 사망률이 급격히 감소하고 있다.

위에 생기는 악성 종양의 대부분은 암종이다. 조직 구조나 세포의 성질에

표 10-1 :: 위암의 조직학적 분류

일반형	특수형
• 유두상선암(papillary adenocarcinoma) • 관상선암 − 고분화형(tub1) − 중분화형(tub2) • 저분화선암(poorly differentiated adenocarcinoma) • 점액성 선암(mucinous adenocarcinoma) • 반지세포암(sig:signet ring cell carcinoma)	• 선편평상피암(adenosquamous carcinoma) • 편평상피암(squamous cell carcinoma) • 카르시노이드종양(carcinoid tumor) • 미분화암(Undifferentiated carcinoma) • 기타

＊
관상선암(tubular adenocarcinoma) : 암종의 한 형태로서 선암을 대표한다. 종양이 원주상피로 둘러싸인 관상의 선강(腺腔)을 형성해서 발육하는 것을 말한다. 관강의 형성이 완전한 것에서 불완전한 것까지 있으며, 분화의 정도에 따라 고분화형, 중분화형, 저분화형으로 구별된다. 소화기, 호흡기, 유선, 생식기에서 이 형태의 암을 볼 수 있다.

따라 위암을 분류하면(표 10-1) 관상선암＊이 가장 많다. 임상적으로는 침윤이 점막 하층까지로 국한되는 조기위암과, 근층 이상에까지 퍼지는 침윤암(진행암)으로 나뉜다. 육안으로 본 침윤의 정도나 유형에 따라 조기암은 내시경학회의 분류를, 침윤암(진행암)은 보어만 분류(Borrmann classification)를 따른다(그림 10-11).

조기암과, 침윤암 중에서도 보어만 2형까지는 수술 후의 예후가 그 이상 진행된 경우보다 양호하다.

그림 10-11 :: 위암의 분류

【내시경학회의 위 조기암의 분류】

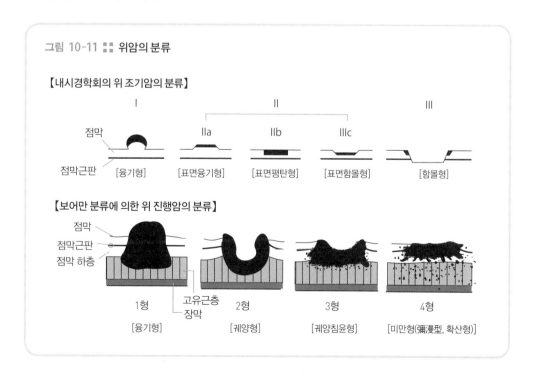

【보어만 분류에 의한 위 진행암의 분류】

■ 악성 림프종

림프조직 유래의 종양(악성 림프종)은 위의 악성 종양 중 약 1%를 차지한다. B세포(B림프구)에서 유래한 것이 대부분이다. 최근에는 점막 관련성 림프조직(Mucosa-Associated Lymphoid Tissue)에서 발생하는 MALT림프종이 주목받고 있다. 특히 파일로리균과의 관련성이 강하게 의심된다(아래의 칼럼 참조).

■ 평활근육종

위와 같은 소화기의 근육은 평활근으로 되어 있다. 위에 생긴 양성의 평활근종은 점막하종양(粘膜下腫瘍)으로 비교적 많이 보인다. 드물게 악성화하는 경우가 있다.

쫀득쫀득 지식 충전! 헬리코박터파일로리

1982년 호주의 워렌(Warren)과 마셜(Marshal)이 분리 배양한 나선형 세균 헬리코박터파일로리(Hericobacter pylori)는 경구 감염으로 위축성 위염, 결절성 위염을 일으킨다고 한다. 또 위궤양이나 위암과의 관련성도 거론되고 있으며, MALT림프종 환자에서는 유의한 양성률이 보인다.

일본이나 서구에서는 10~15%, 개도국에서는 70% 전후의 헬리코박터파일로리 감염률이 보고되고 있다. 이전에는 위 카메라 등의 내시경을 매개로 한 감염도 많이 보였다.

감염된 상태인지 아닌지를 확실하게 알려면 생체검사를 해서 균체를 조사해야 하지만, 간편한 방법으로서 균체가 생성하는 우레아제를 이용한 13C요소호기검사(13C-Urea Breath Test)로도 양호한 결과를 얻을 수 있다.

제균에는 테트라사이클린, 메트로니다졸, 비스무트 제제를 병용하는 3제요법이 효과적이다.

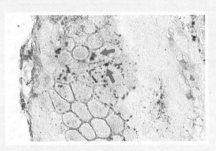

파일로리균[와신-스타리 염색(Warthin-Starry stain)]

10.6 소장(십이지장, 공장, 회장) 질환

루미 소장은 굉장히 길죠? 얼마나 긴가요? 그렇게까지 길 필요가 있을까요?

단노 사람에 따라 차이는 있지만 대개 7m 전후라고 하지. 위에서 소화 분해된 영양분을 체내로 흡수하는 작용은 대부분 소장에서 이루어진다네. 그러니 어느 정도의 길이가 필요하지. 길이만이 아닐세. 표면적을 넓히는 구조도 갖추고 있다네.

소장의 선천 이상

소장의 선천성 폐색이나 협착은 십이지장이나 회장에서 많이 보인다. 메켈게실(Meckel's diverticulm)은 회장의 회맹부(回盲部)에서 1m 정도 떨어진 곳에 생기는 게실(위나 장의 곁주머니)로 궤양이나 염증이 생기기 쉽다.

소장의 염증

각종 원인으로 발생하는 카타르성 장염은 일상적으로 나타난다.

■ **휘플병(Whipple's disease)**

소장 점막의 발적과 종창을 일으켜서 지방변(脂肪便)을 만든다. 흡수장애증후군(malabsoption syndrome) 중 하나이다. 세균 감염을 원인으로 본다.

■ **장티푸스**

티푸스균의 경구 감염이 원인으로 주로 회장 말단에서 발생하며, 매크로파지로 이루어진 티프스결절을 형성한다.

소장의 종양

소장에도 종양이 생길까? 십이지장에는 가끔 선암이 보이지만 그 밖의 소장에는 암종이 거의 생기지 않는다. 오히려 평활근종이나 평활근육종이 적은 수이지만 보인다.

10.7 대장과 직장의 질환

겐타　동기가 맹장으로 수술을 하고 입원 중입니다. 하필 여행을 코앞에 둔
　　　중요한 시점에서 맹장이라니.

단노　맹장이라… 충수염 말이구먼. 맹장은 소장에서 대장으로 넘어간 곳
　　　바로 앞에 있는 부분이지. 대장은 분변이 정체하는 곳인 데다 수많은
　　　상재균이 있어서 염증의 백화점이라고 해도 좋을 정도로 다종의 염증
　　　이 생긴다네.

대장의 선천성 질환

히르슈슈푸룽병(Hirschsprung's disease,
선천성 거대결장)은 선천적인 S상결장의 신경
총 결손으로 장관의 긴장이 부족해 거대하
게 확장되는 선천성 질환이다. 대장에서도
게실이 자주 출현한다(그림 10-12).

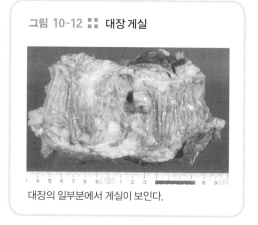

그림 10-12 ▪▪ 대장 게실

대장의 일부분에서 게실이 보인다.

대장과 직장의 염증

■ 일반 염증 : 카타르성 대장염, 기타 감염증

카타르성 대장염은 점막의 부종, 충혈, 출혈, 세포 침윤을 일으켜서 설사를 초래하는 질환이다. 식사나 잘못된 생활습관 등이 원인이다. 위막성 장염은 오염된 섬유소성 막이 점막 표면에 부착하는 질환으로 항생물질 등으로 인한 균교대현상으로 발생한다.

기타 감염증으로 세균성 이질, 콜레라, 결핵, 아메바성 이질 등이 있다.

■ 충수염

급성 복증*의 원인으로 가장 많으며, 카타르성과 봉소염의 형태를 보이는 경우가 있다. 때로 구멍이 나서(천공) 복막염에 빠진다.

■ 크론병과 궤양성 대장염(표 10-2)

모두 장관 특유의 자가면역질환이다.

크론병(Crohn's disease)은 회장 말단에서 많이 발증하지만 대장에서도 보인다. 장관의 모든 층에 부종과 림프구 침윤, 점막 하의 유상피세포 육아를 형성해 육안적으로 포석상(조약돌 모양) 형태를 보인다. 정상부와의 경계가 선명하

> *
> 급성 복증(acute abdomen)
> : 돌연한 복통을 주증상으로 하는 가급적 빠르게 수술해야 하는 복부 질환의 총칭. 때때로 구토, 복부 비만 등이 나타난다. 주요 질환으로는 급성 충수염, 급성 담낭염, 급성 췌장염, 장폐색, 담석증, 요로결석증, 위장관 천공, 담낭 천자, 방광 파열, 자궁외임신, 간암 파열, 외상에 의한 장기 파열 등이 있다.

표 10-2 :: 크론병과 궤양성 대장염

	크론병	궤양성 대장염
호발 부위	회장 말단	결장(특히 하행결장)
육안 소견	포석상	반점상
병변의 깊이	모든 층	점막 면에만
궤양	경도	고도
유상피세포 육아종	있음	없음
침윤 세포	림프구	호중구
악성화	적음	많음

기 때문에 국한성 장염이라고도 한다.

궤양성 대장염(그림 10-13)은 하부 대장이나 직장에 많이 보이며, 확산성의 궤양과 반점상(斑點狀) 혹은 폴립상 점막의 잔존이 특징인 질환이다. 병변은 점막에 국한된다.

그림 10-13 :: 궤양성 대장염

투구벌레 뿔 모양의 폴립을 형성

치핵과 치질

루미 어머니가 저를 낳고서 치질로 고생하셨대요.

단노 그것 참, 힘드셨겠군. 나도 큰일을 본 뒤에 새빨간 피가 나와서 놀란 적이 있다네.

치질에도 여러 종류가 있다.

항문관 주위의 정맥총이 만성 울혈로 인해 정맥류를 형성하는 경우가 치핵(hemorrhoid)이다. 직장 쪽에 생기면 내치핵, 항문 쪽에 생기면 외치핵이라고 한다. 임신, 자궁근종, 간경변증 등에 합병하는데 장시간 앉아서 일하는 직장인이나 만성 변비 환자도 치질에 잘 걸린다.

치루는 감염증으로 인해 항문주위농양(perianal abscess)에 속발해서 누공(터널 비슷한 것)을 형성하는 것을 말한다. 과거에는 결핵이 원인인 경우가 많았지만 요즘에는 감소하고 있다.

대장과 직장의 종양

■ 폴립

장에도 위와 마찬가지로 과형성성 폴립과 선종성 폴립이 있다. 선종은 암화할 가능성이 높은데, 특히 유전성인 가족성 선종성 용종증은 대부분 악성화한다(231쪽의 그림 10-8).

■ 카르시노이드 종양

충수나 직장에서 많이 볼 수 있다. 악성도가 낮은 편으로 예후는 양호하다. 때로 세로토닌이나 히스타민 분비를 동반한다.

겐타   일본인에는 위암이 많고 서양인에는 대장암이 많은 이유가 뭡니까?

단노   식생활의 영향이 크다고들 하지. 고기나 치즈 같은 지방이 풍부한 식사가 대장암의 요인 중 하나라고 하니까 말일세.

루미   그러고 보니 일본인도 대장암이 꽤나 늘었다고 하더라고요.

단노   일본인의 식생활도 갈수록 서구화하는 것 같네.

대장(직장)의 암

대부분이 선관선암(腺管腺癌)으로 많은 암이 선종에서 발생한다. 대장암의 반수 이상이 직장에서, 그다음은 S상결장에서 많이 발생한다(그림 10-14). 암배아항원(CarcinoEmbryonic Antigen, CEA)을 특이적으로 생성하기에 종양 표지자로서 진단에 이용된다.

점막 생체검사에서는 위암과 마찬가지로 그룹 분류에 따라 진단이 내려진다.

그림 10-14 :: 대장암

①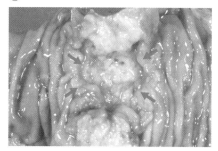

②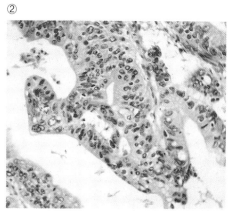

① 육안상

② 조직상 이형 원주상피가 관상(管狀), 유두상(乳頭狀)으로 증식해 있다.

Summary

- 식도암은 대부분 편평상피암이다.

- 위궤양은 위 자신이 분비하는 위액의 소화작용 때문에 생긴다.

- 위나 장의 폴립에는 양성의 과형성성 폴립과, 악성화할 가능성이 높은 선
  종성 폴립이 있다.

- 위암은 발생률이 매우 높은 암이다. 점막 하층까지의 조기암과, 그 이상 침
  윤하는 진행암으로 나뉜다. 대부분 선암이다.

- 소장에서는 암이 거의 발생하지 않는다.

- 대장 특유의 자가면역질환으로는 크론병과 궤양성 대장염이 있다.

- 대장암은 최근 증가하고 있다. 육류 섭취량의 증가 같은 식생활의 변화가
  영향을 미치는 것으로 보인다.

대사에
이상을 일으키는
소화기 질환

11.1 간의 질환

루미 　겐타는 고기를 너무 좋아해. 처음엔 입맛이 없다더니 제일 잘 먹잖아?

겐타 　일단 먹기 시작하니까 식욕이 솟을 때도 있잖아.

루미 　그건 그렇고, 이거 간이지? 영양이 풍부하다는데 식감이 이상해서 난 싫어.

겐타 　그럼 먹지 마.

루미 　[당황하며] 기분 나빴어?

루미 　선생님, 간의 크기는 어느 정도인가요?

단노 　간은 무게가 1300g 정도야. 보통 뇌보다 조금 더 무겁지. 간은 영양물을 에너지로 바꾸는 전신 대사의 중심 장기로 자동차로 치면 엔진 역할을 하기 때문에 제일 무거운 것이라네(그림 11-1).

루미 　속도 꽉 차 있지요? 불고기 전문점에서 간을 먹어 보니 그렇더라고요.

그림 11-1 :: 간의 기능

- 영양의 저장
- 대사(영양을 에너지로 바꾼다)
- 담즙 분비(소화작용)
- 효소 분비
- 혈액 응고인자의 생성
- 해독
- 면역글로불린의 생성

겐타　제가 알기로 간은 대사의 중심인 동시에 유통센터와 같아서 영양물의 저장이나 분배에 커다란 역할을 하죠. 그래서 간의 기능장애는 건강에 커다란 영향을 미칩니다.

선천성 간 질환 및 신생아의 간 질환

■ 선천성 담도폐쇄증(congenital biliary atresia)

간내담관(肝內膽管) 혹은 간외담관(肝外膽管)이 선천적으로 폐색되는 질환으로, 이른 시기에 간경변증에 빠진다. 조기의 간 이식이 유일한 치료법인데, 최근에는 생체 간 이식 수술이 비교적 성공리에 행해지고 있다.

■ 신생아 중증황달(icterus gravis neonatorum)

신생아가 모친과 혈액형이 다르면 생후에 한동안 약한 황달을 일으키고 보통은 그 후 소실된다. 하지만 Rh인자 부적합 등으로 용혈이 진행돼 혈중 빌리루빈의 양이 늘어나면 혈액뇌관문*을 넘어서 중추신경에까지 황달이 미친다. 이를 핵황달이라고 하며, 위독한 결과를 가져온다.

*
혈액뇌관문(blood-brain barrier) : 혈액과 뇌조직 사이에 존재하는, 내피세포로 이루어진 관문. 다른 장기의 내피세포와 달리 세포 사이가 매우 조밀해 약물이 잘 투과되지 않는다.

간의 대사 이상

루미　간은 전신 대사의 중심이라고 하셨는데요. 간 자체의 대사에 이상이 생길 수도 있나요?

단노　있지. 간이 대사 이상을 일으키면 그 영향은 전신에 미친다네.

■ 간의 위축

간세포의 변성으로 리포푸신(lipofuscin, 62쪽)이라는 갈색 색소가 간에 침착돼 위축되는 것을 갈색위축(brown atrophy)이라고 한다. 고열이나 암 등의 소모성 질환이나 노화현상으로 나타날 수 있다.

■ 지방간(fatty liver, 그림 11-2)

에너지의 섭취와 소비 불균형, 감염증, 중독, 폭음 등으로 간에 지방이 침착해서 육안적으로 노란 기를 띤다. 외견적으로 비만인 사람은 정도의 차이는 있지만 지방간을 동반한다(60쪽의 그림 2-3).

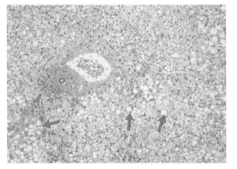

그림 11-2 ▓ 지방간

원형으로 빠져나온 부분이 지방소립(lipid droplet)이다.

■ 황달(jaundice)

루미　간염에 걸리면 황달이 생기는데 왜 노래지나요?

단노　노래지는 원인은 빌리루빈(60쪽)이라는 황색 색소 때문이라네. 혈청 속 빌리루빈이 2.0mg/dℓ 이상이 되면 피부나 점막 등이 노랗게 물들지. 특히 눈의 결막에 최초로 나타난다네.

겐타　그리고 보니 드라마나 소설에서도 눈이나 손이 노래진 걸 보고서 황달이라고 알아채는 장면이 꽤 있죠. 〈하얀 거탑〉에서도 주인공이….

루미　드라마 얘기는 그만! 머리카락이나 뼈도 노래지나요?

단노　물론이지. 다만 머리카락은 멜라닌색소에 묻혀서 눈에 안 띌 뿐이라네. 간이나 신장도 노란색을 띠지. 연골, 각막, 성인의 뇌척수만은 노래지지 않는다네.

황달의 원인은 세 가지로 나뉜다. ①간염 등으로 간세포가 파괴돼 빌리루빈의 배출이 제대로 이루어지지 않는 경우(간세포성 황달) ②담석이나 종양으로 담관이 막혀서 빌리루빈이 제대로 흐르지 못하는 경우(폐색성 황달) ③부적합 수혈 등으로 용혈을 일으켜서 적혈구의 분해량이 늘어나는 경우(용혈성 황달) 등이다. 이 밖에 특수한 것으로, 간세포의 선천적인 기능 부전으로 인한 체질성 황달이 있다. 여기에는 두빈-존슨증후군*, 질베르증후군*, 로터증후군* 등이 포함된다.

■ 간의 괴사

간은 여러 가지 질환으로 괴사에 빠지는데, 재생 능력이 강하기 때문에 괴사 세포와 재생 세포가 혼재해서 나타나는 경우가 있다. 괴사는 그 출현 방식에 따라 바이러스간염 등에서 보이는 소상 괴사(1개 또는 소수의 간세포 괴사), 중독이나 만성 울혈로 발생하는 구역 괴사(zonal necrosis), 전격간염*에서의 광범위 간 괴사(massive hepatic necrosis)로 분류된다.

알코올성 간장애

겐타   저희 형이 과음하는 일이 잦는데요. 과음은 간에 나쁘죠?

단노   알코올은 적당히만 마시면 스트레스 해소, 숙면, 식욕 증진 등을 돕지만 지나치게 마시면 간뿐만 아니라 심장, 위, 혈압, 뇌에도 나쁜 영향을 주지. 또 고농도의 알코올은 식도암의 원인이 되기도 한다네. 절제하는 음주 습관을 명심하게나.

루미   과음하지 않는 것도 중요하지만, 숙취에는 뭐가 좋은지 자기 스스로 연구하는 것도 중요하다고 생각해요. 겐타도 조심해!

■ 지방간, 간염, 간경변증

알코올성 간장애에는 과음, 편식, 영양 부족으로 인한 알코올성 지방간과, 섬유 증생과 세포 침윤을 동반하는 알코올성 간염, 이들이 진행돼서 생기는 알코올성 간경변증이 있다. 간염, 간경변증에서는 말로리소체라 불리는 불규칙한 유리질 봉입체(hyaline inclusion)가 간세포질 내에 출현한다.

*
두빈-존슨증후군(Du bin-Johnson syndrome) : 고빌리루빈혈증의 하나로, 1954년 두빈과 존슨이 발견한 질환이다. 유전자의 돌연변이로 인해 생기는 유전적 질환으로, 가족력이 있으며 여성보다 남성에게 더 잘 발생한다. 만성적인 황달이 특징인데, 보통 10대에 나타난다. 임신을 하거나 경구 피임약을 먹었을 때 황달이 악화될 수 있다. 다른 황달과 다르게 가려움을 동반하지는 않는다. 대부분 증상이 없는 것이 보통이지만 약한 복통이나 전신 쇠약과 권태를 느끼는 경우도 있다.

*
질베르증후군(Gilbert's syndrome) : 용혈이나 구조적 또는 기능적인 간 질환이 없는 상태에서 만성적으로 비결합형 빌리루빈이 증가한다. 대부분 증상이 없으나 가벼운 황달과 피로감, 집중력 저하, 식욕 감퇴, 복통, 체중 감소 등이 나타날 수 있으나 이러한 증상들이 비결합 빌리루빈 증가의 정도와 상관관계가 있는지는 밝혀지지 않았다. 길버트증후군.

로터증후군(Rotor's syndrome) : 선천적으로 간세포에서 모세혈관으로의 담즙 분비 장애가 발생하는 포합형 고빌리루빈혈증을 나타내는 간 질환. 동양인에게 많다. 예후는 두빈-존슨증후군처럼 양호하고, 치료도 필요하지 않다.

*
전격간염(fulminant hepatitis) : 바이러스성 간염의 일종인데, 극증간염(劇症肝炎)이라고도 한다. 바이러스가 원인인 경우가 가장 많다. 증상이 격렬하고 경과가 대단히 짧다. 전격간염은 황달을 수반하는 간부전과 의식장애를 동반하여 간염 증상이 나타난 후 10일 이내에 사망하는 경우가 적지 않다. 발생 초기에는 권태감, 발열 등을 호소하지만 바로 간성혼수에 빠진다.

약물성·중독성 간장애

*
설파제(sulfa drug) : 설
폰아마이드제 및 설포
기를 갖는 화학요법제
를 통틀어 이르는 말.
화농성 질환과 거의 모
든 세균성 질환의 치료
에 쓰이며, 넓은 뜻으로
는 이뇨 강압제와 혈당
강하제를 포함한다.

*
할로탄(halothane) : 흡
입 마취제의 하나. 무
색 투명 액체로 클로로
포름과 같은 냄새가 나
며, 마취력은 에테르의
4배, 클로로포름의 2배
이다.

*
사염화탄소(carbon
tetrachloride) : 하나의
탄소 원자에 4개의 염
소 원자가 결합한 염화
물. 에테르와 같은 특유
의 냄새가 나는 무색 투
명 액체로, 이황화탄소
에 염소를 반응시켜 만
든다. 용제, 소화제, 살
충제, 십이지장충의 구
충제 따위로 쓴다.

*
간독소(hepatotoxin) :
간세포에 대한 독소.

설파제*, 할로탄* 마취, 스테로이드 등의 약물로 간세포장애나 괴사를 일으키는 경우가 있다. 소량이라도 과민하게 발증하기도 한다. 또 사염화탄소*, 클로로폼, DAD 등의 화학물질이 간독소*로 작용한다.

간의 순환장애

심부전으로 순환장애가 생기면 바로 간에 울혈이 생긴다. 만성 심부전에서는 간이 만성 울혈 상태가 되어 간의 분할면이 육두구(nutmeg)와 비슷한 상태로 변화한다. 이런 간을 육두구간(nutmeg liver)이라고 한다.

간의 염증 1 : 직접적인 감염

루미   간의 염증이라면 A형 간염이나 C형 간염 같은 바이러스성 간염은 귀에 익은데요. 다른 감염증도 있나요?

단노   항생물질의 보급으로 간이 세균에 감염되는 일은 줄어들었지만, 드물게 직접적으로 감염되는 일이 있어서 농양을 형성하지. 아메바도 특이적으로 감염하고. 하지만 압도적으로 바이러스성이 더 많이 보인다네.

■ 간농양(liver abscess)

간의 직접적인 세균 감염 사례로 가장 많은 것이 담석증 등을 원인으로 하고 담관을 매개로 역행성(상행성)으로 감염되는 담관성 감염이다. 그다음이 충수염 등에 속발하는 문맥염성 감염이다. 또 전신 패혈증의 부분 증상으로서 발생하거나 다른 장기에서 직접 감염되는 경우도 있다. 감염의 결과로 생기는 농양이 표면에 도달해서 횡격막과의 사이에서 발생하면 횡격막하농양(subphrenic abscess)이라고 부른다.

■ 아메바성 간염

아메바성 간염은 이질아메바의 감염으로 인한 대장염에 속발하는데, 간에 농양이나 공동을 형성한다.

간의 염증 2 : 바이러스성 간염

루미　간염 바이러스는 몇 종류나 있나요?

단노　A형, B형, C형은 들어봤을 테고, 현재는 D형, E형까지 발견되었지. B형은 DNA 바이러스이고, 나머지는 모두 RNA 바이러스라네. 감염 경로는 A형, E형이 경구 감염이고, 나머지는 수혈 등 혈액이나 체액을 매개로 한 감염이지.

■ 급성 간염

세포학적으로는 간세포의 괴사(단일의 세포 괴사로, 에오신에 염색된 것을 호산성체*라고 한다), 공포(空胞) 변성, 간실질의 세포 침윤, 쿠퍼세포* 반응, 글리슨초* 염증 반응이 나타난다(그림 11-3).

정도의 차이는 있지만 간세포성 황달을 동반한다. A형 간염은 보통 일과성으로 치유되지만, B형과 C형은 만성화할 확률이 높아서 간경변증에 빠지는 경우도 있다.

■ 전격간염

전격간염(fulminant hepatitis)은 급성 간염이 고도로 진행되면서 황달이 확산되어 간부전이나 간성뇌증*으로 단기간에 사망에 이르는 질환이다. 조직학적으로는 넓은 범위에서의 간세포 괴사와 허탈이 보인다. 전격간염에서 간은 위

* 호산성체(acidophilic body) : 카운실만체(councilman's body)라고도 한다. 간세포가 괴사에 빠져 원형화함과 동시에 세포질이 응고 농축해서 에오신으로 잘 물들고 핵이 농축 또는 소실된 것을 말한다. 바이러스성 간염에서 자주 볼 수 있고, 생체검사 재료의 검사에서 간염의 활동성 여부를 판정하는 기준 중 하나이다.

* 쿠퍼세포(Kupffer' cell) : 간세포(肝細胞) 사이의 굴모양 혈관(sinusoid)의 벽을 구성하는 내피세포 중 세포체 및 핵이 일반 내피세포보다 크고 식작용을 하는 세포. 쿠퍼성상세포(Kupffer's stellate cell).

* 글리슨초(Glisson's sheath) : 간의 구조단위인 간소엽은 크기 1~2㎜의 다면체 모양을 하고 있다. 사람의 경우 그 경계를 만드는 소엽 간 결합조직의 발달이 나빠서 경계가 명확하지 않다. 사람의 간에서는 3개의 소엽으로 둘러싸인 영역에만 초상(鞘狀, 칼집 모양)으로 소엽 간 결합조직이 끼어들어 있다. 이 소엽 간 결합조직으로 둘러싸인 영역을 '글리슨초(Glisson's sheath)' 또는 '문맥역(門脈域)'이라고 한다.

* 간성뇌증(hepatic encephalopathy) : 간성 혼수라고도 한다. 간 기능상애가 있는 환자에서 의식이 나빠지거나 행동의 변화가 생기는 것을 말한다. 평소의 성격이나 행동이 약간 변하는 정도부터 통증에도 반응이 없는 깊은 혼수상태까지 다양한 양상을 보인다.

그림 11-3 ▒▒ 급성 간염

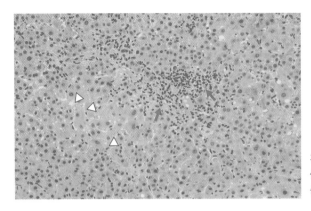

간세포의 부분적 괴사, 재생상(再生像, △)과, 백혈구나 단핵구 등의 염증세포 침윤(⬆)이 보인다.

축되어 중량이 감소하기 때문에 급성 황색간위축(acute yellow atrophy of liver)이라고도 부른다.

■ 만성 간염

급성 간염에서 이행하는 경우, 처음부터 만성 간염으로 발증하는 경우가 있다. 보통 6개월 이상 지속되는 간염을 말한다. 조직학적으로는 글리슨초를 중심으로 한 지속성 염증성 세포 침윤과 간세포의 변성, 재생상(再生像)이 보인다.

만성 간염은 소견의 정도에 따라 점수를 매기는데, 합계 점수로 간염의 정도를 정한 뒤 치료 지침으로 삼는다.

만성 간염의 활동형에는 인터페론 요법이 효과적인 경우가 있다. 만성 간염의 30% 정도가 간경변증으로 이행한다.

간경변증 : 간 특유의 질병

루미　　간경변증(liver cirrhosis)이 되면 배에 물이 차거나 황달이 온다고 하죠.

간경변증이란 어떤 병인가요? 간염과는 어떻게 다르죠?

단노   간경변증은 다른 장기에서는 볼 수 없는 간 특유의 질병으로 염증과
        변성, 순환장애 등 온갖 간 질환의 종착역이라고 할 수 있지. 하지만
        그 성립 메커니즘은 밝혀지지 않았다네.

간경변증에서 간은 위축되어 딱딱해지고, 표면은 거칠고 불규칙한 결절을
형성한다(그림 11-4①). 조직학적으로는 간 전체가 크기가 불규칙한 간실질의
결절(재생 결절)과 불규칙한 섬유성 간질(間質)로 이루어지며, 때로 괴사를 일으
킨다(그림 11-4②).

■ 간경변증의 유형

일반적인 유형으로는 간질(間質)이 불규칙하게 넓고 괴사를 동반하는 갑형
(甲型), 좁은 간질과 균등한 재생 결절로 이루어진 을형(乙型), 지방 변성을 동
반하는 F형 등이 있다. 을형은 갑형에 비해 간세포암종이 많이 발생한다. 특이
한 유형으로는 울혈성, 담즙성, 기생충성, 색소(침착)성, 알코올성 등이 있다.

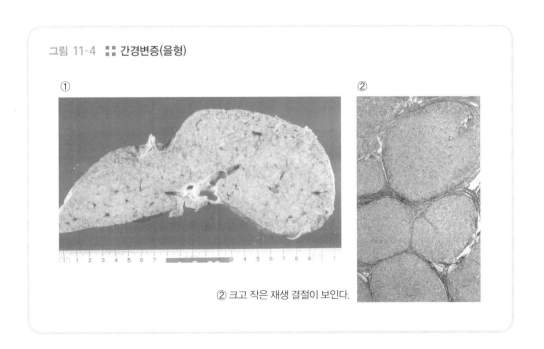

그림 11-4 ┇ 간경변증(을형)

①   ②

② 크고 작은 재생 결절이 보인다.

■ 임상적인 증상

간의 섬유화로 문맥압이 항진하면서 복수 저류(腹水貯留)를 일으킨다. 그 외에도 식도나 위의 정맥류, 복벽 표면의 정맥 확장(메두사의 머리), 간 기능 부전, 비종(脾腫) 등이 보인다. 상당히 높은 확률로 간세포암종이 발생하기도 한다.

간경변증 사인 1위는 식도 정맥류 파열로 인한 것이다. 프랑스나 이탈리아처럼 와인을 많이 마시는 나라에서는 알코올성 간경변증이 매우 많아서 사회문제가 되고 있다.

간의 종양

■ 양성 종양

간에서는 양성의 상피성 종양이 거의 보이지 않는다. 해면상 혈관종은 드물게 발생한다. 담관의 확장으로 인한 간낭종(cyst of liver)도 보인다.

■ 간암

간암에는 간세포암종과 담관세포암이 있는데, 9 대 1의 비율로 출현한다.

간세포암종(hepatocellular carcinoma, 그림 11-5)은 한국이나 일본 등 동아시아에 많은데, 특히 일본에서는 남성의 간세포암종 사망률이 폐암과 위암에 이어 3위를 차지한다. 또 일본에서는 80% 이상의 간세포암종이 간경변증을 동반하며, 최근에는 C형 간염성 간경변증에서 유래한 경우가 증가하고 있다.

육안적으로는 결절형(結節型), 미만형(彌漫型, 확산형), 대량형(大量型)으로 분류된다. 조직학적으로 간세포암종은 간세포와 비슷한 이형 세포가 삭상(素狀, 끈 모양)으로 배열하는데, 그 이형도에 따라 에드몬슨-스테이너 분류법(Edmondson-Steiner grade)은 4단계(Ⅰ형 고분화형, Ⅱ형 중등도 분화형, Ⅲ형 저분화형, Ⅳ형 미분화형)로 나눈다. 간세포암종의 진단에는 화상 진단 외에 알파-페토프로테인(AFP)이 특이적인 표지자로서 유용하다.

담관세포암(간내담관암)은 담관 상피세포 유래의 선암인데 결합조직의 증생

그림 11-5 ∷ 간세포암종

① 육안상

② 조직상

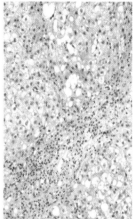

① 간우엽(肝右葉, 사진의 왼쪽 끝)에 경계가 선명치 않은 종양이 보인다.
② 크기가 다른 이형성(異型性) 간세포암종 세포의 증식

을 동반해서 딱딱한 종양을 형성하는 경우가 많다.

■ 전이성 종양

간은 혈류량이 매우 많기 때문에 다른 장기의 종양이 전이될 확률이 폐만큼이나 높다. 특히 위암이나 대장암이 원발 병소인 경우에는 최초로 전이되는 장기가 간이라고 한다.

겐타　맞아, 맞아. 거듭 얘기하지만, 〈하얀 거탑〉에서도 주인공이 위암인 줄
　　　모르고 있다가 간까지 전이돼서 시기를 놓친 걸로 나와.

루미　헤에, 그랬어? 겐타는 드라마의 열성 팬인가 봐.

담석증과 담낭염

산통(colic) : 주기적으로
나타나는 경우가 많은
복부의 격통(激痛). 산통
의 원인은 여러 가지가
있으며, 위와 장 등의 소
화기 또는 담도, 신우(腎
盂), 요관 등의 관상기관
(管狀器官)의 벽으로 되
어 있는 평활근의 경련
과 수축, 만성화된 충수
염(蟲垂炎)이나 여러 가
지 결석(結石) 등도 산통
과 같이 고통을 주는 일
이 있다. 위 산통이 가장
많고 담도 산통이 다음
으로 많다. 국소를 따뜻
하게 해주면 효과가 있
다. 그러나 충수염의 경
우는 다르다.

루미   담석증은 굉장히 아파요.

단노   루미도 담석증에 걸렸었나?

루미   아뇨, 그렇단 말만 들었어요.

단노   담석증은, 소위 산통*이라는 격통을 초래하는 원인 중 첫 번째 질환
이라네. 담석증과 담낭염은 대부분 합병해서 일어나지.

■ 담낭염

담낭염(膽囊炎, cholecystitis)은 급성 담낭염과 만성 담낭염으로 구분된다.

급성 담낭염은 장에서 시작된 역행성 감염이 원인인 경우가 많고, 만성 담
낭염의 증상이 갑자기 악화되면서 일어나기도 한다(급성 증악). 원인균으로는
대장균이 가장 많고, 연쇄상구균이나 포도상구균이 원인인 경우도 있다.

만성 담낭염(그림 11-6)은 대부분 담석에 동반해서 발생한다. 담낭벽의 비
후, 선근증(腺筋症), 림프여포 반응, 육아성 변화 등이 보인다.

■ 담석증

담석증(膽石症, cholelithiasis)은 여성에게 많이 생긴다. 담석에는 딱딱한 콜레
스테롤 담석(보통 하얗고 하나만 생긴다)과 빌리루빈 담석(까맣고 부드러우며 여러 개

그림 11-6 :: 만성 담낭염

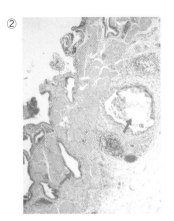

① 육안상 벽의 비후와 점막의 부종이 보인다.
② 점막의 비후와 선근증(⬆)이 보인다.

가 생긴다)이 있다. 이 외에도 석회를 함유한 것 등이 있다. 담석증은 산통 발작, 발열, 황달 등을 일으킨다.

담도암

담도에 발생하는 여러 가지 암을 총칭해서 담도암이라고 한다. 담도암은 악성 종양의 4% 정도를 차지한다. 일본에서는 남녀 차가 없지만, 서구에서는 1 대 4로 여성에서 많이 보인다*.

출현하는 부위로는 담낭(담낭암)이 약 반수를 차지하며, 다음으로 많은 곳이 총담관과 간관의 합류부(간외담관암, 그림 11-7), 십이지장의 개구부(유두암)이다. 조직학적으로는 대부분이 선암이지만, 4%의 편평상피암이 보인다. 담낭암의 80% 전후로 담석의 합병이 나타난다.

그림 11-7 :: 간외담관암

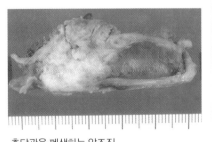

총담관을 폐색하는 암조직

2014년에 발표된 중앙 암등록본부의 자료에 의하면 2012년에 한국에서는 22만 4177건의 암이 발생되었는데, 그 중 담낭 및 담도암은 남녀를 합쳐서 5131건(전체 암 발생의 2.0%)으로 9위를 차지했다. 인구 10만 명당 조(粗)발생률(해당 관찰기간 중 대상 인구집단에서 새롭게 발생한 환자 수. 조사망률도 산출 기준이 동일)은 10.2건이다. 남녀의 성비는 1.03 대 1로 남녀 간 큰 차이는 없었다. 발생 건수는 남자가 2600건으로 남성의 암 중에서 10위를 차지했고, 여자가 2531건으로 여성의 암 중에서 8위를 차지했다.

11.3 췌장 질환

루미 췌장은 병에 걸려도 좀처럼 증상이 드러나지 않아 침묵의 장기라고 불린다고 들었어요. 췌장은 어디에 있고, 어떻게 생겼나요?

단노 췌장은 위의 바로 밑에 있는데, 십이지장이 머리 쪽[췌장 두부]을 둘러싸고, 꼬리 쪽[췌장 미부]은 왼쪽으로 뻗어 있지. 크기는 12~20㎝ 정도에 무게는 120g 전후라네.

겐타 췌장은 우리 몸에서 어떤 일을 하나요?

단노 췌장에서 분비되는 췌액에는 단백질을 분해하는 트립토판과 키모트립신, 탄수화물을 분해하는 아밀라아제와 말타아제, 지방을 분해하는 리파아제 등 많은 소화효소를 함유하고 있다네. 또 췌장의 일부인 랑게르한스섬은 내분비선으로서 혈당을 조절하는 인슐린, 글루카곤 등의 호르몬을 분비하지. 내분비선에 관해서는 제14강에서 공부하도록 하지.

선천 이상

■ 이소성 췌장

십이지장이나 위 점막 아래에 성숙한 췌조직이 출현하는 것으로, 악성화하는 일은 거의 없다. 때로는 회장의 메켈게실이나 흉강 내에서도 이소성(異所性)

췌장이 보인다.

■ 낭포성 섬유증

미국인에게 많이 보이는 열성 유전성 질환으로 전신의 외분비선에서 나오는 분비액의 점조성(끈기)이 증가한다. 그로 인해 췌장, 간, 기관지, 장 등의 수출관이 폐색돼 많은 낭포를 형성한다. 영양장애나 이차적 염증을 일으켜서 조기에 사망한다.

췌장의 염증

겐타　술을 많이 마시는 사람에게 췌장염이 많다고 들었습니다.

단노　애주가나 지방분이 많은 식사를 즐기는 사람은 십이지장의 세크레틴*이나 판크레오지민*의 분비 자극이 증가해서 대량의 췌장액이 방출되지. 그래서 췌장염을 일으킨다네.

■ 급성 출혈성 췌장염

출혈성 괴사성 췌장염이라고도 한다. 지방 괴사, 실질 괴사, 출혈을 일으켜 급격히 사망에 이르기도 하는 질환이다. 조직학적으로는 출혈 괴사와 함께 혈전이나 여러 단계의 염증이 나타난다. 이차적으로 화농염에 빠져 농양을 형성한다. 췌장에 괴사나 출혈이 일어나는 원인은 췌장에서 나오는 소화효소의 과잉 분비로 자기 조직을 소화, 융해해버리기 때문이다.

■ 만성 췌장염

평소 과음이 잦은 사람에게 생기거나, 담노에서 시작된 감염 등으로 발생하는 만성 염증이다. 조직학적으로는 섬유화, 석회화, 낭포 형성, 육아성 변화, 췌장 결석의 출현 등으로 나타난다.

*
세크레틴(secretin) : 소장의 위쪽 부분인 십이지장의 벽에서 분비되는 소화호르몬. 위산이나 소화된 단백질이 십이지장의 점막조직을 적시면 분비가 촉진되며, 항소화성(抗消化性) 궤양약으로도 쓰인다.

*
판크레오지민(pancreozymin) : 십이지장의 점막에서 분비되는 소화호르몬. 담낭의 근육조직에 작용하여 담즙을 분비시킨다. 콜레키스토키닌(cholecystokinin)이라고도 한다.

췌장의 종양

■ 낭성 종양

낭성 종양(囊性腫瘍, cystic neoplasm)은 비교적 젊은 여성의 췌장 미부(尾部)에서 생기는 질환으로 장액성과 점액성이 있다. 점액성의 경우는 악성화하는 일이 있다.

■ 췌장암

췌장암(그림 11-8)은 세계 각국에서 증가하고 있으며, 가장 예후가 나쁜 암 중의 하나이다. 증가 원인은 밝혀지지 않았지만, 식생활이나 알코올이 큰 영향을 주리란 점은 충분히 추측할 수 있다.

예후가 나쁜 이유는 조기 진단이 어렵기 때문으로 보인다. 췌장은 심부에 위치해 있고, 진행되지 않으면 황달 등의 임상 증상이 나오지 않기 때문에 화상으로 확인할 수 있을 정도면 이미 암이 진행된 상태라 늦어버린 경우가 많다.

조직학적으로는 췌관에서 유래한 선암이 대부분이다. 이 밖에 선방(腺房, acinus)에서 유래한 암이나 특수한 유형인 점액 분비성 선암이 있다.

췌장암은 조기에 십이지장, 간, 위 등의 주변으로 침윤 전이한다. 췌장암의 60% 이상은 췌장의 두부(頭部)가 원발 병소이다.

그림 11-8 ▪▪ 췌장암

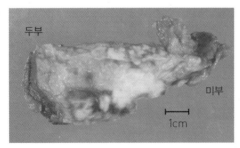

췌장 체부(體部)에서 미부에 걸친 충실성의 종양(육안상)

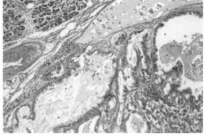

점액을 분비하는 선관선암(조직상)

Summary

- 황달의 원인에는 간세포성, 폐색성, 용혈성이 있다.

- 간염바이러스에는 주로 A형, B형, C형이 있다.

- 간경변증은 각종 간 질환의 종착역이다. 진행성이며 예후가 나빠서 간부
  전, 정맥류 파열, 간세포암종 등으로 사망에 이른다.

- 간 원발의 암은 대부분 간세포암종이고, 그 외에 담관세포암이 있다.

- 췌장암은 증상이 잘 나타나지 않아 일반적으로 발증 후의 예후가 나쁘다.

코에서 폐까지,
호흡기 질환

단노 루미, 감기에 걸렸나?

루미 화분증(꽃가루알레르기)이에요.
올해는 화분증이 심해서 콧물
이랑 재채기 때문에 부끄러워
서 데이트도 못 하고 있어요.
아침에는 괜찮았는데 밖으로
나오자마자 시작되더라구요.
훌쩍.

단노 그거 안됐군. 삼나무 꽃가루는 굉장히 미세해서 외기와 직접 통하는
비강이나 목, 폐 속으로 공기와 함께 직접 들어가거든. 외출하지 않는
게 제일 좋지만, 그럴 순 없으니 마스크나 안경으로·방어하는 수밖에.

루미 집에서도요. 코가 막혀서 입으로 숨을 쉬었더니 목까지 아파요.

단노 숨을 입으로 쉬든 코로 쉬든 공기는 폐 속으로 침입하지. 꽃가루뿐만
아니라 병원미생물이나 화학물질, 유독가스 등이 직접 작용하기 때
문에 폐는 복잡한 병태를 보인다네. 오늘은 코부터 시작해서 목, 기관
지, 폐의 질환에 관해서 알아보도록 하지.

감기

루미　어떤 사람은 자주 감기에 걸리고 어떤 사람은 1년에 한 번 감기에 걸릴까 말까 하는데, 그건 왜 그렇죠?

단노　난 금세 감기에 걸리는 편이라 몸이 약하다는 소리를 듣는데, 아마 흔히 말하는 체질이나 소인(素因) 같은 개체 쪽 요인이 영향이 크지 않나 생각하네. 일본인은 1년에 평균 5~6회 감기에 걸린다더군*.

감기란 비강 점막을 비롯해서 부비강, 인두, 후두, 기관 같은 상기도의 카타르염(121쪽)을 말하며 기침, 가래, 발열, 콧물, 코막힘, 재채기, 두통 등의 다채로운 임상 증상을 나타낸다. 병리학적으로는 점막의 수종과 충혈, 림프구 침윤이 보이고, 정도의 차이는 있지만 호산구가 출현한다. 감기의 원인은 대부분 바이러스로 리노바이러스나 아데노바이러스가 일반적이다. 세균 감염이 원인이 아니기 때문에 항생물질을 복용해도 감기 자체에는 듣지 않는다.

인플루엔자

　일반 감기와 인플루엔자(influenza)는 뭐가 다를까? 인플루엔자는 A, B, C형의 인플루엔자바이러스의 감염으로 발생하는데 집단 발생이나 대유행을 한다는 점과, 저항력이 약한 고령자나 아이에서 자주 위독한 폐렴을 병발해서 사망을 초래하는 경우가 있다는 점에서 일반 감기와 다르다. 특히 A형 인플루엔자바이러스는 대유행을 일으킨다.

　최근에는 백신이 개발돼 예방에 큰 역할을 하고 있다. 또 감염 뒤 48시간 이내에 복용하면 효과가 있다는 특효약도 나왔다. 인플루엔자가 너무나 급작스럽게 유행한 나머지 이들 특효약도 품절돼 병원에 가도 구하지 못하는 사태가 최근 있었다. 유행 시즌 전의 백신 부족도 인플루엔자 예방에 한몫을 한 듯하다.

＊
국내의 한 제약회사에서 2013년에 성인 남녀 3000명을 대상으로 '한국인의 감기' 대규모 설문 조사를 실시한 결과, 한국인 성인은 1년에 평균 약 3회(3.12회) 감기에 걸리며, 코감기가 가장 많고, 한 번 감기에 걸리면 1주일 정도(56.41%) 증상이 지속되는 것으로 나타났다. 감기가 주로 빈발하는 시기는 환절기 중에서도 9~10월에 해당하는 가을철(54.4%)인 것으로 조사됐다.

알레르기비염

알레르기비염(allergic rhinitis)은 화분증(꽃가루알레르기)으로 대표되는 I형, 즉 아나필락시스 반응성의 알레르기이다(139쪽). 항원으로는 꽃가루 외에도 집먼지라 불리는 실내 먼지, 새의 깃털, 동물의 털 등이 있다. 콧물, 재채기, 기침으로 발증하며 호산구가 증가하는 것이 특징이다.

부비강염, 비용종(코폴립) 및 상악암

사람의 얼굴뼈에는 코 주변에 공동이 있는데, 그곳을 부비강(상악동＊이나 사골동＊ 등)이라고 한다. 이 부비강에 염증이 생긴 것을 부비강염(sinusitis)이라고 한다. 일반적으로는 축농증이라 불리는 질환이다. 부비강염은 주로 알레르기성 염증인데, 자주 세균 감염을 합병해서 축농증의 형태를 취한다. 또 점막이 비후해서 비강 내에 폴립으로서 증식해 코막힘을 초래한다. 상악에서는 때로 편평상피암으로 이행한다(상악암).

진행성 괴저성 비염

진행성 괴저성 비염은 원인 불명의 괴저성 궤양이 코 점막에 생기는 질환으로, 침윤성으로 병변부가 확대돼 안면까지 이르는 경우도 있다. 매우 예후가 나빠 폐의 혈관염이나 신장에서의 사구체신염을 계통적으로 동반하는 경우가 있다. 이를 베게너 육아종증(Wegener's granulomatosis)이라고 부른다. T세포성의 악성 림프종이나 자가면역질환과 관계 있을 것으로 지적되고 있다.

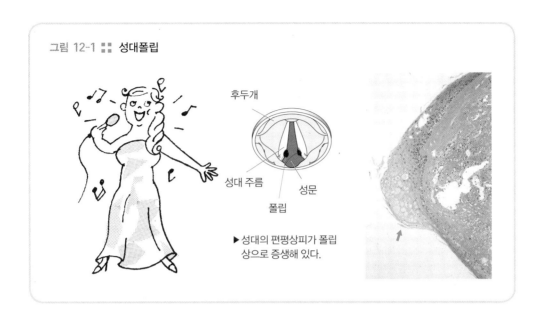

그림 12-1 :: 성대폴립

후두개

성대 주름

성문

폴립

▶성대의 편평상피가 폴립
상으로 증생해 있다.

후두(성대)의 폴립

가수들이 성대에 폴립이 생겨서 목소리가 안 나온다는 이야기를 들어본 적
있을 것이다. 일상적으로 소리를 크게 내거나 목을 많이 쓰는 직업을 가진 사
람의 성대는 지속적으로 자극을 받고 있다. 그래서 성대의 앞쪽 3분의 1 부분
에 좌우 대칭으로 폴립상(polyp狀)의 섬유성 결절이 생겨서 쉰 목소리가 나거
나 소리를 크게 내지 못하게 된다(그림 12-1). 이를 성대결절이라고 한다. 이 밖
에 염증성 폴립이나 유두종, 섬유종 등이 있다.

후두암

후두나 성대에는 편평상피암이 많은데, 비교적 고령의 남성에서 호발한다.
조기에 궤양을 형성하며, 증식과 전이도 빠르다. 방사선 감수성이 높아서 방
사선요법이 효과적인 경우가 있다.

루미　저희 아버지는 골초라서 기침이나 가래가 항상 심하신데요. 가족 모두가 끊으라고 하는데도 안 끊으세요. 담배는 몸에 안 좋은데 말이에요.

단노　전에도 말했지만, 담배는 호흡기 질환뿐만 아니라 고혈압이나 심근경색증, 동맥경화증 등의 원인이 된다네. 당장 금연하는 것이 무리라면 하루에 10개비 정도만 줄여서도 효과가 있을 테니 아버님께 잘 말씀드려보게나.

기관지 질환

■ 기관지확장증

　기관지의 비가역적인 확장을 초래하는 질환이다. 흡연도 큰 유인이다. 확장된 기관지는 염증이 생기기 쉬워져서 기관지염이나 폐기종이 잘 발생한다. 진행되면 육아조직을 매개로 기관지동맥과 폐동맥의 문합(吻合, 혈관이 연결된 상태)을 일으켜 폐고혈압, 심폐 기능 부전에 빠진다.

■ 기관지염

　급성 기관지염은 감염이나 가스 흡입 등의 자극 때문에 기관지의 충혈, 종창을 초래하는 질환으로 때로 화농성 염증을 일으킨다. 인플루엔자 등에 합병하는 경우에는 출혈이나 괴사를 동반해서 위독한 결과를 가져오는 일이 있다.

만성 기관지염은 임상적인 명칭이며 폐와 기관지, 상기도의 국한성 병변으로 '만성이고 지속적인 가래를 동반한 기침이 2년 연속으로 1년에 3개월 이상 증상이 출현한다'라고 정의한다. 원인은 대기오염물질, 흡연, 분진 흡입 등의 사회적 요인이 큰 부분을 차지한다. 기관지 점막의 비후, 위축, 과다한 점액 분비, 때로 화농성 변화를 야기한다.

■ 기관지천식

루미 초등학생 때 천식인 친구가 있었어요. 임간학교(林間學校)*에 간 날 밤에 그 친구가 발작하지 않도록 모두 모여서 기도했던 게 기억나요.

단노 그랬군. 천식 발작을 본 적이 있나?

루미 예. 보고 있기 힘들 정도로 괴로워 보였어요. 천식은 숨을 들이마시지 못하는 거죠?

단노 아닐세. 숨을 토하지 못해서 괴로운 거라네.

*
일본에서, 주로 여름철에 아이들의 건강 회복, 건강 증진을 목적으로 교육하는 숲 속 학교

기관지천식(bronchial asthma)은 Ⅰ형 알레르기로, 기관지 평활근의 연축(갑자기 일어나는 근육의 수축)으로 숨을 들이마실 수는 있지만 내뱉기 힘들어지는 호기장애를 초래해서 천명(쌕쌕거리는 숨소리)과 점막의 종창, 점액의 과잉 분비를 일으킨다. 객담에는 샤르코-라이덴 결정(Charcot-Leyden crystal)이 보인다(그림 12-2). 병리학적으로는 호산구 침윤과 폐포의 확장이 보인다. 격렬한 발작에서는, 드물긴 하지만, 호흡곤란으로 사망하는 일도 있다. 항원은 확실치 않은데 곰팡이나 꽃가루, 먼지, 동물의 털 등으로 생각한다.

그림 12-2 ▪ 객담 중의 샤르코-라이덴 결정

호산성의 마름모꼴 결정이다(변성한 호산구).

■ 미만성 범세기관지염

　미만성 범세기관지염(diffuse panbronchiolitis)은 좌우의 폐 전체에서 일어나는 세기관지(폐포와 가스 교환을 하는, 가장 가느다란 말단의 기관지)의 염증이다. 전체에 소원형(小圓形) 세포 침윤, 림프여포의 형성과 함께 육아조직으로 인해 세기관지의 내강이 좁아진다. 폐색성의 호흡 기능 부전이 위독한 결과를 야기한다. 원인은 밝혀지지 않았다.

폐기종

　폐기종(pulmonary emphysema)은 폐포벽이 파괴돼 종말세기관지 및 그 끝의 기강(氣腔)이 확장되는 병태로 폐포의 미세한 구조가 사라진다(그림 12-3①). 원인으로는 흡연을 제일 먼저 꼽을 수 있다. 폐포벽이 국소적으로 파괴되는 경우와 확산적인 유형이 있다. 흉막 하에 기포(bulla)를 형성하는데(그림 12-3②) 터지면 기흉(흉강 내에 공기가 차는 것, 285쪽)을 초래하는 일이 있다. 기도 주변의 지지조직이 소실되기 때문에 기도가 눌려서 호흡이 어려워진다.

그림 12-3 ┇┇ 폐기종

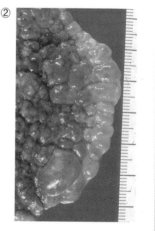

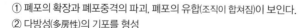

① 폐포의 확장과 폐포중격의 파괴, 폐포의 유합(조직이 합쳐짐)이 보인다.
② 다방성(多房性)의 기포를 형성

폐는 농구장 반만 한 크기?

우리는 폐로 산소를 흡수하고 이산화탄소를 배출한다. 정상적인 폐의 무게는 500~600g 정도*이고, 좌우 모두 1ℓ짜리 페트병만 한 크기에 3억~4억 개의 폐포와 기관지로 이루어져 있다.

폐포는 매우 얇은 벽(50~100㎛)으로 돼 있어서 혈액과 공기 사이에 배리어를 형성하는데, 여기서 대기 중의 산소와 혈중 이산화탄소를 교환한다. 폐포의 표면적은 70~100㎡ 정도로, 테니스장이나 농구장 반만 한 크기이다. 폐의 용적은 평상시에는 좌우 합쳐서 2ℓ였다가 후읍 하고 호흡을 들이마시면 5~8ℓ로 팽창한다.

만성 폐쇄성 폐 질환(COPD)

만성 폐쇄성 폐질환(Chronic Obstructive Pulmonary Disease)이란 폐기종, 만성 기관지염, 기관지천식 등을 앓는 동안 폐의 탄력이 떨어지고 기도의 저항성이 커지면서 숨을 내뱉는 데 장애가 생기는 것(기류 제한)을 말한다. 원인의 대부분이 흡연이라고 한다. 참으로 흡연은 백해무익한 습관이다.

제한성 폐 질환

폐가 신축성을 잃어 충분히 확장하지 못하는 경우를 제한성 폐 질환(restrictive lung disease)이라고 한다.

■ 폐섬유증(pulmonary fibrosis)

확산성의 섬유 증식(그림 12-4①)으로 폐가 딱딱해져서 부전에 빠진 상태로, 원인 불명인 경우도 있지만 아교질병이나 감염증, 기관지확장증 등에 속발하기도 한다. 폐섬유증은 간에서의 간경변증에 해당한다고 보면 된다. 최종적으로는 폐포의 구조가 변화해서 벌집처럼 되기에 봉소폐(벌집폐)라고 불린다(그림 12-4②).

그림 12-4 ❖ 폐섬유증

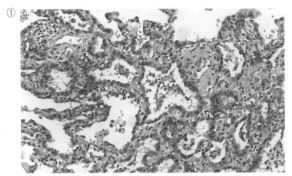

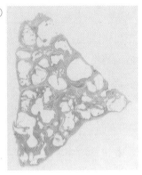

폐포중격이 섬유성, 근성(筋性)으로 불규칙하게 비후, 경화한 모습
이 보인다.

봉소폐(확대경)

■ 미만성 간질성 폐렴

최종적으로 폐섬유증으로 이행하는 원인 불명의 질환으로 폐포중격(肺胞中
隔)의 섬유화와 유리질화, 단핵세포 침윤이 보이며, 진행되면 봉소폐가 나타난
다. 리보(Liebow)란 연구자가 5형으로 분류했다(표 12-1). 약물, 유전, 자가면
역, 바이러스 관여 등이 요인으로 거론되고 있지만 결정적인 증거는 없다.

■ 기질화폐렴(organizing pneumonia)

간질성 폐렴에서 마손소체(Masson body)라 불리는 육아종성 결절을 형성하
는 경우를 말한다. 때로는 폐쇄세기관지염을 합쳐서 폐쇄세기관지 기질화폐렴
(BOOP)*이라고 부른다.

*
기질화폐렴(Bronchiolitis
Obliterans Organizing
Pneumonia) : 1985년 에플
러(Gary R. Epler)가 제창
한 질환 개념으로 폐쇄세
기관지염과 기질화폐렴이
반점상(斑點狀)으로 출현
하는 등 몇 가지 조건이 갖
춰져야 한다. 대부분이 원
인불명이다.

표 12-1 ❖ 간질성 폐렴(interstitial pneumonia, 리보 분류)

1. 통상형 간질성 폐렴(UIP; usual interstitial pneumonia)

2. 미만성 폐포 손상을 동반한 폐쇄세기관지염(BIP; bronchiolitis obliterans and diffuse alveolar damage)

3. 박리성 간질성 폐렴(DIP; Desquamative interstitial pneumonia)

4. 거대세포 간질성 폐렴(GIP; giant-cell interstitial pneumonia)

5. 림프구성 간질성 폐렴(LIP; lymphoid interstitial pneumonia).

12.3 폐와 기관지의 질환 2 : 폐의 순환장애

루미   어, 겐타. 깜짝 놀랐잖아. 오늘은 못 온다고 하지 않았어?

겐타   뭐, 그렇게 됐어. 그보다 선생님, 폐와 심장은 굉장히 가까워서 서로 깊이 연관돼 있을 것 같은데요.

단노   그렇지. 폐동맥과 폐정맥으로 직접 연결돼 있기 때문에 서로 큰 영향을 주고받지.

폐의 울혈 및 수종

심장의 기능이 저하되면 폐가 울혈한다. 급성 심부전이나 임종기에는 급성 울혈로 폐의 혈관이 확장되고 폐포 내로 삼출액이 나와서 울혈 수종의 형태를 취한다(그림 12-5). 만성 심부전으로 인한 울혈에서는 헤모지데린을 탐식한 심부전세포가 출현한다.

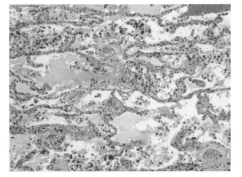

그림 12-5 ▪▪ 폐의 울혈 수종

혈관 확장과 폐포 내 삼출액 출현, 일부에 출혈이 보인다.

폐출혈

결핵, 종양, 외상, 기생충, 출혈소질 등이 요인이다. 특히 폐암이나 결핵에서는 혈담이나 객혈로 발증하는 일이 있다.

폐색전증

수술 후, 분만 후, 악성 종양 등에서 보이는 일이 있다. 특히 뼈 수술 후에 지방색전증을 일으키는 경우가 있는데, 수술 후 돌연사의 원인이 되기도 한다.

12.4 폐와 기관지의 질환 3 : 폐의 염증

루미   SARS(278쪽)가 유행했을 때 내가 일본 내 최초 환자가 되면 어쩌나 하는 생각에 조금 무서웠어.

겐타   SARS는 '사스'라고 읽으면 왠지 착 가라앉는 느낌이야. '에스에이알에스'라고 읽어야 하나 하는 생각도 했지만 말이야.

단노   전신성 염증반응증후군인 SIRS(Systemic Inflammatory Response Syndrome)도 약자는 비슷하지.

    폐렴(肺炎, pneumonia)은 폐에서 일어나는 염증성 변화를 총칭한 명칭이다. 항생물질이나 화학요법의 발달로 세균성 폐렴으로 사망하는 사람은 급감했지만, 심장 질환이나 암 등으로 사망하는 사람은 최종적으로 폐렴을 합병하기에 폐렴이 직접적인 사인이 되는 경우가 많다. 또 균교대현상으로 진균 감염증이 증가하고 있다.

    폐렴에는 몇 가지 유형이 있는데, 과거에는 하나의 폐엽* 전체로 퍼지는 대엽성 폐렴(그림 12-6), 기관지와 그 주위로 퍼지는 소엽성 폐렴(기관지폐렴), 양쪽 폐 전체로 퍼지는 미만성 폐렴으로 분류했지만, 현재는 이 분류가 그다지 쓰이지 않는다. 그보다는 출현한 조직 등에 따라 분류한 폐포성 폐렴, 간질성 폐렴, 육아종성 폐렴이란 용어를 쓰고 있다.

    폐렴의 원인은 수백 가지에 달하니, 여기서는 대표적인 것만 소개한다.

> *
> 폐엽(lunglobe) : 포유류의 허파를 형성하는 부분. 사람의 경우 오른쪽 허파는 상엽·중엽·하엽으로, 왼쪽 허파는 상엽과 하엽으로 나눈다.

그림 12-6 :: 대엽성 폐렴

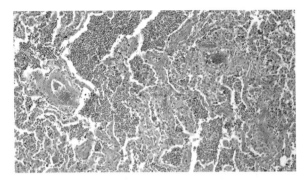

폐포 내, 기관지 내에 호중구 등의 염증성 세포가 충만해 있다.

결핵

결핵(結核, tuberculosis)은 똑같이 감염돼도 발병하는 사람과 발병하지 않는 사람이 있다. 결핵균에 감염되면 투베르쿨린 반응이 양성으로 나오는데, 대부분은 면역이 성립해서 발병하지 않는다. 하지만 면역력 상태나 결핵균의 강도에 따라서 발병하는 사람도 있다. 일반적인 발병은, 새로이 감염돼서가 아니라 원래 있던 병소에서 재감염된 것이다.

폐결핵의 병태는 다채로우며 시기에 따라서도 달라진다. 초기 변화군은 작은 병소가 흉막 바로 아래에 출현하는 삼출성 염증으로 시작해서 얼마 뒤 육아종 형성(그림 12-7①) 후 그대로 반흔화해서 치유되는 경우도 있다.

■ 좁쌀결핵(miliary tuberculosis)

결핵균이 혈류를 타고 폐 전체에 확산성으로 병소가 생기는 것으로, 고열이 나며 호흡곤란으로 사망하기도 한다(그림 12-7②).

■ 결핵성 육아종

결핵의 특성을 보이며, 유상피세포와 랑그한스거대세포로 이루어진다. 진

그림 12-7 :: 결핵

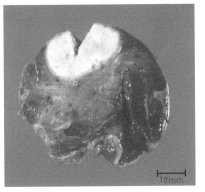

① 건락 괴사를 동반한 육아성(肉芽性) 병소
② 폐실질에 확산성으로 크기가 다른 무수한
  결핵결절이 보인다(좁쌀결핵).

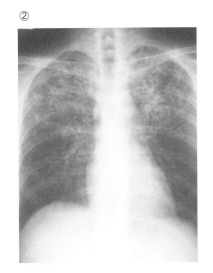

행되면 특유의 건락 괴사(73쪽)와 공동(空洞)이 형성되며, 결국 섬유화, 반흔 형성, 석회화를 남기고 치유된다. 형성된 공동은 혈관의 노출, 파열로 인해 대객혈의 원인이 되는 경우가 많다.

결핵 이외의 세균 감염증

폐렴구균성 폐렴은 과거 대엽성 폐렴의 원인으로서 위독한 결과를 초래했지만 최근에는 드물다. MRSA(메티실린 내성 황색포도상구균)는 고령자나 병약자에 대한 원내 감염의 원인균으로서 사회문제화되고 있다. 수술은 성공했는데도 MRSA 감염으로 사망하는 경우도 적지 않다.

녹농균 감염은 스테로이드나 항생물질의 남용으로 인한 기회감염의 형태로 정착되고 있다. 특히 고령자나 암 말기 환자에게는 치명적일 수 있다.

*
아스페르길루스증(asper-
gillosis) : 아스페르길루스
라는 진균에 의한 감염 질
병. 대기 중에 존재하는 아
스페르길루스의 분생홀씨
가 호흡을 통해 체내로 들
어와 감염된다. 주로 침범
되는 장기는 폐와 부비동이
다. 건강한 사람은 인체의
면역력으로 인해 질병이 발
생하지 않지만, 면역 기능
에 문제가 있는 면역 저하
환자들에게서는 아스페르
길루스에 의한 감염성 질병
이 발생할 수 있다.

*
크립토코쿠스증(crypto-
coccosis) : 크립토코쿠스
네오포르만스라는 효모
형 진균에 의한 감염 질
환. 이 진균은 조류, 특히
비둘기와 닭이 있는 토양
에서 발견된다. 사람의 감
염은, 주위 환경으로부
터 크립토코쿠스의 담자
홀씨가 호흡 과정에서 폐
로 흡입되며 시작된다. 정
상인 사람은 면역 체계에
의해 감염원이 제거되거
나 폐에만 국한되어 무증
상 상태로 남게 되지만, 면
역력이 저하된 사람은 호
흡기 증상을 동반한 폐 감
염(폐크립토코쿠스증)이
발생하거나 중추신경계
로 감염이 확산되어 수막
염이나 크립토코쿠스종
(cryptococcoma)과 같은 중
추신경계 감염이 발생할
수 있다. 혈액을 통해 감염
이 확산되어 피부나 뼈, 전
립선, 안구, 간, 신장 등에
도 질환이 발생할 수 있다.
면역력이 저하된 사람, 특
히 에이즈 환자에서 흔히
발생한다.

*
방선균증(actinomycosis)
: 혐기성 방선균에 의하여
생기는 만성 전염병. 주로
가축에 생기고 드물게는
사람에게도 전염된다. 입
안이나 호흡기관, 소화기
관 따위로 균이 침입하는
데, 단단한 응어리나 농양
이 생기는 병이다.

바이러스 감염증

■ 인플루엔자

상기도에 발생하는 인플루엔자가 폐까지 미치는 일이 자주 있다. 때로 출혈이나 간질성 폐렴을 일으킨다.

■ 홍역바이러스

홍역바이러스 감염이 자주 폐까지 이르러서 특유의 거대세포폐렴(giant cell pneumonia)으로 발증한다.

■ 사이토메갈로바이러스 폐렴

다른 중증 질환이나 에이즈의 합병증으로도 출현하는 사이토메갈로바이러스 폐렴(cytomegalovirus pneumonia)에서는 올빼미 눈(owl's eye)이라 불리는 거대한 핵 내 봉입체를 볼 수 있다(그림 12-8).

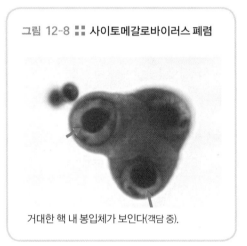

그림 12-8 :: **사이토메갈로바이러스 폐렴**

거대한 핵 내 봉입체가 보인다(객담 중).

폐진균증

폐가 곰팡이에 침범당하는 것이다. 위독한 질환이나 암, 에이즈에 동반해서 혹은 항생물질의 남용으로 인한 균교대현상으로서 진균증은 최근 크게 증가하고 있다. 폐에서는 칸디다증, 아스페르길루스증*, 크립토코쿠스증*, 방선균증*, 털곰팡이증 등이 있다. 하나같이 삼출성 염증, 증식성 염증의 형태를 취하며, 때로 진균구(fungus ball)를 형성하는데 화상 진단에서 종양으로 오진되기도 한다.

클라미디아 감염증

앵무병은 앵무새나 비둘기의 분변을 매개로 감염되는 클라미디아 감염증으로 간질성 폐렴을 일으킨다. 진행되면 폐포에까지 염증이 퍼져서 출혈하고, 세포 침윤과 함께 핵 내에 '레벤탈-콜-릴리 소체(Leventhal-Cole-Lillie bodies)'라는 특유의 봉입체가 보인다.

마이코플라스마폐렴

루미　같은 학과 친구가 몇 개월씩이나 기침이 멎지 않아서 걱정했는데, 병원에서 마이코플라스마폐렴(mycoplasma pneumonia)이라고 했대.

겐타　난 그런 사람들 싫더라. 주변에 민폐 끼치지 말고 일찌감치 병원에 갔어야지.

과거 젊은 사람들에서 생기는 원인 불명의 '원발성 비정형성 폐렴'이라는 질환의 대부분이 마이코플라스마(mycoplasma) 감염증이었다는 사실이 판명되었다. 마이코플라스마는 세균과 바이러스의 중간에 위치한 가장 작은 미생물로, 간질성 폐렴과 기관지염을 일으키지만 예후는 좋아서 보통은 치유된다.

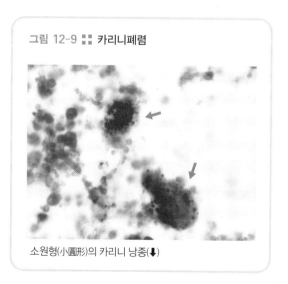

그림 12-9 ▪▪ 카리니폐렴

소원형(小圓形)의 카리니 낭종(⬇)

원충성 폐렴

카리니폐렴(pneumocystis carinii pneumonia, 주폐포자충폐렴)은 뉴모시스티스 카리니(pneumocystis carinii, 주폐포자충)라 불리는 원충성 질환으로 면역

결핍증후군, 특히 에이즈의 합병증으로 가장 많이 보인다. 폐포 내에 원형의 낭종이 충만해 있는 모습을 볼 수 있다(그림 12-9).

자가면역질환으로 인한 폐렴

SLE, 류마티스, 피부경화증 등에 합병하는 폐렴으로 혈관염을 주체로 한 간질성 폐렴의 형태를 취한다. 진행되면 폐섬유증에 빠진다.

 SARS와 SAS

이 두 단어는 모두 호흡기와 관련이 있지만 의미는 전혀 다르다.

SARS(Severe Acute Respiratory Syndrome), 즉 중증 급성 호흡기증후군은 급격한 고열과 호흡곤란으로 발증하는 코로나바이러스 감염증이다. 2002년 가을에 중국 남부에서 갑자기 발생했는데, 환자는 29개국에서 8000명이 넘었고 774명의 사망자를 냈다. 일본에서는 1류 감염증으로 지정되었다. 이 바이러스는 기도 감염뿐만 아니라 접촉 감염도 강력하기 때문에 철저한 예방 대책이 중요하다. 최근 진단 키트를 개발하는 중이다.

SAS(Sleep Apnea Syndrome), 즉 수면무호흡증후군은 하룻밤 7시간의 수면 동안 10초 이상의 무호흡이 30회 이상 출현하는 상태이다. 얕은 수면과 기상 시 불쾌감, 두통, 고혈압 등을 초래한다. 또 낮에 찾아오는 극도의 졸음으로 일에 지장을 주기도 한다. 최근 신칸센의 운전기사가 SAS 때문에 정차 역을 그냥 지나치는 소동이 있었다.

원인은 뇌에 이상이 있는 중추성, 상기도가 폐색·협착하는 폐색성으로 나뉜다. 일반적으로 비만인 사람에게 많이 나타난다. 치료법으로는 편도선의 절제나 치과 장치의 이용, 전용 마스크를 사용한 CPAP(Continuous Positive Airway Pressure, 양압기)요법 등이 있다. 또 일부 한방약이 효과적인 경우도 많다.

12.5 폐와 기관지의 질환 4 : 진폐증, 사르코이드증

진폐증

겐타   신문에서 봤는데, 석면이 건축 자재에 들어 있어서 그걸 들이마시면 폐에 병이 생긴다고 하더군요.

단노   석면뿐만 아니라 각종 대기 중의 분진을 흡입해서 생기는 폐의 장애를 진폐증(塵肺症, pneumoconiosis)이라고 하지. 직업병이 대부분이지만, 자연의 식물 등이 원인인 경우도 있다네.

■ 규폐증

규폐증(硅肺症, silicosis)은 광부나 석공 등에게 생기는 직업병으로 진행되면 특유의 섬유성 층상 구조물로 이루어진 규폐결절을 형성한다. 많은 경우 결핵을 합병한다. 일본의 경우, 과거 광업이 발달했던 홋카이도나 규슈의 큰 도시에는 규폐증 치료를 위한 산재 병원이 다수 세워졌었다.

■ 석면증

석면증(石綿症, asbestosis)은 건축 자재에 함유된 석면을 들이마셔서 생기는 폐섬유증(269쪽)으로, 폐암이나 흉막중피종*의 발생에 관여한다고 보고 있다. 폐포나 간질(間質)에 성냥개비 모양의 석면소체(asbestos bodies)가 보인다(그림 12-10). 최근에 건축 자재로서의 석면 사용은 금지되었다*.

*
흉막중피종(pleural mesothelioma) : 흉막의 중피세포에서 유래하는 종양으로, 발생이 드물다. 양성인 국한형과 악성인 미만형이 있다.

*
우리나라에서는 2007년부터 석면 사용이 단계적으로 금지돼왔지만 일부 화학공업용 설비, 미사일용 석면 단열 제품, 잠수함용 석면 재료 등은 석면이 함유돼 있어도 대체재가 없다는 이유로 사용을 허용해왔다. 하지만 2015년 4월부터는 석면이 함유된 모든 제품의 제조를 비롯한 수입, 양도, 제공, 사용이 전면 금지되었다. 한편 일본은 지난 2006년 석면 함유 제품 금지 이후 단계적으로 금지 유예 제품들을 축소해왔으며, 2012년 3월부터는 석면 사용을 전면 금지하였다.

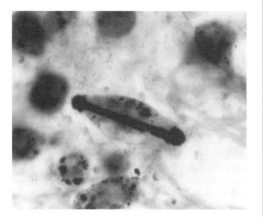

그림 12-10 :: 석면

성냥개비 모양의 석면소체가 조직구 속에 들어 있다.

이 밖에도 철이나 베릴륨에 의한 것과 방적공장에서의 비시노시스 같은 것이 있다. 베릴륨(beryllium)은 녹주석 속에 들어 있는 은백색의 금속 원소로 가볍고 단단하나 부서지기 쉽고 독성이 있다. 경합금의 재료, 원자로의 감속재 따위로 쓴다. 베릴륨 금속 및 이의 화합물은 독성이 아주 강해서 베릴륨이 들어 있는 먼지나 화합물 증기에 노출된 사람의 상당수(약 20%까지)가 만성 알레르기성 폐 질환을 나타낸다. 폐에 염증을 일으키는 베릴륨증(berylliosis) 증상이 나타나는 시기는 노출 후 몇 주에서 몇십 년까지 사람에 따라 다르다. 이 병은 대부분 베릴륨 광산 노동자나 베릴륨 화합물을 포함하는 형광등에 노출된 사람에게서 나타나는 직업성 폐 질환이다. 우리나라에서는 몇 년 전에 치과에서 사용하는 '인공 치아'에 베릴륨 합금이 사용된 일을 두고 논란이 벌어졌었다.

비시노시스(byssinosis)는 면진(綿塵) 흡입에 의해 발생하는 경증 폐 질환이다. 면직물 제조 종사자나, 대마나 아마로 실을 제조하는 사람들에게 면 먼지 흡입을 통해 많이 발생한다. 면폐증(綿肺症)이라고도 한다.

사르코이드증

사르코이드증(sarcoidosis)은 원인 불명의 전신성 질환이다. 주요 병변 부위는 폐다. 유상피세포와 랑그한스형의 다핵 거대세포로 이루어진 육아종이 폐문부나 폐야(肺野, lung field)에서 보이는 병변으로 T세포의 기능 부전을 동반할 때가 많다. 건락 괴사가 보이지 않는 점과 삼출성 염증을 동반하지 않는다

그림 12-11 :: 사르코이드증

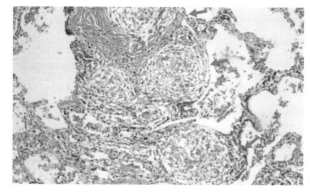

다수의 결절상 유상피세포 육아
종이 보인다.

는 점에서 결핵과 다르다(그림 12-11).

후생노동성 인구 동태
통계에 따르면 폐암의
사망자 수(2002년)는 남
자 4만 1146명, 여자 1
만 5259명이다. 여성의
암 사망자 수에서 1위
는 위암(1만 7425명)이지
만 감소 추세에 있다.

*
국가암정보센터의 자
료에 따르면, 2012년
에 한국에서는 연 22
만 4177건의 암이 발생
되었는데, 그중 폐암은
남녀를 합쳐서 연 2118
건으로 전체 암 발생의
9.9%로 4위를 차지했
다. 성별에 따른 발생률
에서는 남성에서는 위
암, 대장암에 이어 3위
(10만 명당 조발생률 61.0
건)를 차지했고, 여성에
서는 5위(10만 명당 조발
생률 26.8건)였다. 또한
통계청의 분석에서는,
2013년에 암으로 사망
한 사람은 총 7만 5334
명으로 전체 사망자의
28.3%가 암으로 사망
했으며, 사망률이 가장
높은 암종은 폐암(전체
암 사망자의 22.8%인 1만
7177명)이었다.

겐타   폐암(그림 12–12)은 증가하고 있다고 들었는데요, 이유가 뭡니까?

단노   폐암은 전 세계적으로 증가하고 있다네. 특히 일본에서는 지난 몇 년 새 증가해서 1993년에 남성에서 위암을 제치고 암의 사인 1위가 되었고, 1998년에는 남녀 통틀어서 1위가 되었지*. 증가 원인은 여러 가지를 생각할 수 있는데 다채로운 화학물질의 출현, 고도 성장기의 대기오염, 특히 흡연율의 증가가 큰 의미를 지닌다고 보네. 흡연율은 최근 감소하고 있다지만 1960~1970년대에 상승했던 것이 요즘의 폐암 증가에 반영되고 있다고 볼 수 있지*.

그림 12-12 ⠿ 폐암(매크로)

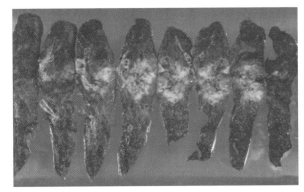

폐야에 경계가 불분
명한 회백색의 충실
성 종양이 보인다.

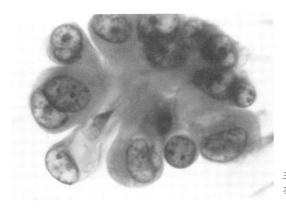

그림 12-13 ▓▓ 폐선암(객담 세포진)

크기와 형태가 고르지 않은 선암세포가
객담 속에 출현했다.

폐암

조직학적으로 주로 폐의 말초에 출현하는 선암(그림 12-13)과 폐문에서 말초까지 어디에서나 볼 수 있는 편평상피암, 대세포암, 소세포암이 있다. 남성에서는 반 이상이 편평상피암이지만, 여성에서는 선암과 편평상피암, 그리고 대소세포암이 각각 대략 30%씩 보인다. 이는 흡연이 편평상피암의 발생에 커다란 영향을 미친다는 점, 남성의 흡연율이 높다는 점과 관련이 있는 것으로 보인다.

기관지의 종양

기관지에 발생하는 비교적 악성도가 낮은 것으로 3가지 종양이 있다. 카르시노이드종양은 신경내분비세포에서 발생하며, 소형의 원형 세포로 구성된다(그림 12-14). 선낭암종은 기관지선에서 유래하며, 사상(篩狀, 체 모양)의 구축이 특징적이다. 점편평상피암은 역시 기관지선에서 발생하는 것으로 점액을 분비

그림 12-14 :: 카르시노이드종양

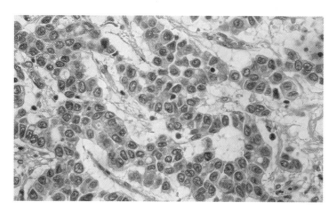

소원형(小圓型)의 이형세포가 끈 모양, 리본 모양으로 증식해 있다.

하는 선(腺) 구조와 편평상피암 부분이 혼재돼 있다.

전이성 폐암

폐는 혈류량이 많아서 다른 장기에서 전이된 경우가 많다.

기타 종양

이 밖에 악성 림프종이나 비상피세포성 종양이 보이지만 비교적 드물다.

12.7 폐가 들어 있는 기관 : 흉막과 흉강의 질환

기흉

기흉(氣胸, pneumothorax)은 폐기종(268쪽)이 터지거나 결핵으로 흉강에 공기가 들어오면서 오히려 폐가 위축돼 호흡곤란에 빠지는 것을 말한다.

흉막염

결핵을 비롯해서 각종 원인으로 흉막에 염증이 생긴다. 대개는 삼출성인데 삼출액의 내용에 따라 출혈성, 장액성(漿液性), 화농성으로 분류한다. 또 암에 동반하는 암성 흉막염은 삼출액에 암세포를 함유한다.

흉막의 종양

특유의 것으로 중피종*이 있다. 대부분 악성으로 상피형과 육종형이 있다. 석면(그림 12–10)이 영향을 미쳤을 것으로 보고 있다.

*
중피종(中皮腫, meso
thelioma) : 주로 폐를
둘러싸고 있는 흉막, 위
나 간 등을 보호하는
복막, 심장을 싸고 있
는 심막 등의 표면을 덮
고 있는 중피에서 많이
발생한다. 흉막중피종,
복막중피종, 심막중피
종 등이 있으며, 양성과
악성으로 나눌 수 있다.
모든 양성 중피종은 국
소성이고, 악성 중피종
은 한 곳에 덩어리를 형
성하는 국소성과 흉막
이나 복막을 따라서 스
며들듯이 자라는 미만
성이 있다. 악성은 드물
지만 예후가 좋지 않으
며, 그 원인의 대부분은
석면에서 영향을 받는
것으로 알려져 있다.

Summary

- 제한성 폐 질환에는 미만성 간질성 폐렴과 기질화폐렴 등이 있다.

- 폐결핵의 발생률은 답보상태이며, 고령자와 젊은 사람에서 많이 보인다.

- 최근 SARS를 비롯해서 새로운 호흡기 감염증이 많아지고 있다.

- 폐암은 최근 현저히 증가해서 1998년에는 일본 내 암 사망자 수에서 남녀 통틀어 위암을 제치고 1위가 되었다.

- 폐암의 조직형은 선암, 편평상피암, 대세포암, 소세포암이 있으며, 이 중에서 편평상피암의 발생에는 흡연이 큰 영향을 끼친다.

혈액 질환과
조혈기 질환

13.1 혈액 질환

단노 　오늘은 혈액과 혈액을 만드는 장기의 질환을 보도록 하지.

겐타 　혈액은 세포 성분인 혈구, 액체 성분인 혈장으로 나눕니다.

단노 　그렇지. 혈구는 적혈구, 백혈구, 혈소판 등으로 나뉘지. 혈구는 주로
　　　골수에서 만들어진다네.

루미 　혈소판도 혈구인 거죠? 뒤에 '구'라는 말은 없지만요.

단노 　그렇다네. 혈액의 세포 성분이니까 말이야.

적혈구 질환

■ 원인이 다양한 빈혈

＊
빈혈(anemia)의 기준 :
세계보건기구(WHO) 분
류에서는 헤모글로빈
양이 남자 13.0g/㎗ 이
하, 여자 12.0g/㎗ 이하
로 돼 있다.

루미 　선생님, 제가 빈혈이 있어서 조금만 무리해도 금세 몸이 안 좋아져요.
　　　이거 낫지 않는 건가요?

단노 　혈액의 양은 체중의 약 8%로, 루미처럼 날씬한 아가씨는 4~5ℓ 정도
　　　되지. 빈혈이란 적혈구의 수가 적든가, 적혈구 속 헤모글로빈의 양(혈
　　　색소량)이 적은 경우를 말한다네＊. 여성은 월경이 있어서 더욱 빈혈이
　　　되기 쉽지.

루미 　날씬하다니 기분 좋은데요. 그런데 빈혈은 치료법이 없나요?

단노 　적혈구의 수를 늘릴 수는 없으니 헤모글로빈의 양을 늘리는 음식을

많이 먹는 수밖에 없겠지. 헤모글로빈을 만들려면 철이 꼭 필요하니 철분이 많은 시금치나 간을 먹으면 될 걸세.

루미　간은 별로 좋아하지 않지만 앞으로는 먹도록 해볼게요.

겐타　나는 간이 정말 좋아. 장어 간도 맛있고.

루미　그래봤자 채혈 한 번 했다가 빈혈로 기절했었잖아.

단노　그건 허혈이라고 하는 편이 맞겠군(91쪽).

● **출혈이 원인인 빈혈**: 외상 등의 급성 출혈로 다량의 피를 잃으면 출혈성 쇼크에 빠진다. 소화관궤양이나 자궁근종 등으로 피가 끊임없이 새어나오는 만성 출혈의 경우에는 세포에 저장된 철의 부족으로 헤모글로빈의 합성에 장애가 생겨서 철결핍성 빈혈이 된다.

● **용혈성 빈혈(溶血性貧血)**: 적혈구의 수명(보통 100~120일)이 단축되어 생기는 빈혈로 유전된 경우가 대부분이다. 원래 도넛 모양인 적혈구가 유전적인 이유로 변형되는 구상적혈구증이나 겸상적혈구빈혈이 있다(그림 13-1). 후천적인 것으로는 자가면역성 용혈성 빈혈*이나 납 중독으로 인한 빈혈 등이 있다.

● **악성 빈혈**: 성인의 몸에서는 하루에 약 1%의 적혈구가 사멸하고 새로운 것

＊
자가면역성 용혈성 빈혈
(autoimmune hemolytic anemia) : 체내에 자기의 적혈구에 대한 항체, 즉 적혈구 자가항체가 생산되어 이 항체가 적혈구에 결합해서 장애를 일으키고, 붕괴 처리됨으로써 생기는 용혈성 빈혈을 말한다.

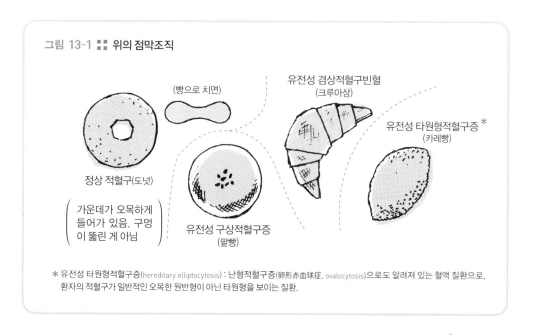

그림 13-1 ▪▪ **위의 점막조직**

정상 적혈구(도넛)

가운데가 오목하게 들어가 있음. 구멍이 뚫린 게 아님

(빵으로 치면)

유전성 구상적혈구증
(팥빵)

유전성 겸상적혈구빈혈
(크루아상)

유전성 타원형적혈구증＊
(카레빵)

＊ 유전성 타원형적혈구증(hereditary elliptocytosis) : 난형적혈구증(卵形赤血球症, ovalocytosis)으로도 알려져 있는 혈액 질환으로, 환자의 적혈구가 일반적인 오목한 원반형이 아닌 타원형을 보이는 질환.

그림 13-2 :: 재생불량성 빈혈

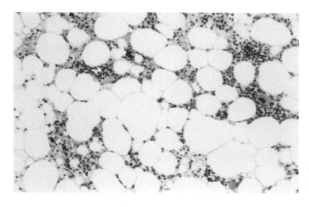

골수의 대부분이 지방조직으로
치환돼 있다.

으로 교체된다. 그러므로 하루에 1%의 새로운 적혈구를 만들어내지 않으면
균형이 깨진다. 악성 빈혈이란 적혈구 생성에 필요한 비타민B12가 부족해서
새로운 적혈구가 충분히 생성되지 않는 질환이다. 비타민B12 부족은 위축성
위염 등으로 B12가 체내에 흡수되지 않을 때 생긴다. 나이아신(엽산) 결핍에서
도 같은 일이 벌어진다.

• **재생불량성 빈혈 :** 대부분 원인 불명이지만 벤젠 중독, 항암제, 방사선 피폭
등에서도 보이는 빈혈이다. 혈액을 만들어내는 부분인 골수가 지방 성분으로
치환돼서(그림 13-2) 적혈구뿐만 아니라 과립구계, 혈소판계의 모든 성분이 영
향을 받는다. 예후는 불량하다.

■ **적혈구는 너무 많아도 문제**

적혈구가 너무 늘어나도 장애는 발생한다.

보통 적혈구가 증가하는 이유는 고산 등지에서 공기 중 산소 부족을 메우기
위한 작용으로 몸을 위한 긍정적인 반응이다. 선천성 심장 질환이나 폐섬유증
등에서도 산소 부족을 보충하려고 몸이 반응해서 적혈구가 증가한다.

특별한 원인이 없는데도 골수의 적혈구 생성조직이 비정상적으로 많아지는
진성 적혈구 증가증도 있다. 이는 백혈병과 같은 종양성 병변으로 말초혈(末梢

血) 속의 적혈구 수는 1000만/㎣까지 늘어나* 고혈압이나 비장의 종대를 초래한다.

* 적정 적혈구 수 : 남자는 대체로 500만/㎣, 여자는 450만/㎣

백혈구 질환

■ 백혈구 감소증(leukopenia)

백혈구의 60% 이상을 차지하는 호중구의 감소를 의미한다. 병적인 백혈구의 감소는 위독한 감염증, 방사선, 화학물질 등 때문에 발생하며, 재생불량성 빈혈이나 특발성 과립구 감소증처럼 원인 불명인 경우에도 백혈구가 감소한다.

■ 백혈구 증가증(leukocytosis)

급성 충수염에 걸리거나 하면 백혈구의 수가 1만/㎣를 넘기기도 한다. 이처럼 염증이 있으면 백혈구가 증가한다*. 특히 백혈구 중에서도 호중구는 충수염 등의 급성 염증이나 감염증, 화농염 혹은 비감염성 심근경색증에서도 증가한다. 알레르기나 기생충이 있을 경우에는 호산구가 늘어나고, 만성 염증이나 바이러스 감염 상태에서는 림프구가 증가한다.

* 백혈구의 증가 : 몸이 안 좋아서 병원에서 혈액검사를 받으면 백혈구 수치로 염증이 생겼는지 아닌지를 알 수 있다.

■ 백혈병

루미　백혈병은 혈액의 암이라고 들었는데요. 암처럼 종양을 형성하나요?

단노　드물게 백혈병 세포가 굳어서 작은 과립상 종양을 골수나 간 등에 형성하는 일이 있는데, 이를 녹색종이라고 부르지. 녹색종은 신체 어느 곳에나 나타날 수 있어. 특히 안구 뒤의 뼈, 갈비뼈, 머리뼈 따위에 잘 생기네. 하지만 보통은 종양을 형성하지 않는다네. 미숙한 백혈병 세포가 골수를 비롯해서 전신의 장기에 침윤성으로 증식하지. 그 결과 정상인 혈액세포(적혈구, 정상 백혈구, 혈소판)가 감소하고 출혈이나 감염증으로 위독한 상태에 빠진다네.

＊
백혈구의 정상 범위 : 대체로 3000~9000/㎣

＊
골수아세포(myeloblast) : 과립 백혈구의 어린 세포 형태로, 이 세포가 성숙하여 골수성 백혈구가 된다.

백혈병(白血病, leukemia)은 발생 혈구에 따라 골수성, 림프구성, 단핵구성으로 나뉘며, 임상 경과에 따라서 급성과 만성으로 분류된다.

급성 골수성 백혈병은 가장 많은 백혈병으로 보통 성인에게 발증한다. 말초혈의 백혈구는 2~5만/mm³로 그 수가 늘어나는데＊, 90% 이상이 골수아세포＊다(그림 13-3①). 혈액상(血液像)에서는 많은 미숙한 백혈병 세포와 소수의 성숙한 백혈구가 출현하며 중간 단계의 세포는 보이지 않는다(백혈병열공, 그림 13-3②). 경과가 급속히 진행되어 일반적으로 예후는 불량하지만 최근에는 화학요법으로 개선되고 있다. 세포질 내에 아우어소체라는 특유의 막대기 모양 봉입체가 보이는 경우가 있다. 서구의 한 연구그룹(FAB)이 그 성숙도와 분화의 방향에 따라 M1~M7까지 분류해놓았다.

만성 골수성 백혈병은 백혈병의 10% 정도를 차지하며, 성인에게서 많이 보이는데, 백혈구가 30~50만/mm³까지 늘어난다. 미숙한 골수아세포에서 성숙

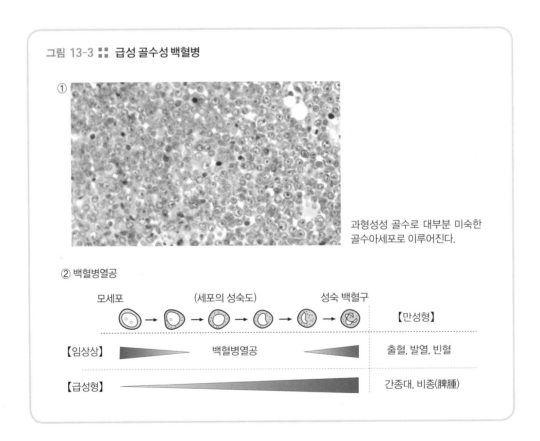

그림 13-3 ▪▪ 급성 골수성 백혈병

①

과형성성 골수로 대부분 미숙한 골수아세포로 이루어진다.

② 백혈병열공

모세포	(세포의 성숙도)	성숙 백혈구	【만성형】
【임상상】	백혈병열공		출혈, 발열, 빈혈
【급성형】			간종대, 비종(脾腫)

과립구까지 모든 단계의 세포가 출현한다. 90%의 증례에서 Ph1이라 불리는 염색체 이상이 보여서 표지자로 응용되고 있다. 만성의 경과를 보이고, 비교적 예후가 좋다.

급성 림프구성 백혈병은 소아에서 많이 보이는 백혈병으로 미숙한 림프아구*가 증식한다. 주로 T세포형과 B세포형으로 분류한다. 성인에서는 성인T세포백혈병(Adult T cell Leukemia, ATL)이 있다.

만성 림프구성 백혈병은 고령자에서 많이 보이며, 성숙한 림프구가 20만/㎣ 이상에 달하는 경우가 있다. B세포형이 많다고 한다. 림프절의 종대가 뚜렷이 보인다.

출혈소질(출혈 경향)

이에 관해서는 제4강(순환장애, 99쪽)에서 다루었다.

* 림프아구(lymphoblast) : 면역아세포(immunoblast)라고도 하며, 림프구의 전구체이다.

겐타 　혈액 세포는 골수에서 만들어지니까, 골수가 병에 걸리면 혈액도 병에 걸리겠군요?

단노 　대부분의 골수 질환은 혈액 질환이라고 봐도 무방하지만, 일부 골수 특유의 질환이 있으니 오늘은 그에 관해 공부하기로 하지.

골수섬유증

＊
트라베큘라(trabecula)
: 생물체의 조직을 지지하는 막대 모양의 작은 구조물.

　쉽게 말해, 골수섬유증(myelofibrosis)은 뼈 중심부의 골수가 딱딱한 뼈가 되어버리는 병이다. 증생한 섬유가 골수를 대체해서 트라베큘라＊의 형성과 경화를 초래한다. 그중에서도 원인 불명으로 많은 뼈에서 골수의 섬유화가 일어나고, 섬유화한 골수를 대신해 간(肝) 같은 골수 이외의 부분에서 조혈이 이루어지면서 경도의 이형 세포가 출현하는 경우가 있다. 이를 골수증식증이라고 한다.

＊
형질세포(plasma cell)
: B림프구가 최종적으로 분화한 세포로, 골수나 림프절에 존재한다. 면역글로불린을 생성한다.

다발성 골수종

　다발성 골수종(multiple myeloma)은 골수 내에서 이형 형질세포＊가 증식하

그림 13-4 ▪▪ 다발성 골수종

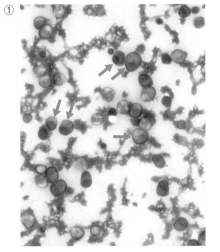

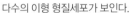

다수의 이형 형질세포가 보인다.

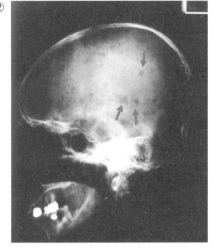

뼈의 '도려낸 병터(punched-out lesion, 천공병소)'

는 종양이다(그림 13-4①). 종양화한 형질세포는 그 발생 모세포에 따라 IgG나 IgA 등의 면역글로불린을 생성한다. 소변 속에 벤스존스단백질*이 출현하며, 골 흡수가 강하기 때문에 X선 사진에서 '도려낸 병터(그림 13-4②)'라 불리는 특유의 골 융해상(融解像)을 볼 수 있다.

*
벤스존스단백질(Bence Jones protein) : 글로불린에 속하는 단백질. 정상 시에는 확인되지 않으며 골수종, 골육종, 골수성 백혈병, 기타 골수를 침투한 병이 있을 때 소변에 출현하는 비정상 단백질이다. 골수에서 생성되며 특이한 열응고 및 용해성을 나타낸다. 발견자(H. Bence Jones)의 이름을 따서 명명되었다.

전이성 골종양

골수는 혈류량이 많기 때문에 암이 전이되기 쉬운 부위이다. 그중에서도 전립선암, 유방암, 갑상선암 같은 내분비선의 암이 잘 전이된다.

13.3 림프절(림프선) 질환

림프절(림프선)의 염증

겐타   림프절(림프선)은 갑자기 부어올랐다, 아팠다, 열이 났다 하는 데다 기
능도 형태도 잘 이해가 가지 않습니다.

단노   림프절은 몸의 어디에나 있는 조직으로 중간에 림프관이 끼어 있고
수입관과 수출관이 있다네. 평상시에는 부드럽고 작아서 크기가 팥알
만 하지. 기능을 보면, 주로 림프절의 배중심＊에 있는 B세포와 부피
질(paracortex)의 T세포를 중심으로 면역 반응을 일으켜서 감염의 방
어에 관계한다네.

■ 반응성 림프절염

반응성 림프절염(reactive lymphadenitis)은 미생물 감염이나 항원물질로 인해
발생한다. 대부분은 지배하는 영역의 염증이 파급된 것으로 충치 때문에 턱
의 림프절이 붓는 경우가 이에 해당한다. 때로 화농성 염증이 파급되기도 한
다. 림프절에서는 반응성 변화로서 동카타르(洞catarrh)가 보이고 조직구가 출
현한다.

■ 아급성 괴사성 림프절염(기쿠치병)

아급성 괴사성 림프절염(subacute necrotizing lymphadenitis)은 원인 불명의

괴사성 림프절염으로 젊은 사람, 특히 여성에게서 많이 나타난다. 괴사소(壞死巢)와 그를 탐식한 조직구가 많이 출현한다(그림 13-5). 림프절의 종창 외에 발열이나 동통을 일으키는 경우도 있지만 예후는 좋아서 2~3주면 치유된다. 바이러스 감염이 의심된다.

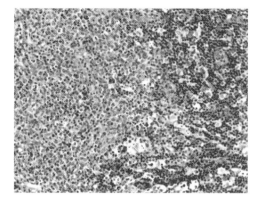

그림 13-5 ▪▪ 아급성 괴사성 림프절염

왼쪽에는 괴사소, 오른쪽에는 조직구가 많이 보인다.

■ 특이성 염증

결핵은 반드시라고 해도 좋을 정도로 림프절로 파급된다. 폐문부나 경부의 림프절에 호발한다. 사르코이드증(280쪽)은 폐 다음으로 많이 보인다. 특히 좌우 양쪽의 폐문부 림프절에서 초발(初發)하는 경우가 많다.

■ 바이러스 감염증

대표적인 것으로 감염성 단핵구증(infectious mononucleosis)이 있다. 이 병은 젊은이에게서 많이 나타나며 전신 림프절의 종대, 간과 비장의 종대가 보인다. EB바이러스의 감염이 원인으로, 예후는 좋아서 몇 주면 치유된다. 때로 이형 T림프구가 출현한다.

루미 사실 나도 목의 림프절이 크게 부어올라서 깜짝 놀랐던 적이 있어. 계속 부어 있으니까 신경이 쓰여서 만날 만지고 다녔지.

겐타 만지지 않는 게 좋을 것 같은데.

루미 근데 나도 모르게 만지게 돼. 원인은 잘 모르겠지만 한 달 정도 지나니 갑자기 나았어. 신기하더라.

림프절의 종양 : 악성 림프종

겐타　저희 숙부님이 악성 림프종으로 작년에 돌아가셨는데요. 진단이 나왔
을 때부터 예후는 기대하지 말라고 하더군요. 악성 림프종은 낫지 않
습니까?

단노　그거 가슴 아픈 일이군. 악성 림프종은 크게 나눠서 비호지킨 림프종
과 호지킨 림프종이 있다네. 각각의 스타일이라고 해야 하나, 등급이
라는 게 있어서 예후에서도 차이를 보이지. 출현 연령은 대부분 50세
이상이지만, 암에 비해서는 젊은이에게도 많이 나타나는 편이라네.

■ 비호지킨 림프종 : 여포성 림프종, 미만성 림프종

비호지킨 림프종(non-Hodgkin's lymphoma, 표 13-1)에는 여포성과 미만성이
있다. 여포성 림프종은 일반적으로 미만성에 비해 예후가 좋아서 5년 생존율
이 60% 이상이다.

여포성 림프종은 B세포 유형으로 림프여포세포가 종양화해서 여포의 종대

표 13-1 █ 비호지킨 림프종의 분류(LSG)＊

● 여포성 림프종(Follicular lymphoma)	중세포형(medium sized cell type)
	혼합형(mixed type)
	대세포형(large cell type)
● 미만성 림프종(Diffuse lymphoma)	소세포형(small sized cell type)
	중세포형(medium sized cell type)
	＊ 중간형(intermediate type)
	혼합형(mixed type)
	대세포형(large cell type)
	＊ 면역모세포형(immunoblastic type)
	다형세포형(pleomorphic type)
	림프아구형(lymphoblastic type)
	버킷형(Burkitt type)

＊
LSG 분류 : 일본의 림
프종 연구팀(Lymphoma
Study Group)이 제안한
분류법. 악성 림프종의
분류에 관해서는 면역
학적 정보 등을 토대로
한 REAL 분류(1994년)
등이 있다. 세계보건기
구(WHO)에서는 2001년
에 새로운 분류법을 내
놓았다.

를 동반하고 림프절의 종대를 초래한다. 중세포형은 종양세포에서 핵의 함입을 볼 수 있다.

미만성 림프종은 증식 부분에서는 여포가 전혀 보이지 않으며 종양세포가 미만성, 충실성으로 증식하고 림프절의 주위에도 침윤한다. 소세포형 림프종은 정상 림프구와 크기가 별다르지 않은 종양세포가 미만성으로 증식한다. 다형세포형 림프종은 T세포형 림프종으로서 뇌의 주름 같은 다형을 보이는 핵으로 이루어지는데, 백혈병으로 치면 성인T세포백혈병에 해당하고 ATL바이러스가 양성이 된다(그림 13-6). 버킷림프종은 매크로파지와 거의 같은 크기의 종양세포로 이루어진 B세포성 림프종이다.

그림 13-6 ▪▪ 악성 림프종

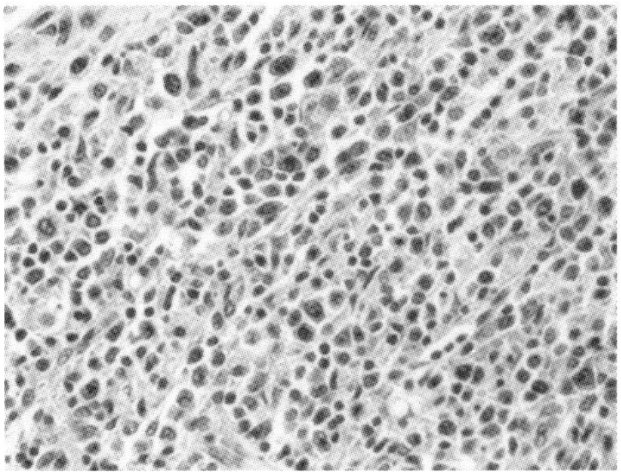

크기가 다른 림프종세포가 미만성으로 증식해 있다(비호지킨 미만성).

■ 호지킨 림프종

호지킨 림프종(Hodgkin lymphoma, 표 13-2)은 1872년에 토마스 호지킨이라는 영국 해부학자가 보고한 이래로 140년 넘게 흐른 현재에도 아직 전모가 밝혀지지 않은 계통적 림프종이다. 서구에서는 많이 보이지만 일본에서는 드문 질환이다.

호지킨세포라 불리는 대형의 단핵 세포와, 리드-슈테른베르크세포(Reed-Sternberg cell)라 불리는 다핵·거핵의 기괴한 형태를 한 세포가 출현하는 것이 특징이다(그림 13-7). 조직학적으로 네 가지 유형으로 분류한다.

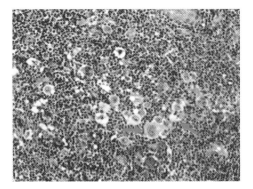

그림 13-7 ▪▪ 호지킨 림프종

정상 림프구들 속에서 거핵의 리드-슈테른베르크세포가 보인다(⬆).

표 13-2 :: 호지킨 림프종의 분류

림프구 우위형(lymphocytic predominance type)
혼합세포형(mixed cellularity type)
결절성 경화형(nodular sclerosis type)
림프구 감소형(lymphocyte-depleted type)

■ 전이성 종양

암과 육종 모두 림프관을 매개로 조기에 해당 소속의 림프절로 전이한다.

13.4 비장 질환

루미　비장은 무슨 역할을 하는지 모르겠어요.

단노　비장은 생리적으로 수명이 다한 적혈구를 파괴 처리하지. 또 세균이
나 이물도 여기서 처리된다네. 말하자면, 혈류의 여과 장치라고도 할
수 있지. 구조적으로는 림프여포(백비수白脾髓)와 정맥동, 비삭(적비수
赤脾髓)으로 구성된다네.

순환장애

심부전으로 인한 울혈은 비장에서 현저하게 나타난다. 또 간경변증에서 문
맥압이 높아지면 비장의 무게가 1000g을 넘기도 한다. 임상적으로 빈혈, 백
혈구 감소, 비장의 종대를 보이는 질환을 반티증후군*이라고 한다.

염증

장티푸스, 페스트 등의 출혈성 감염증과 화농성 염증에서는 비장이 종대
한다. 이때 비장은 부드럽고 질척거린다. 또 말라리아, 지연성 심내막염 같은
만성 염증에서는 거대한 비종(脾腫)이 발생해 1000g 이상 나가는 일이 있다.

*
반티증후군(Banti's
syndrome) : 빈혈과 비
종(脾腫)을 주증세로
하는 질환. 특발성 문
맥압항진증이라고도
한다. 이탈리아의 의
사 G. 반티(1852~1925
년)가 단일 질환으로
서 처음 기록, 보고하
였다. 원인에 대해서는
비장 자체에 원인이 있
다고 보는 견해와, 문
맥압 항진을 주원인으
로 보는 견해로 나뉜
다.

아밀로이드증

✳
전신성 아밀로이드증
(systemic amyloidosis)
: 단백질의 형성 과정
에서 형태에 이상이 생
겨 여러 장기와 조직에
섬유질이 형성되는 질
환. 이렇게 쌓인 단백질
덩어리를 아밀로이드
(amyloid) 침전물이라고
부르며, 아밀로이드가
쌓인 장기는 점차 기능
이 저하되다가 결국에
는 기능을 잃어버린다.
정상적인 단백질은 생
성되는 비율과 같은 비
율로 분해되지만, 아밀
로이드 침전물은 대단
히 안정적이어서 잘 분
해되지 않아 여러 장기
에 침착된다. 전신성 아
밀로이드증에는 일차
성과 이차성, 유전성이
있다.

전신성 아밀로이드증✳에서
는 비장의 아밀로이드 침착이
뚜렷이 보인다. 아밀로이드가
림프여포에 침착하면 사고비
(sago spleen)라 부르고, 적비
수에 만성으로 침착하면 햄비
(ham-like spleen, 그림 13-8)라
고 한다.

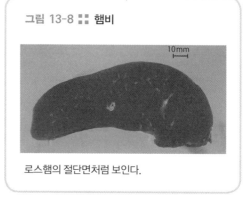

그림 13-8 ▪▪ 햄비

10mm

로스햄의 절단면처럼 보인다.

혈액 질환

용혈성 빈혈, 진성 적혈구 증가증 등에서 비장의 종대를 초래한다. 또 백혈
병, 악성 림프종에서도 종대가 보여 2000~3000g이나 나갈 때가 있다.

Summary

● 빈혈은 철결핍성 빈혈, 유전성 용혈성 빈혈, 자가면역성 용혈성 빈혈, 악성 빈혈, 재생불량성 빈혈 등으로 분류한다.

● 백혈병은 급성과 만성, 골수성과 림프구성으로 분류되며, 급성 골수성 백혈병이 가장 많다. 급성 림프구성 백혈병은 소아에서 많이 보인다.

● 양성의 아급성 괴사성 림프절염은 젊은 여성에서 많이 보인다.

● 악성 림프종에는 비호지킨 림프종과 호지킨 림프종이 있다.

호르몬 분비 기관,
내분비기의 병리

14.1 고작 1cm의 장기, 하수체 질환

루미 　요즘 너무 졸려. 오늘은 단노 선생님께 가기 귀찮다. 게다가 얼굴에도 뭐가 많이 났어. 피부과 선생님 말로는 호르몬 균형이 깨진 것 같다던데.

겐타 　환절기에는 호르몬 균형이 깨지기 쉽지.

루미 　왜 그러는 거야?

겐타 　호르몬은 내분비기(선腺)에서 체내로 분비되는데, 뇌 같은 중추신경이 분비량을 조절하거든. 그런데 스트레스나 계절의 변화 등으로 그 조절이 원활하게 이루어지지 않으면 호르몬 균형이 깨지기도 해. 호르몬에는 여러 종류가 있는데, 비슷한 작용을 하는 게 있는가 하면 정반대의 작용을 하는 것도 있어서 서로 영향을 주고받으니까 균형이 중요하거든.

루미 　흐음, 그렇구나.

· · · · ·

단노 　오늘의 주제는 내분비기의 병리라네. 우리 몸속에는 내분비선이라 불리는 기관이 있는데(그림 14-1) 그곳에서 여러 호르몬이 분비되지. 호르몬은 다채로운 생리 기능을 한다네.

루미 　내분비기가 병에 걸리면 호르몬이 안 나와서 큰일이겠네요.

단노 　그렇지. 거기다 내분비계의 지휘명령 계통은 굉장히 복잡해서 내분비기관들끼리 서로 영향을 주고받지. 내분비선은 작은 장기인 경우가 많지만, 질환이 생기면 몸에 큰 영향을 미친다네. 그럼 하나씩 살펴볼까?

루미 　네.

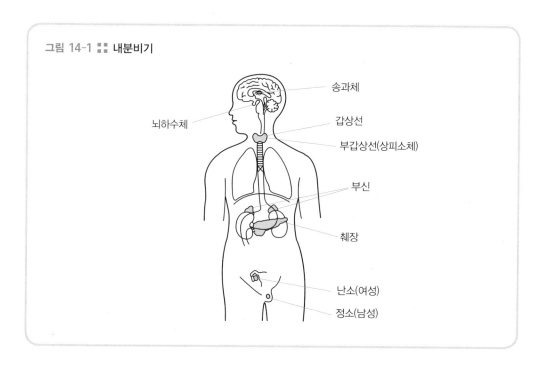

그림 14-1 :: 내분비기

- 송과체
- 뇌하수체
- 갑상선
- 부갑상선(상피소체)
- 부신
- 췌장
- 난소(여성)
- 정소(남성)

단노 먼저, 여기 뇌 모형을 보게. 뇌를 반으로 잘랐을 때 중심부의 간뇌 아래쪽에 조그맣게 매달려 있는 부분이 있는데, 이게 하수체라네.

루미 엄청 작은데요.

단노 하수체는 최대 직경 1cm 정도에 무게도 1g이 안 되지. 하지만 굉장히 중요한 내분비기라네. 내부는 전엽(前葉)과 후엽(後葉)으로 구성되지(그림 14-2). 하수체 전엽은 대체로 선성(腺性) 하수체라고 불리는데 성장호르몬과 갑상선자극호르몬처럼 다른 내분비기를 자극하는 호르몬을 분비한다네. 또 하수체 후엽은 신경성 하수체로, 신경분비*에 의해 뇌 시상하부에서 생성된 옥시토신(자궁수축호르몬)이나 바소프레신(항이뇨호르몬)을 분비하지.

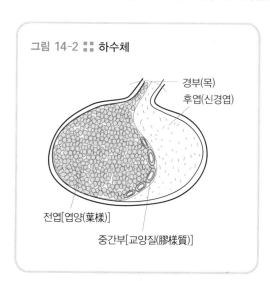

그림 14-2 :: 하수체

- 경부(목)
- 후엽(신경엽)
- 전엽[엽양(葉樣)]
- 중간부[교양질(膠樣質)]

*
신경분비(neurosecretion)
: 신경세포로서의 구조와 기능을 갖는 세포가 호르몬(신경 말단에서 방출되는 아세틸콜린이나 노르아드레날린 등의 신경전달물질은 제외)을 분비하는 현상. 이러한 세포를 신경분비세포; 분비된 물질을 신경분비물질이라 총칭한다. 대표적인 예로는 척추동물의 시상하부-뇌하수체 신경분비계나 미부 신경분비계가 있다.

하수체 전엽 기능장애

■ 전엽 기능 항진증

하수체 전엽에 선종 등이 생겨서 기능 항진이 일어나면 성장호르몬이 과잉 분비된다. 골단연골*이 성장기에 있는 아이들의 경우에는 사지가 비정상적으로 길어져서 거인증(巨人症, giantism)이 나타난다. 또 발육이 멈춘 성인에게 생기면 턱과 이마의 돌출이나 사지 선단부가 비대하는 말단(선단)비대증을 일으킨다(그림 14-3). 단순히 크기만

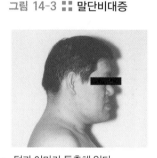

그림 14-3 ▨▨ 말단비대증

턱과 이마가 돌출해 있다.

크다면 문제가 없지만, 자주 당뇨병이나 성기능 부전을 동반한다. 또한 하수체 전엽에서 부신피질자극호르몬(ACTH)이 과잉으로 분비되면 쿠싱증후군을 일으킨다(319쪽).

■ 전엽 기능 저하증

하수체가 압박 위축, 괴사 등으로 기능 부전을 일으키면 전엽에서 성장호르몬 등의 분비가 불충분해져서 소아기에서는 몸의 성장이 정지하는 '하수체성 소인증*'을 일으킨다. 신장은 1m에 못 미치지만 정신 발육은 정상이다. 하수체 전엽에 기능 부전이 생기는 원인으로는 두개인두종*이 가장 많다.

사춘기의 여성에서는 시먼즈병(Simmonds' disease)이 많이 보인다. 순환장애나 염증 등으로 인한 하수체의 기능 부전으로 극단적으로 마른 몸, 조로, 색소 침착, 저혈압을 초래한다.

후엽 기능장애

다채로운 병변이 있지만, 여기서는 요붕증과 조숙증에 대해 얘기한다.

*
골단연골 : 다리 뼈에서 가운데 부분과 양끝 부분의 사이에 있는 연골 조직으로 골의 길이 성장이 일어나는 부분. 성장판.

*
하수체성 소인증(pituitary dwarfism) : 동일한 성과 연령인 사람과 비교할 때 신장이 월등하게 작은 증상. 원인은 성장호르몬(GH)의 부족 때문으로 보고 있다. 뇌하수체 혹은 그 주변의 종양 등에 의한 것도 있지만, 대개는 특발성이다. 출생 시 신장이 정상이더라도 수개월 내지 수년 이내에 발육 지연현상이 나타난다. 비교적 남성에 많고, 신체 균형이나 지능은 정상적으로 발달한다.

*
두개인두종(craniopharyngioma) : 뇌하수체에 발생하는 양성 뇌종양. 조직학적으로 양성 소견을 보인다. 종양의 성장 속도가 빠르지는 않으나 주변의 뇌구조물인 시신경, 뇌하수체, 뇌실, 시상하부 등을 압박하여 여러 가지 증상을 일으킨다. 발생 위치와 주변 뇌조직의 특성으로 인하여 치료에 많은 어려움이 있다.

■ 요붕증

요붕증(尿崩症, diabetes insipidus)은 소변의 양이 늘어나는 질병으로 때로는 하루 10ℓ 이상 되기도 한다. 시상하부에서 하수체 후엽에 걸친 부분이 종양 등으로 장애를 받아 발생한다. 하수체 후엽에서의 바소프레신(항이뇨호르몬) 분비 저하로 요세관에서의 수분 재흡수가 방해를 받아 다뇨(多尿)를 일으킨다. 구갈(口渴, 목마름)과 함께 땀의 양이나 타액 분비량이 감소해서 전신이 늘어지고 변비에 걸린다.

■ 중추성 사춘기조숙증

종양 등으로 시상하부의 기능이 항진돼 하수체 후엽에서 옥시토신(자궁수축 호르몬)을 과잉 분비하게 되면 성적인 조숙이 나타난다. 그 결과로서 생식기의 조숙이나 음모, 액모(겨드랑이 털)가 빨리 생긴다.

쫀득쫀득 지식 충전! 하수체에도 암이 있을까?

하수체에 악성 종양은 거의 없다. 보통은 전엽에 생기는 선종이다(그림). 선종은 염색성에 따라 분류된다.

혐색소성 선종(chromophobe adenoma)은 세포질에 특별한 특징이 없는 선종으로, 가장 많이 보인다. 하수체의 기능이 향상돼 호르몬 생성이 늘어나는 일은 없지만, 하수체 자신의 종양이 주는 압박으로 기능 저하를 초래할 때는 있다. 호산성 선종(eosinophil adenoma)은 성장호르몬을 생성해서 거인증이나 말단 비대증을 일으킨다.

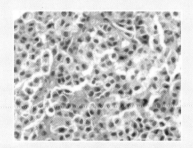

호염기성 선종(basophilic adenoma)이 생기는 일은 드문데, 부신피질의 선종이나 과형성으로 쿠싱증후군을 초래한다.

하수체 선종. 소형, 원형의 호산성 세포가 조밀하게 증식해 있다.

14.2 솔방울 모양의 기관, 송과체 질환

*
생식선 외 생식세포종
(extragonadal germ cell
tumors) : 전체 생식세
포종(원시 생식세포에서
유래하는 양성 또는 악성
종양으로 고환, 난소, 임신
초기의 자궁에서 주로 발
생)의 1~2%를 차지하
는 드문 질환으로 종격
동, 후복막강, 흉선, 송
과선 등에서 주로 발생
하는데, 종격동의 빈도
가 가장 높다. 대부분
10~30대의 젊은 성인
에게 나타난다.

*
신경교종(glioma) : 뇌
와 척수의 내부에 있으
면서 신경조직의 결합,
지지, 영양 등의 작용을
하는 신경교세포에서
기원하는 종양. 신경교
종은 특히 뇌에 흔히 발
생하며, 전체 뇌종양의
약 40%를 차지한다. 침
윤성 성장을 하고 정상
조직과의 경계가 분명
치 않아 외과적으로 완
전히 제거하기가 어려
우며 완치도 어렵다.

송과체는 뇌의 중앙에 위치하며, 이름처럼 솔방울을 축소한 모양을 하고 있다. 중량은 0.1~0.2g으로 그다지 눈에 띄지 않는 장기이다.

송과체의 작용에서 주목해야 할 부분은 멜라토닌(melatonin)이란 호르몬의 생성이다. 멜라토닌에는 피부 색소세포의 활성을 억제시키는 작용이 있는 듯한데, 상세한 내용은 아직껏 밝혀지지 않았다. 송과체에 병변이 일어나는 일은 극히 드물지만 생식선 외 생식세포종*, 신경교종*, 기형종 등이 보인다. 염증이나 대사장애는 독자적으로 발생하는 일이 거의 없다.

14.3 울대뼈 밑, 갑상선 질환

루미 다시마가 부족한 산골에 사는 사람들한테는 갑상선비대증이 많다고 들었는데, 이유가 뭐죠?

겐타 요즘엔 산골에 살아도 다시마 정도는 먹지 않나?

단노 일본만 생각하면 안 되지. 세계를 둘러보면 다시마를 먹는 습관이 없거나 먹기 힘든 산악 국가도 많으니까 말일세.

겐타 아, 그렇네요.

단노 다시마에는 아이오딘(요오드)이라는 물질이 많이 들어 있지. 갑상선은 아이오딘을 섭취해서 갑상선호르몬을 생성한다네. 아이오딘이 부족하면 그것을 보충하려고 갑상선이 비대해지지. 이를 지방병성 갑상선종(endemic goiter)이라고 한다네.

루미 갑상선에는 이것 말고 또 어떤 병이 있나요?

단노 갑상선 질환은 어찌된 영문인지 대부분 여성에게 나타나지. 특수한 갑상선종이나 바제도병 말고도 염증이나 종양도 보인다네.

갑상선종

갑상선은 울대뼈(후두융기) 바로 밑에 있는 분비선이다. 갑상선종(goiter, struma)은 일반적으로 갑상선이 붓는(종대腫大) 질환을 가리킨다. 그래서 갑상'선종(腺腫)'이라고 부르긴 하지만 종양성이 아닌 것까지 포함한다.

종대의 원인은 아이오딘의 부족이나 과잉이다. 형태적으로는 갑상선 전체가 비대하는 미만성 갑상선종(diffuse goiter)과, 단일 혹은 복수의 결절을 형성하는 결절성 갑상선종(nodular goiter)으로 분류된다. 임상적으로는 기도 등의 주위 조직이 압박을 받아 호흡곤란을 일으키거나 갑상선의 기능 항진을 초래한다.

갑상선호르몬의 작용

갑상선호르몬에는 티록신(thyroxine, T4)과 트리요오드티로닌(triiodothyronine, T3)이 있다. 특히 티록신은 산소, 단백질, 지방, 당, 비타민, 물, 무기질 등 거의 모든 물질의 대사에 관여해서 대사를 항진시키는 쪽으로 작용한다. 그 결과 순환기계나 신경계의 기능에도 영향을 미치게 된다.

또 갑상선의 간질(間質)에는 C세포(부여포세포)라 불리는 소형 세포가 있는데, 칼시토닌(calcitonin)이란 호르몬을 분비한다. 칼시토닌은 혈중 칼슘 농도를 억제하는 작용을 한다. 갑상선호르몬의 생성에는 뇌하수체가 분비하는 갑상선자극호르몬(TSH)이 관여한다.

바제도병

＊
LATS(Long-Acting Thyroid Stimulator) : 지속성 갑상선자극물질.

바제도병(Basedow's disease)은 주로 성인 여성에서 보이는데 갑상선종(그림 14-4①), 심계 항진, 안구 돌출 증세가 특징이다. 이 밖에 과잉 발한이나 기초대사의 항진 등 갑상선기능항진증이 출현한다. LATS＊를 자가항체로 삼는 자가면역질환으로 보고 있다. 조직학적으로는 유두상(乳頭狀) 여포상피세포의 증식이 특징이다(그림 14-4②).

그림 14-4 :: 바제도병

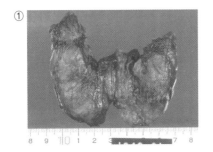
① 분엽상(分葉狀)의 갑상선 종대

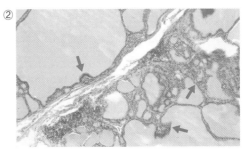
② 불규칙적인 여포의 확산과 유두상 상피의 증생이 보인다.

갑상선기능저하증

■ 크레틴병(선천성 갑상선기능저하증)

선천적으로 갑상선의 형성 부전 등이 있으면 크레틴병(cretinism)을 초래한다. 갑상선의 기능 저하로 신체 발육장애를 일으킨다. 지능의 발육장애를 동반하며, 독특한 얼굴 생김새가 나타난다.

■ 점액수종(성인형 갑상선기능저하증)

성인에서 갑상선의 위축이나 변성으로 갑상선 기능이 저하되면 점액수종(myxedema)이 발생한다. 여자에게 많고, 피부에 특유의 부종이 보인다. 피하에 점액물질이 침착해 저류해서인데, 피부는 건조해진다. 갑상선호르몬에 의한 열 생산이 저하되기 때문에 체온이 떨어져 저온이 된다. 성기능 저하와 함께 혈청콜레스테롤 수치가 증가해 동맥이 죽상경화에 빠진다.

갑상선염

갑상선염(甲狀腺炎, thyroiditis)은 다음의 세 가지로 나뉜다.

■ 하시모토병(Hashimoto's disease)

중년 여성에게 많고, 림프여포의 형성과 림프구 침윤이 보이는 자가면역질환이다.

■ 아급성 갑상선염(subacute thyroiditis)

콜로이드*의 소실과 거대세포의 출현이 특징이며, 장년 여성에서 많이 보인다. 바이러스 감염이 의심된다.

■ 리델갑상선염(Riedel's thyroiditis)

결합섬유가 고도로 증식하며 딱딱해지기 때문에 목양갑상선염(ligneous thyroiditis)이라고도 한다. 드문 질환이다.

갑상선의 종양

루미　갑상선의 종양도 여성에게 많은가요?

단노　양성과 악성 모두 90% 이상이 여성에서 나온다네. 종양뿐만 아니라 갑상선 질환에는 여성호르몬이 어떤 식으로든 관여한다고 보고 있지.

■ 양성 종양 : 선종

양성 종양의 대부분은 여포성 선종으로, 많든 적든 콜로이드를 함유한 여포로 이루어진 종양이다(그림 14-5). 여포의 크기에 따라 대여포성, 소여포성, 혹은 태아성 등으로 분류한다. 또 상피세포의 성격에 따라 호산성 혹은 휘틀(Hurtle)세포성

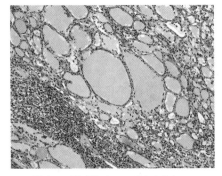

그림 14-5 ▦ 여포성 선종

불규칙적으로 확장한 여포로 이루어진다.

그림 14-6 ▦ 갑상선암

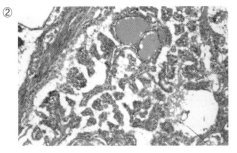

① 충실성의 회백색 암소(癌巢)

② 유두상으로 암세포가 증식해 있다(유두암).

같은 특수한 유형도 있다. 보통은 단발하지만 다발하는 경우도 있다.

■ 악성 종양 : 갑상선암

갑상선암(thyroid cancer, 그림 14-6)은 유두암이 가장 많고, 이어서 여포암, 수질암(髓質癌) 순이다. 유두암에서는 핵 내 봉입체의 세포질 함몰이 특징이다. 수질암은 대부분 가족성으로 발증하며, 계통적으로 다른 종양을 합병하는 일이 있다. 갈색세포종과 상피세포의 과형성, 선종이 동시에 나타나면 시플증후군*이라고 부르는데, 가족성으로 출현한다.

*
시플증후군(Sipple's syndrome) : 갑상선수질암, 갈색세포종, 상피세포의 과형성 또는 선종이 동시에 나타나는 증후군.

14.4 쌀알만 한 기관, 부갑상선(상피소체) 질환

루미 갑상선 그림을 보면 부갑상선이란 게 있는데, 그건 뭔가요?

단노 부갑상선은 상피소체라고도 한다네. 내분비 장기는 모두 작은데, 이 건 더 작아. 쌀알만 한 것이 좌우의 갑상선을 따라 2~3개씩 있지. 부 갑상선에서 분비되는 부갑상선호르몬은 혈중 칼슘의 증가를 촉진하 는 작용이 있다네.

부갑상선기능항진증

부갑상선기능항진증(hyperparathyroidism)에는 부갑상선의 선종이나 과형성 때문에 생기는 직접적인 경우와 골연화증이나 신장 장애로 인한 간적접인 유 형의 기능 항진이 있다. 부갑상선호르몬의 분비가 늘어나기 때문에 혈중 칼슘 량이 증가해 고칼슘혈증*이 된다. 근육의 수축력이 떨어지거나 전신의 칼슘 침착(전이성 석회화*)을 일으킨다. 또 뼈에서 혈중으로 칼슘이 녹아나오기 때문 에 뼈가 파괴되면서 골다공증이나 섬유성 골염에 빠진다.

*
고칼슘혈증(hypercal-cemia of malignancy)
: 혈장(血漿) 속의 칼 슘 농도가 정상치 (8.8~10.4mg/dℓ)보다 높 은 상태. 고칼슘혈증은 심하면 생명까지 위협 할 수 있는 비교적 흔한 대사 합병증이다. 입원 환자의 경우 가장 흔한 원인은 악성 종양이지 만, 외래 환자의 경우는 부갑상선기능항진증이 가장 흔한 원인이다. 상 태가 가벼운 경우는 거 의 증상이 없지만, 예민 한 사람의 경우 오심, 탈 수증, 다뇨증, 변비 및 식욕 부진 등이 나타난 다.

*
전이성 석회화(metastatic calcification) : 살아 있는 조직에 칼슘염이 침착 되는 것으로 고칼슘혈 증을 유발하는 만성 신 부전, 비타민D중독증, 부갑상선기능항진증 등에서 발생한다.

부갑상선기능저하증

어떤 이유로 부갑상선의 기능이 저하되면(hypoparathyroidism) 혈중 칼슘량
이 떨어지면서 근육-신경 사이의 긴장이 높아져 경련 발작을 일으킨다. 이를
테타니(tetany)라고 한다.

14.5 신장 위쪽, 부신 질환

루미 신장 위쪽에 조그맣게 붙어 있는 게
부신이죠?

단노 맞네. 여기서도 여러 가지 호르몬이
분비되지. 바깥쪽의 부신피질과 안
쪽의 부신수질로 나뉜다네.

루미 그러고 보니 피부과에서 받은 가려
움증 연고 중에 부신피질호르몬제란 게 있었어요. 너무 많이 바르진
말라고 하더라고요.

단노 부신피질에서 나오는 호르몬은 여러 가지 질병을 치유하는 데 이용된
다네. 알레르기나 염증을 억제하는 작용도 있어서 매우 높은 효능을
발휘하지. 다만 피부 위축이나 모세혈관 확장 같은 부작용도 있으니
남용해선 안 되네.

부신피질의 질환

*
부신피질호르몬(adrenal
cortical hormone) : 당질
코르티코이드, 무기질코
르티코이드 등이 있다.

　　부신피질에서 나오는 부신피질호르몬(스테로이드호르몬)*은 크게 나눠서 ①
전해질 대사 ②당과 단백질 및 지방의 대사 ③성의 활성에 관여한다.

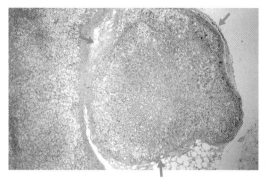

그림 14-7 :: 부신피질항진증

부신피질의 선종이 보인다.

■ 부신피질항진증

- **쿠싱증후군(Cushing's syndrome)**: 부신피질의 선종이나 과형성으로(그림 14-7) 당질코르티로이드*가 과잉 분비되면서 생긴다. 달덩이처럼 둥근 얼굴 생김새와 버펄로처럼 솟은 어깨(물소 혹), 다모(多毛), 무월경 등의 증상이 있다.

- **부신성기증후군(adrenogenital syndrome)**: 부신피질에서 안드로겐이 과잉 분비돼 여성의 남성화가 일어나는 병태이다.

- **원발성 알도스테론증(primary aldosteronism)**: 알도스테론(전해질 조절 호르몬)이 부신피질에서 자립적으로 과잉 분비되는 현상으로 중년 여성에서 많이 보인다. 고혈압, 저칼륨혈증*, 다뇨, 주기성 사지마비 등을 초래한다.

■ 부신피질저하증

- **애디슨병(Addison's disease)**: 자가면역질환으로, 부신피질의 기능(전해질 대사, 당과 단백질 및 지방의 대사, 성의 활성) 모두가 저하된다. 피부 점막에 멜라닌색소가 침착되고 저혈압, 저혈당, 전해질 이상, 탈모, 수적*과 함께 성기능의 저하를 초래한다.

■ 부신피질 종양

선종과 암이 있으며, 기능 항진을 보이는 경우와 보이지 않는 경우가 있다.

*
당질코르티코이드(glu-cocorticoid) : 간(肝)에서의 당질 대사에 관여하는 스테로이드호르몬을 통틀어 이르는 말. 당을 새로 만들거나 혈당치를 올리며, 염증이나 알레르기에 대한 저항성을 높이기도 한다. 글루코코르티코이드.

*
저칼륨혈증(hypoka-lemia) : 혈청칼륨 농도가 정상치(3.5~5.5mmol/ℓ) 미만인 경우를 말한다. 주증상은 골격근의 근력 저하(주로 하지)이며, 심한 경우에는 경련, 근육 과민, 테타니도 드물게 관찰된다. 간혹 횡문근융해증(rhabdomyolysis)이 발병할 수 있으며, 다뇨와 야간뇨의 증상을 보이기도 한다.

*
수적(emaciation) : 암의 말기나 영양장애, 내분비장애 등으로 몸이 마르고 피부의 건조를 초래한다.

부신수질의 질환

■ 부신수질 종양

겐타　부신수질은 피질과는 전혀 다른 기능을 하죠?

단노　그렇지. 수질은 교감신경계의 일부가 내분비기로 변화한 것이라서 피질과는 전혀 다른 기능을 하지. 카테콜아민(catecholamine)이라 불리는 물질을 분비한다네. 카테콜아민에는 심장 기능을 항진시키는 아드레날린(adrenaline)과 혈관 수축과 혈압 상승을 일으키는 노르아드레날린(noradrenalin)이 있지.

● **갈색세포종**: 주로 성인에서 보이는 종양으로 크롬 염색에서 양성을 보이는 종양세포로 이루어진다(그림 14-8). 보통은 아드레날린과 노르아드레날린을 분비해서 고혈압이나 고혈당을 초래한다. 원인 불명의 고도 고혈압이 젊은 사람에게 나타나는 경우 부신을 검사하면 이 종양이 발견될 때가 있다.

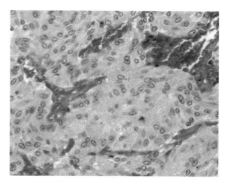

그림 14-8 ┇┇ 갈색세포종

포소상(胞巢狀)으로 증식하는 종양세포는 크롬 친화성을 보인다.

● **신경아세포종(neuroblastoma)**: 소아의 종양으로, 교감신경세포나 교감신경아세포에서 유래하는 악성 종양이다. 소원형(小圓形)의 세포로 이루어진 가장 미분화된 유형부터 조금 분화된 다형성의 유형까지 있다. 조기에 전이 침윤을 일으킨다.

14.6 랑게르한스섬(이자섬) 질환

루미 당뇨병은 췌장의 병이라고 들었어요.

단노 당뇨병에도 몇 가지 유형이 있는데, 대부분은 췌장의 랑게르한스섬
(이자섬)이 병변을 일으켜서 인슐린호르몬(혈당치를 내리는 작용)의 분비
부족으로 발생한다네. 이에 관해서는 2강의 '당의 대사 이상' 부분에
서 공부했었지. 오늘은 랑게르한스섬의 종양에 관해서 공부해봄세.

인슐린종

인슐린종(insulinoma)은 인슐린을 분비하는 B세포의 종양이다. 혈당 저하,
저혈당 발작, 포도당 투여로 인한 증상의 경감이라는 휘플의 3징후(Whipple's
triad)를 보인다. 중년 남성에서 보이는데 비교적 드물다.

글루카곤종

글루카곤종(glucagonoma)은 극히 드문 종양으로 A세포에서 유래하며, 글루
카곤*의 과잉 분비로 고혈당을 초래한다.

*
글루카곤(glucagon) :
인슐린과는 반대로 간
의 글리코겐을 포도당
으로 분해해 혈당량을
증가시킨다.

졸링거-엘리슨증후군

가스트린(gastrin) : 위
에서 나오는 호르몬의
일종으로, 소화를 촉진
한다.

　졸링거-엘리슨증후군(Zollinger-Ellison syndrome)은 랑게르한스섬의 가스트린* 분비 세포성 종양으로 위와 십이지장, 공장에 궤양을 형성한다. 과도한 위액 분비나 위산 과다 때문에 생기는 소화성 궤양이다.

Summary

- 내분비기 질환은 호르몬의 과잉이나 부족으로 인한 전신 증상을 동반하며, 내분비기관끼리 서로 영향을 주고받는다.

- 하수체 질환은 하수체호르몬의 영향으로 거인증이나 소인증을 초래한다.

- 갑상선 질환은 대부분 여성에서 발생한다.

- 갑상선암에는 여포암, 유두암, 수질암이 있다.

- 상피소체는 칼슘의 대사를 지배하기 때문에 이곳에 질환이 생기면 뼈의 이상을 초래한다.

- 부신피질항진증은 쿠싱증후군을 부신피질저하증은 애디슨병을 나타낸다.

- 당뇨병은 많은 경우 랑게르한스섬의 B세포가 생성하는 인슐린의 결핍이 원인이다.

뇌와 척수,
신경계 질환

루미   뇌는 말이야, 생각하고 기억하고 근육 운동을 하고 컴퓨터처럼 섬세하고 복잡한 기능까지 해야 하니까 구조도 복잡할 거야.

겐타   해부학 실습 시간에 배웠는데, 뇌는 육안으로 보면 두부처럼 보이는 장기야. 의외로 단순하다는 느낌을 받았는데.

루미   뇌의 무게는 얼마나 돼?

겐타   성인은 1200~1400g 정도라고 해.

루미   꽤 나가네.

겐타   뇌는 뇌척수액에 떠 있는 상태로 두개골 속에 들어 있어.

루미   흐음, 그렇구나. 이만 슬슬 단노 선생님께 가자.

• • • • •

단노   오늘은 신경계 질환을 볼까? 신경계는 중추신경(뇌, 척수)과 말초신경으로 나뉘지. 신경계는 긴 신경섬유를 지닌 신경세포(뉴런)와 신경교세포라 불리는 몇 종류의 지지 세포들로 이루어졌을 뿐 특별히 복잡한 조직은 없다네.

루미   뇌는 통증을 느끼고 판단도 하고 몸을 움직이기도 하는 등 우리 몸의 사령탑과 같잖아요. 그런 사령탑이 병에 걸리면 큰일이겠어요.

겐타   회사로 치면 사장이 무능하면 회사가 망하는 이치와 비슷할까요?

루미   사원이 엉망이어도 문제는 생기지 않아?

단노   뇌를 사장에 비유하면 자회사가 잔뜩 있는 그룹의 사장단을 상상하면 되겠군. 언어를 담당하는 자회사나 운동 기능을 조절하는 자회사의 사장들이 층마다 자리를 잡고 있는 거지.

겐타 뇌의 오른쪽에 뇌경색이 오면 좌반신이 마비된다던데, 어떤 원리인가요?

단노 뇌의 신경섬유는 목에서 교차하기 때문에 기능은 좌우가 역전되지. 게다가 뇌의 기능은 장소에 따라 결정되기 때문에 왼손이 움직이지 않는다든가 말을 못 한다든가 하는 임상 소견만으로도 어느 정도는 뇌의 병변 부위를 추정할 수 있다네. 서론이 길었군. 바로 두부(頭部)부터 시작하지.

루미 제 친구 마사코가 얼마 전에 술자리를 마치고 가다가 취해서 넘어졌는데, 머리를 부딪쳤어요. 혹시 몰라서 검사를 받았는데 아무 이상은 없었다고 해요. 두부의 외상에는 어떤 게 있나요?

단노 크게 나눠서, 뇌를 보호하는 두개골과 경막이 파손되지 않은 폐쇄성 외상과, 두개골과 경막이 파손되는 개방성 외상이 있지.

폐쇄성 외상

■ 뇌막의 출혈

뇌는 세 종류의 막으로 싸여 있다. 가장 바깥쪽에서 두개골에 딱 붙어 있는 막이 (뇌)경막, 그 밑이 지주막(거미막), 다시 그 밑에서 뇌에 밀착돼 있는 막을 뇌연막이라고 한다.

두개골과 경막 사이에서 일어나는 출혈(그림 15-1)을 경막외혈종(epidural hematoma), 경막과 지주막 사이에서 일어나는 출혈을 경막하혈종(subdural hematoma), 지주막 밑에서 일어나는 출혈을 지주막하출혈이라고 한다.

만성의 경막하혈종은 외상 후 몇 주일 뒤에 발증하는데, 두통 같은 뇌압 항진 증상이 나타난다. 또 지주막하출혈(330쪽)은 확산성에다 수액(髓液)으로 출혈하기 때문에 지혈이 어려워 위독한 상황에 빠질 수 있다.

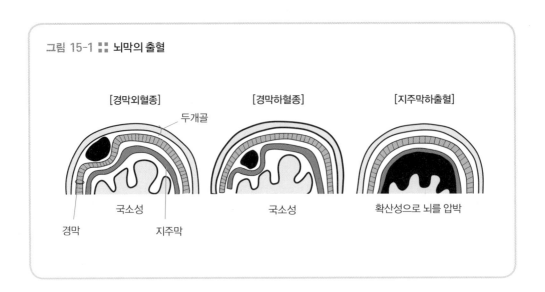

그림 15-1 :: 뇌막의 출혈

[경막외혈종]

두개골

국소성

경막   지주막

[경막하혈종]

국소성

[지주막하출혈]

확산성으로 뇌를 압박

■ 뇌실질의 손상

뇌실질, 소위 뇌수(腦髓)의 손상이다. 뇌(실질)에 손상이 가해져 뇌타박상을 입으면 괴사를 일으켜서 뇌가 융해돼 낭포를 형성하는 경우가 있다. 예를 들어, 머리 오른쪽을 벽에 강하게 부딪쳤을 때 뇌가 반대쪽인 왼쪽 두개골에 부딪혀서 좌측에 더 심한 장애를 입게 된다(반충손상, 그림 15-2).

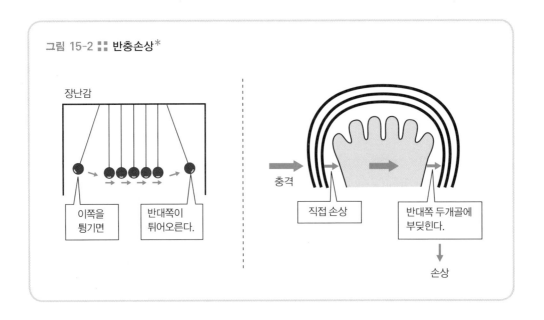

그림 15-2 :: 반충손상*

장난감

이쪽을 튕기면

반대쪽이 튀어오른다.

충격

직접 손상

반대쪽 두개골에 부딪힌다.

손상

■ **외상으로 인한 이차적 병변**

뇌의 외상 후에는 뇌부종, 뇌헤르니아*, 감염 같은 이차적 병변이 발생한다.

개방성 외상

폐쇄성 외상에 비해 손상의 정도가 높은 경우가 많지만, 기본적으로는 같다. 개방성 손상에서는 폐쇄성 외상일 때보다 감염증의 위험도가 늘어서 열린 상처(개방창)가 클수록 뇌헤르니아보다도 뇌탈출증 사례가 많아진다.

* 뇌헤르니아(cerebral prolapse) : 머리에 외상을 입어 두개강 안의 압력이 높아지면 뇌의 일부가 두개강 밖으로 빠져나오는데, 이를 뇌헤르니아라고 한다. 뇌탈(腦脫)이라고도 한다. 두개강 밖으로 밀려 나온 뇌의 실질은 혈액 공급에 이상이 생기기 때문에 표면에 괴사가 일어나고 감염이 생긴다.

겐타　일본은 서구에 비해서 뇌출혈이나 뇌경색이 많다고 들었습니다.

단노　서구에서는 사인 1위가 암이고 2위는 심장병인데, 1위인 암과 거의 차
이가 없다더군. 일본에서는 암이 압도적인 1위이고, 조금 간격을 두고
뇌혈관장애와 심장병이 2위를 다투지. 이런 결과가 나온 데는 각 나
라의 식생활이 크게 영향을 미치는 것으로 보이네.

＊
내포(internal capsule) :
대뇌 반구의 심부에 있
는 백질부. 투사섬유
(投射纖維, projection
fiber)가 기저핵 시상 사
이를 통과하여 지나가
기 위해 모인 구조. 내
섬유막, 속섬유막이라
고도 한다.

＊
렌즈핵 (lenticular
nucleus) : 대뇌 반구의
깊은 곳에 있는 커다란
회백질 덩어리. 우리가
생각하지 않은 행동을
하는 데 큰 역할을 한
다. 렌즈 모양이기는 하
나, 안경 렌즈와 달리
부정형이다.

＊
편마비(hemiplegia) : 편
측(한쪽)의 상하지(上下
肢) 또는 얼굴 부분의 근
력저하가 나타난 상태.

뇌출혈

■ 지주막하출혈(거미막밑출혈)

선천성 동맥류의 파열로 인한 것이 가장 많다. 이 경우는 비교적 젊은 층에
서도 많이 보인다. 그다음으로 많이 나타나는 것은 동맥경화나 일종의 기형
동정맥류 등을 원인으로 발생하는 경우이다. 출혈이 빠르게 수액강(髓液腔)으
로 퍼져서 뇌압 항진 증상을 나타낸다(328쪽 그림 15-1).

■ 뇌(실질)내출혈

고혈압이 원인인 경우가 가장 많고 뇌간부에서 많이 보인다. 특히 내포＊,
렌즈핵＊이라는 부위에서 보이는데, 내포에서 일어난 경우에는 편마비＊ 등의
후유증을 남긴다. 또 출혈이 대량으로 일어나면 뇌 속의 공동인 뇌실 내로 천

파(穿破)해서 뇌내출혈(그림 15-3)이나 뇌헤르니아를 일으켜 위독한 결과를 초래한다. 뇌동맥류나 동정맥류의 파열로 발생하는 뇌내출혈도 자주 보인다.

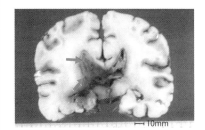

그림 15-3 :: 뇌내출혈

뇌실로의 대량 출혈

뇌경색

뇌경색(cerebral infarction)에서는 내경동맥이나 중대뇌동맥의 동맥경화증이나 혈전증이 원인인 경우가 가장 많다. 뇌경색에는 허혈성과 출혈성이 있다.

■ 허혈성 뇌경색

허혈성인 경우 경색이 일어나서 탈색과 부종을 일으키고, 그 상태에서 10일 이상 경과하면 뇌연화증에 빠져서 그 부분은 함몰된다. 시간의 경과와 함께 뇌연막이 주름 모양의 반흔을 형성한다.

조직학적으로는 신경세포의 허혈성 변화와 괴사, 이어서 세포 침윤이 보이고, 융해된 뇌조직의 흔적에 결합조직세포와 신경교세포로 이루어진 낭포를 형성한다.

■ 출혈성 뇌경색

괴사소에 출혈을 동반하기 때문에 적갈색으로 보인다. 출혈성 뇌경색은 혈관이 풍부한 회백질에서 보인다.

15.3 중추신경의 염증 : 뇌와 척수

루미 뇌는 두개골이랑 뇌막이 보호하고 있는데, 어디로 병원미생물이 침입하나요?

단노 질문이 날카롭군. 귀나 눈, 코는 뇌와 가까운 데다 직결된 부분이 있어서 감염 경로가 되지. 부비강염이나 중이염에서 감염이 시작돼서 수막염을 일으키는 일이 있다네. 또 다른 부분의 장기에 염증이 생겨서 패혈증을 일으키면 혈행성으로 감염되기도 하지.

수막염

수막염(髓膜炎, meningitis)은 주로 수막염균을 비롯해서 포도상구균, 연쇄상구균 등의 화농균이 원인이 되어 발생한다. 수액강(髓液腔)을 따라서 화농성 병변을 일으키기 때문에 수액에서도 호중구가 출현한다. 항생물질 등으로 염증이 치유된 뒤에도 연막의 비후나 유착으로 인해 신경장애·정신장애 등의 후유증을 남기는 일이 있다. 최근에는 진균 감염으로 인한 수막염이 늘고 있다.

뇌농양

뇌실질에서 화농성 염증이 발생하면 단발 혹은 다발의 농양을 형성하는 일이 많은데, 특히 백질 부분에서 많이 보인다. 뇌의 괴사에 이어서 두꺼운 피막(capsule)으로 이루어진 농양을 형성한다. 이것이 뇌농양(brain abscess)이다. 임상적으로는, 침범당한 부위에서의 신경 증상과 뇌압항진증이 보인다.

매독성 뇌염

제3기 매독(131쪽)으로, 감염된 지 10~20년 후에 발증한다. 뇌에서는 동맥염이나 수막염으로 인해 치매나 시력장애, 언어장애 등을 일으키기 때문에 진행성 마비(progressive paralysis)라고 부른다. 척수(그림 15-4)에서는 주로 후삭이 침범당해서 지각장애가 생기지만, 전삭에도 영향을 미쳐서 운동장애를 일으킨다. 이를 척수매독(tabes dorsalis)이라고 한다.

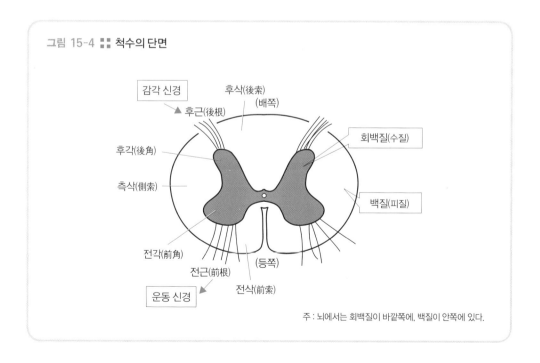

그림 15-4 ┇┇ 척수의 단면

감각 신경
▲ 후근(後根)
후삭(後索)
(배쪽)
회백질(수질)
후각(後角)
측삭(側索)
백질(피질)
전각(前角)
전근(前根)
(등쪽)
전삭(前索)
운동 신경

주 : 뇌에서는 회백질이 바깥쪽에, 백질이 안쪽에 있다.

바이러스성 뇌염 및 척수염

겐타 홍역이나 헤르페스의 바이러스가 뇌에 감염되는 일이 있다고 들었는
데요. 이들 말고도 감염되는 바이러스가 있습니까?

단노 주로 신경계에 감염되는 바이러스가 있지. 엄밀하게 말하면 이들이
원인인 병변을 바이러스성 뇌염이라든가 척수염이라고 불러야겠지.

■ 일본뇌염

작은빨간집모기(Culex tritaeniorhynchus, 뇌염모기)가 매개하는 뇌염으로 바이
러스는 소나 말 같은 가축의 체내에서 증식한다. 고열과 의식장애로 발증해서
일주일 만에 사망에 이르는 무서운 뇌염이다. 병변으로는 대뇌에서 척수에 이
르는 괴사소와 교세포결절(glial nodule)의 형성이 보인다. 최근에는 모기의 박
멸로 급감하고 있다.

■ 소아마비(polio, 급성 회백수염, 하이네메딘병Heine-Medin disease)

*
베츠세포(Betz-cell):
대뇌피질의 운동령
(motor) 부근에 있는 큰
피라미드형 세포.

엔테로바이러스(enterovirus)의 경구 감염으로 발증한다. 소화관에서부터 림
프절을 거쳐 바이러스혈증을 일으키고 신경으로 퍼진다. 척수 전각의 신경세
포나 운동신경의 베츠세포*가 선택적으로 침범당해서 근육 마비를 일으킨다.
사지의 운동 마비와 함께 때로 횡격근 마비를 일으켜서 호흡장애에 빠진다.
백신 개발로 거의 박멸되었다.

■ 광견병

*
네그리소체(Negri bo-
dies) : 적혈구만 한 크
기에 원형이나 타원형
의 호산성(eosinophilic)
세포 봉입체이다. 광견
병에 걸린 생체의 뇌신
경세포에서 발견된다.

광견병(rabies)은 광견병바이러스에 감염된 개나 여우의 교상(咬傷)에서 사람
에게 감염한다. 뇌간부에서 신경세포의 변성, 염증세포 침윤, 신경교세포(glia)
의 증생이 보인다. 특징적인 네그리소체*가 나타난다. 법으로 애완견의 광견
병 예방접종이 의무화되면서 현재는 거의 찾아볼 수 없다.

＊
슬로바이러스(slow virus)
:발증하기까지 오랜(연 단
위) 잠복기를 보이는 바
이러스 감염증. 아급성
경화범뇌염 말고도 진
행성 다소성 백질뇌염
(Progressive Multifocal
Leukoencephalopathy,
PML)등이 알려져 있다.

■ 아급성 경화범뇌염(SSPE)

아급성 경화범뇌염(Subacute Sclerosing PanencEphalitis)은 소아에서 보이며, 홍역바이러스의 봉입체가 출현한다. 불수의운동(본인의 의지와 상관없이 일어나는 근수축에 의한 운동)이나 정신 발달의 지체가 보이고, 최종적으로는 치매에 빠진다. 슬로바이러스(slow virus)＊ 감염의 형태를 취해서 오랜 잠복 기간을 거쳐 서서히 진행된다.

■ 헤르페스뇌염

헤르페스뇌염(herpes simplex encephaltitis)은 본래의 바이러스성 뇌염이 감소한 덕분에 현재 가장 많이 보이는 뇌염이 됐다. 뇌에 급성의 광범한 괴사와 출혈을 일으키는 예후 불량한 뇌염이다.

프리온병

광우병은 사람에게 전염될까? 사람에게 전염될 가능성이 전혀 없다고 단정 지을 수는 없다. 광우병은 정확하게는 소해면상뇌병증(BSE. 뇌가 스펀지 형태의 변성을 나타낸다)이다. 이 질환이나, 사람이 걸리는 크로이츠펠트-야콥병(Creutzfeldt-Jakob Disease, CJD)은 비정상적인 단백질인 프리온이 중추신경에 출현하는 질환이라서 '프리온병(prion disease)'이라고도 불린다. 과거에는 슬로바이러스의 감염이 원인이라고 생각했었다.

CJD는 성인에서 발증하며 마이오클로누스(돌발적이며, 전기충격과 같은 형태의 순간적인 근육의 수축 또는 근 긴장도가 저하되는 현상) 발작이나 치매에 빠져서 2~3년 안에 사망한다. '아급성 해면상뇌병증'이라고도 한다.

15.4 탈수초성 질환

＊
수초(myelin sheath) : 신
경섬유 주위를 초상(칼
집 모양)으로 둘러싼 피
막으로, 절연체 구실을
한다. 척추동물의 신경
섬유에만 존재한다.

수초＊의 붕괴와 신경교세포의 증생으로 인해 반흔이 형성되는 질환을 탈수초성 질환(demyelinating disease)이라고 한다(그림 15-5).

원인 불명의 신경 증상을 반복하는 다발성 경화증은 대표적인 탈수초성 질환으로 잉크의 얼룩처럼 보이는 다발성 탈수반(수초가 제거된 신경교의 반점)이 주로 대뇌의 백색질에서 보인다. 백질이영양증은 선천적인 효소의 결손이 원인으로 아이들에서 출현한다. 소뇌를 포함한 광범위한 탈수초(수초의 파괴)와 지방의 침착이 특징이다.

정장제로 1970년대에 사용된 키노포름의 부작용으로 생기는 스몬병은 척수 전각이나 시신경의 탈수초를 일으켜서 보행장애나 시력장애를 일으킨다.

그림 15-5 ∷ 탈수초성 질환

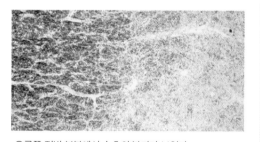

오른쪽 절반 부분에서 수초의 붕괴가 보인다.

15.5 중독과 대사장애

겐타 화재로 인한 사망자는 불에 타서 죽는 사람들보다는 일산화탄소 중독으로 죽는 사람들이 더 많다고 들었습니다.

단노 뇌는 산소 소비량이 무척 많은 장기라서 단시간의 산소 부족만으로도 장애에 빠지지. 일산화탄소는 산소보다 헤모글로빈과의 결합력이 강해서 자기가 먼저 결합해서 혈중으로 들어가버리는 탓에 산소의 체내 운반을 방해한다네. 그래서 조기에 일산화탄소 중독(산소 결핍 상태)을 일으키지.

산소결핍증

산소결핍증(anoxia)에는 일산화탄소나 청산가리 중독 같은 호흡독이 원인인 경우와, 심장 질환이나 빈혈 등으로 적혈구의 공급량이 감소한 경우, 그리고 호흡장애로 인한 혈중 산소 분압의 저하로 일어나는 경우가 있다.

조직학적으로는 '신경세포의 창백화' 현상이 보인다. 산소 결핍이 급격히 고도로 일어나거나, 경도라도 장기간에 이르면 신경세포와 함께 신경교세포도 괴사에 빠져서 연화와 공동화(空洞化)를 보인다.

만성 알코올중독

　만성 알코올중독은 장기간 알코올을 섭취하는 습관이 원인으로 간 장애나 비타민 결핍 등을 초래해서 뇌에도 장애를 일으킨다. 직접적인 작용으로는 뇌 간부의 탈수초나 신경교세포의 증생에 동반하는 장애가 있다. 알코올은 절제하며 즐길 필요가 있다.

간성 뇌증(간뇌 질환)

　간경변증으로 간 기능에 장애가 생기면서 일어나는 간성 혼수(의식장애)와, 혈중 암모니아 수치의 상승으로 뇌 증상을 일으키는 이노세형(猪瀬型) 간뇌 질환 등이 있다. 알츠하이머Ⅱ형 성상(교)세포＊의 증생이 뇌간부에 출현하며, 또 스펀지 모양의 변성이나 뇌연화증을 초래한다.

알츠하이머병

알츠하이머병(alzheimer's disease) 하면 고령자만 걸리는 병이라고 생각 하기 쉽지만, 최근에는 조발성(早發性) 알츠하이머병이라고 해서 60~65세 이하에서 발병하는 경우도 늘고 있 다. 특히 50대의 발병이 증가하고 있다.

진행성의 실어증, 실행증(失行症, apraxia), 실인증(失認症, agnosia)을 일으키며, 조기에 치매에 빠져 최종적으로는 신경 증상을 나타낸다. 안타깝게도 원인이 밝혀지지 않아서 효과적인 예방법이나 치료법은 없다.

뇌의 병리 소견으로, 뇌의 위축과 노인반*이라 불리는 변성 산물의 출현, 신경원섬유*의 팽화(膨化)와 굴곡(신경원섬유매듭*)이 보인다.

*
노인반(senile plaque) : 노인성 반점. 노인의 뇌, 특히 알츠하이머병 환 자의 뇌에서 간질에 침 착하는 아밀로이드 섬 유덩이와 이것을 둘러 싼 변성 신경돌기, 반응 성 성상세포(astroglia) 의 총칭.

*
신경원섬유(neurofibril) : 세포 내 또는 세포 외 부에 형성된 광학현미 경으로 관찰 가능한 미 세한 섬유상 구조물을 원섬유라고 한다. 원섬 유에는 여러 가지가 있 어 각각 구조도 기능도 다른데, 원섬유가 신경 세포에 나타난 것이 신 경원섬유이다.

*
신경원섬유매듭(neuro-fibrillary tangles) : 뇌를 인에서 바깥쪽으로 차 단시키는 불용성의 꼬 인 섬유 다발.

노인성 치매

나이가 들면 누구나 건망증이 심해지고 쉽게 노여움을 타는 등 경도의 치 매가 나타난다. 치매 경향이나 인격의 변화가 고도에 이른 경우를 노인성 치

뇌의 변화로는 경도의 위축과 뇌실 확대와 함께 리포푸신*의 침착이나 신경교세포의 증생이 보인다. 또 노인반, 신경원섬유매듭의 출현, 신경세포의 과립상 공포(空胞) 변성을 동반한다. 진행은 알츠하이머병에 비하면 느리다. 나이 드는 게 무서워지는 병이다.

파킨슨병

파킨슨병(Perkinson's disease)은 중노년에 발증하는 추체외로계 질환*이다. 진전(振戰, tremor, 손발의 떨림), 근육의 강직, 운동 완서(느린 동작) 등의 증상이 나타난다. 뇌에서는 흑질*의 멜라닌세포가 변성 탈락되고, 루이소체(Lewy bodies)라 불리는 호산성 봉입체가 신경세포에 출현한다.

*
리포푸신(lipofuscin) : 심근에 생리적으로 존재하는 황갈색 색소. 소모성 색소라고도 한다. 장수한 노인의 심장은 갈색을 띠며 작아지는데, 원인은 이 색소가 많아지기 때문이다. 이를 심갈색위축(心褐色萎縮)이라고 한다.

*
추체외로계 질환(extrapyramidal disease) : 기저핵, 기저핵과 연관된 여러 핵의 이상으로 일어나는 질환. 비정상적인 근육 운동이 나타난다. 파킨슨병, 무도병, 헌팅톤병 등이 이에 속한다. 추체외로란 중추신경 계통에서 추체로를 제외하고 운동 조절에 관여하는 기능을 하는 뇌의 여러 부분을 통틀어 이르는 말이다.

*
흑질(substantia nigra) : 기저핵을 구성하는 한 요소로 중뇌에 위치한다.

15.7 소뇌의 변성 질환

소뇌는 근육에서 온 자극을 받고 평형기관과도 연락을 취하면서 연합운동*과 평형감각을 관장한다. 소뇌의 변성 질환 중 대표적인 것으로 올리브교소뇌위축증(OlivoPontoCerebellar Atrophy, OPCA)이 있다. 이름 그대로 올리브핵*과 뇌교*, 소뇌 신경세포의 변성 위축이 나타난다. 때로는 더욱 광범위한 병변을 동반하는 경우도 있다. 임상적으로는 운동실조나 파킨슨병과 비슷한 증상을 나타낸다.

프리드라이히운동실조(Friedreich's ataxia)는 유전성 질환으로 소뇌와 척수의 변성을 초래한다. 이른 나이에 발증하며 임상적으로는 하지의 변형이나 척수성 운동장애와 함께 언어장애와 눈떨림이 보인다.

*
연합운동(synkinesia) : 어떤 운동에 수반해서 무의식적으로 생기는 운동.

*
올리브핵(olivary nucleus) : 연수에 있는 특이한 모양의 회백질로 올리브 열매를 연상시키는 타원형의 융기부이다.

*
뇌교(pons) : 척추동물의 중뇌와 연수 사이, 소뇌 복측에 위치하는 중추신경계의 일부. 이 부위는 좌우 소뇌반구와 연결되는 중소뇌각 때문에 다리처럼 보인다.

15.8 척수의 변성 질환

경련성 마비(spastic paralysis) : 근육에 힘을 가하면 처음에는 저항이 약하다가 중간에 강해지고 마지막에는 저항이 소실되는 패턴을 보이는 것. '접는칼현상(clasp-knife phenomenon)'이라고도 한다.

척수의 변성 질환에는 소뇌에서 다룬 프리드라이히운동실조 외에도 루게릭병(Amyotrophic Lateral Sclerosis, ALS)이 있다. 루게릭병은 경련성 마비*와 근위축을 초래하는 질환으로 양쪽 척수 측삭로(側索路)의 탈수초와 신경교세포 섬유의 증생이 보인다. 또 연수나 대뇌에까지 병변이 미치는 경우가 있다.

루게릭병은 병이 진행되면서 결국 호흡근 마비로 수년 내에 사망에 이르는 치명적인 질환이다. 1년에 10만 명당 약 1~2명에게서 루게릭병이 발병하는 것으로 알려져 있다. 루게릭병은 50대 후반부터 발병이 증가하며, 남성이 여성에 비해 1.4~2.5배 정도 더 발병률이 높다.

15.9 중추신경의 종양

겐타　뇌에는 악성 종양이 적다고는 하지만(178쪽), 머리가 아프다 했더니 뇌 종양이었다더라 하는 얘기를 많이 들었어요.

단노　거기서 말하는 뇌종양은 병리학적으로는 양성인데, 뇌의 경우 작은 양성 종양이라도 출현 장소에 따라서 치명적이거나 위독한 장애를 남기는 경우도 있다네. 그런 의미에서 말하는 생물학적 악성 종양은 뇌에도 많지.

루미　뇌종양은 아이들에도 많다고 들었는데요.

단노　소아에게 나타나는 종양과 성인에게 나타나는 종양은 대개는 나뉘어 있지. 수 자체는 양쪽 다 많지 않다네. 성인에서는 오히려 전이성 종양 쪽이 많지.

신경교종

신경교종(glioma)은 신경교세포와 각 발생단계 세포에서 유래하는 종양이다. 뇌종양의 40% 정도를 차지한다.

■ 성상세포종

성상세포종(astrocytoma, 별아교세포종)은 성인(비교적 젊은층)은 대뇌, 소아는 소뇌에서 보인다. 복수의 돌기를 지닌 성상(교)세포와 유사한 종양세포가 확산성으로 증식한다. 때로 침윤성 증식이나 출혈 괴사 등의 저악성(低惡性)을 보인다.

■ 다형성 교모세포종

다형성 교모세포종(glioblastoma multiforme)은 50세 이상의 성인에서 많이 보이는, 진정한 의미에서의 악성 종양이다(그림 15-6). 성상세포종의 가장 미분화된 유형이다. 다형성이 풍부한 종양세포가 촘촘하게 증생하고, 고도의 출혈 괴사 경향에

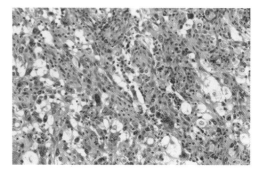

그림 15-6 ▪▪ 다형성 교모세포종

다형, 이형을 보이는 교모세포종 세포가 촘촘히 증생해 있다.

침윤성 증식이나 재발을 보인다. 예후가 가장 나쁜 뇌종양 중 하나이다.

■ 핍지교종

핍지교종(oligodendroglioma, 희소돌기아교세포종)은 성인의 대뇌에서 많이 보이며, 뇌실 내에 증식하는 경우가 많다. 석회 침착을 동반한다는 점이 특징이다.

■ 상의세포종

상의세포종(ependymoma, 뇌실막세포종)의 경우 융모를 지닌 뇌실 상의세포와 비슷한 종양세포가 특유의 로제트 형성*을 보이며 증식한다. 소아에서 많이 보인다.

* 로제트 형성(rosette formation) : 국화나 해바라기처럼 중심부에 빈 공간이 있고, 그 주위로 세포가 방사상으로 배열되는 것.

■ 수아세포종

수아세포종(medulloblastoma)은 소아의 악성 종양으로 소뇌에 호발한다. 대형 핵을 지닌 원형의 미분화 세포가 조밀하게 증식한다.

루미   어려운 이름이 잔뜩 나와서 기억을 못 하겠어요.

단노   어렵긴 하지. 억지로 외울 필요는 없네.

수막종

수막종(meningioma, 그림 15-7)은 지주막세포에서 유래한 종양으로 성인 여성에게서 많이 보인다. 신경교종 다음으로 많이 출현한다. 괴상(塊狀, 덩어리 모양)으로 느리게 증식해서 본래는 양성 종양이지만 때로 두개골에 침윤성 증식을 보인다. 조직학적으로 수막세포성, 섬유성 및 혈관종성으로 나뉜다.

그림 15-7 :: 수막종

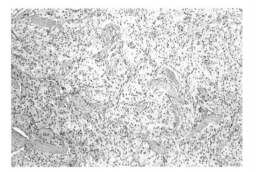

수막세포성 세포가 충실성으로 증식해 있다.

신경초종

그림 15-8 :: 신경초종

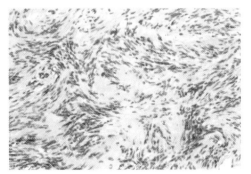

책상(울타리 모양) 혹은 관병상 배열(觀兵狀 配列, 언덕 위에 병사들이 1열로 늘어서서 진격을 준비하는 모양)로 증생해 있다.

신경초종(슈반세포종schwannoma, 그림 15-8)의 대부분은 제8뇌신경(청신경)에서 발생하는 종양이고, 이 외에도 슈반세포*가 있는 뇌신경 말초부에서 보인다. 비교적 딱딱한 종양으로 낭포 형성이나 출혈을 동반한다.

조직학적으로는 특징적인 책상(柵狀, 울타리 모양) 배열을 보이는 안토니 A형(Antoni A type)과 일정한 배열을 보이지 않고 확산성으로 증식하는 안토니 B형(Antoni B type)이 있다.

두개인두종

*
라트케낭(Rathke's pouch) : 태아기 초기의 발생 과정 중 태아의 구강에 있는 구강 외배엽에서 간뇌조직으로부터 자극을 받아 발생하는 주머니 모양의 구조로, 이후 성장해 하수체가 된다.

태생기 두개인두관(라트케낭*)의 유잔(遺殘)세포에서 발생하는 종양으로 청소년기에 보인다. 터키안장부*에 출현하며, 편평상피세포로 이루어진다. 때로 터키안장을 파괴하거나 종양부의 석회화를 보인다.

*
터키안장부(Turkish saddle) : 두개골의 하나인 접형골 위쪽의, 말의 안장 같은 형태를 한 부분. 이 오목한 부분에 하수체가 있다.

전이성 뇌종양

뇌는 혈행량이 많아서 종양의 전이가 많이 보이는 장기이다. 유방암, 전립선암, 갑상선암, 위암, 폐암 등이 전이한다. 특히 전립선암이나 폐암의 경우 원발 병소보다 먼저 뇌 증상으로 발병하기도 한다.

Summary

- 뇌출혈에는 지주막하출혈, 뇌내출혈이 있으며 때로 뇌실 내로 구멍이 뚫린다.

- 바이러스성 뇌염에는 일본뇌염, 소아마비, 광견병 등이 있다.

- 크로이츠펠트–야콥병은 이상(異常) 단백질인 프리온이 원인인데, 해면상 뇌병증과 동일한 병원체이다.

- 알츠하이머병은 원인 불명이며 진행성의 실어증, 실행증, 실인증을 일으켜 조기에 치매에 빠진다. 최근에는 노년뿐만 아니라 50대 중년층에도 많다.

- 뇌척수의 종양에는 신경교종, 수막종, 신경초종 등이 있다.

제16강

소변의 통로, 비뇨기 질환

겐타 여자들은 화장실을 자주 안 가
       는 것 같아.

루미 갑자기 무슨 소리야?

겐타 수련 모임을 갔는데, 술 마시는
       선배들을 보고 있자니 화장실
       은 남자들이 더 많이 가더라고.

여자들은 방광이 큰 걸까? 여자는 소변을 참으면 방광염에 걸리기 쉬
워서 주의하는 게 좋을 텐데 말이야.

루미 마시는 술의 양이 달라서 그런 것 같은데. 많이 마시니까 나오는 양도
       많은 거지.

겐타 그런데 오줌이 많이 나오거나 아예 안 나오는 병도 있어.

루미 정말? 그거 큰일이네.

비뇨기에는 신장(콩팥), 요관, 방광, 요도가 포함된다. 신장은 혈액을 여과하
는 작용을 하며, 노폐물을 소변의 형태로 체외로 배설하는 기능을 한다. 신장
은 소변을 만드는 기능을 통해서 체내 수분을 조절하고, 산과 염기의 평형을
유지하며, 혈압을 조절하는 등 생명 유지에 꼭 필요한 기능을 한다. 신장은 좌
우에 하나씩 2개가 있다. 신장에서 만들어진 소변은 요관을 지나 방광에 모였
다가 요도를 통해 체외로 배출된다.

16.2 신장 질환

선천 이상

■ 저형성

좌우의 신장 중 한쪽이 저형성 혹은 무형성인 경우이다. 정상 기능의 신장은 대상성(代償性) 비대를 보여 기능이 증진된다.

■ 유주신장(遊走腎臟, wandering kidney)

정상이라면 태생기에 등 쪽 늑골 부근의 막인 후복막(後腹膜)에 고정되었어야 할 신장이 어떤 이유로 고정되지 않고 후복막 내를 이동하는 경우를 말한다.

■ 마제신(馬蹄腎, horseshoe kidney)

좌우 신장의 아래쪽이 융합해서 말편자 모양을 나타내는 경우다(186쪽). 융합부가 척추의 압박을 받아 염증이나 괴사에 빠지기도 한다.

■ 낭포신(囊胞腎, cystic kidney)

신피질과 수질 모두 무수한 낭포로 치환되고, 본래의 신장조직은 일부에 잔존하게 된 경우를 말한다. 태어날 때부터 낭포신이 있었다면 신생아 시기에 신부전으로 사망한다. 성인이 되어서 서서히 진행된 유형은 신부전의 진행도 완만해 비교적 오래 산다.

신단위의 질환

겐타 소변을 만들기 위해 혈액을 여과하는 건 신장의 사구체(그림 16-1②)라고 들었습니다. 어떤 구조를 하고 있나요?

단노 사구체는 모세관의 내피세포, 기저막, 간질의 메산지움세포*, 보먼주머니*의 상피세포로 구성되는데 여기서 수분과 혈액을 여과하고 소변을 만들지. 사구체에 연결돼서 필요한 수분이나 물질을 재흡수하는 세뇨관까지 합쳐서 신단위(腎單位, 네프론, 그림 16-1①)라고 한다네.

루미 신단위는 수가 얼마나 되나요?

단노 신단위의 수는 개체 차가 커서 한 쪽에 100만~400만 개가 있지. 사구체 질환은 복잡하기 때문에 최근에야 간신히 분류가 정해졌다네.

■ 사구체신염

사구체신염(絲球體腎炎, glomerulonephritis)은 임상적으로 급성, 급성진행성, 만성으로 나뉜다.

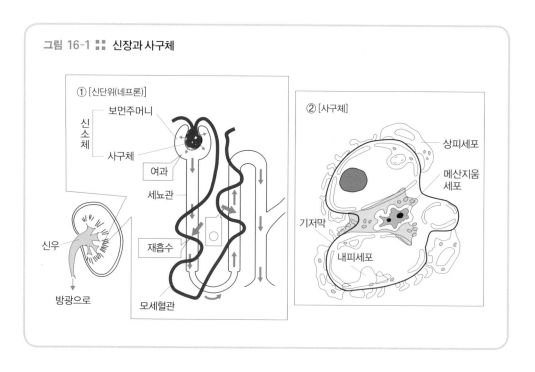

그림 16-1 :: 신장과 사구체

① [신단위(네프론)]
보먼주머니
신소체
사구체
여과
세뇨관
신우
재흡수
방광으로
모세혈관

② [사구체]
상피세포
메산지움세포
기저막
내피세포

급성 신염(용련균* 감염 후 급성 사구체신염)은 상기도의 용혈성 연쇄상구균 감염증 등에 속발하는 사구체신염으로 신장의 출혈, 메산지움세포의 증식, 세포 침윤 등이 보인다(그림 16-2). 임상적으로는 부종, 단백뇨, 고혈압 등을 일으킨다. 급성 진행성 신염은 발생 메커니즘이 밝혀지지 않았다. 경과가 급격히 진행되다가 사망에 이르는 질환이다. 면역복합체*의 침착이 뚜렷하게 보인다. 악성 사구체신염이라고도 한다.

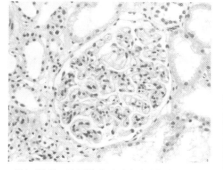

그림 16-2 ▦ 사구체신염

메산지움세포의 증생과 기저막의 비후가 보인다.

만성 신염은 여러 가지 분류법이 있지만, 여기서는 신생검*의 조직 진단 규약을 바탕으로 설명한다. 미소 병변(微小病變)은 경도의 메산지움세포의 증식과 기저막의 비후가 있고, 임상적으로는 경도의 IgA신증*이나 신증후군*을 나타낸다. 단상(單狀) 혹은 분절상 병변은 80% 이하의 사구체에서 부분적으로 변화가 보이는 경우를 말한다. IgA신증 등이 포함된다. 미만성 사구체신염은 80% 이상의 사구체에서 병변이 보이는 유형이다. 병변의 확산이나 정도, 종류에 따라 일곱 가지로 분류된다.

루미 굉장히 복잡해서 이해하기 어려워요.

단노 실제로는 이렇게 깔끔하게 분류되지는 않는다네. 또 침착되는 면역물질에 따라 IgA신증, IgG신증, IgM신증, 보체성 신증 등으로 부르기도 하지.

■ **신증후군**(네프로제증후군)

겐타 신증후군(nephrotic syndrome)이란 말을 자주 들어요. 어떤 병태를 가리키나요?

＊
용련균(hemolytic streptococcus) : 한천배지 콜로니(세균 배양기)에서 용혈을 보이는 연쇄상구균.

＊
면역복합체(Immune Complex, IC) : 항원과 항체의 특정 결합물. 바이러스나 세균 등 이물의 침입에 대하여 생체가 생산한 항체는 이물인 항원과 결합하여 면역복합체(IC)를 만든다. IC는 탐식세포나 보체(補體)를 활성화하여 이물이 무해한 것으로 분해되도록 도와 생체 방어에 도움을 준다. 그러나 혈관벽이나 신사구체(腎絲體)의 기저막 등에 침착해서, 오히려 조직장애적으로 작용하여 면역복합성 질환을 생기게 하는 일도 있다.

＊
신생검(腎生檢, renal biopsy) : 복와위(腹臥位)로 해서 좌우 어느 한 쪽의 신장을 목표로 등에서 생체검사용의 침을 사용해 신장조직을 채취하는 방법.

＊
IgA신증 : IgA를 주체로 하는 면역글로불린이 메산지움 영역에 침착하는 것을 특징으로 하는, 가장 흔한 사구체질환.

＊
신증후군(腎症候群, nephrotic syndrome) : 신장의 사구체를 이루는 모세혈관의 이상으로 다량의 단백뇨와 저알부민혈증, 부종, 고지혈증 등의 증상이 나타나는 질환.

단노   신증후군은 임상적인 단어로 고도의 단백뇨, 저단백혈증, 전신의 부
       종 및 고혈압을 나타내는 경우를 말한다네. 여기에는 여러 가지 원인
       이 있지. 참고로 병리학적 입장에서 신증후군이라고 하면 세뇨관의
       변성 질환을 뜻해서 전혀 다른 의미가 된다네.

루미   헷갈리네요. 주의해야겠어요.

• **사구체신염** : 대부분의 사구체신염이 신증후군을 보인다.

• **SLE신장염(lupus nephritis)** : 반수 이상의 루푸스(SLE) 환자에서 보이는 변화이
다. 기저막의 비후와 괴사, 철사를 구부려놓은 듯한 특유의 모양 때문에 와이
어루프(wire loop)라 불리는 모세관의 경화성(硬化性) 변화가 보인다.

• **당뇨병성 신증(diabetic nephropathy)** : 진행된 당뇨병에서는 신증후군이 나타난다.
동맥신경화증*, 지방의 침착, 유두 괴사와 함께 사구체의 결절성 경화성 병변
이 보인다.

• **아밀로이드증** : 전신성 아밀로이드증에서는 조기에 신장에서 아밀로이드의
침착이 보인다. 고도로 진행되면 사구체가 폐색된다. 전신성 아밀로이드증의
사망 원인 제1위는 신증후군으로 인한 것이다.

■ 세뇨관의 병변(신증)

루미   세뇨관은 만들어진 소변을 운반하는 관이죠?

단노   세뇨관은 그저 운반만 하는 기관이 아니라 필요한 수분이나 영양물질
       은 재흡수하고 불필요한 노폐물을 배설하는 분류 작업도 하고 있지(그
       림 16-1). 세뇨관의 병변을 신증(nephrosis, 네프로제)이라고 한다네.

• **리포이드신증(lipoid nephrosis)** : 주로 소아에게 나타나는 질환으로 알레르기의
영향 때문으로 보인다. 육안으로 신장은 노란 기를 띠고, 조직학적으로는 근
위세뇨관* 상피에서 고도의 지방 침착이 보인다. 사구체의 병변은 경도이다.

• **급성 세뇨관괴사(acute tubular necrosis)** : 중독이나 순환장애로 세뇨관 상피가 괴
사하면서 발생하는 신부전을 말한다. 사염화탄소나 납, 은의 중독, 외상이나

＊
동맥신경화증(arterial
nephrosclerosis) : 신경
화증의 일종으로, 신장
동맥(renal artery)과 그
의 굵은 분지(分枝)에
동맥경화가 생겨 신경
화증을 야기한 것이다.

＊
근위세뇨관(proximal
tubule) : 직경 약 60μm,
길이가 전체 세뇨관
의 2분의 1을 차지하는
관. 세뇨관은 전체 길
이가 약 4~5cm이며,
보먼주머니(Bowman's
capsule)에 직결되는
근위세뇨관은 주부(主
部)라고도 하며, 굴곡
부분(곡부)과 직선 부
분(직부)으로 되어 있
다. 관벽은 한 층의 상
피세포로 이루어지지
만 그 구조는 소장의
상피세포와 매우 유사
하고, 미세융모(brush
border)를 볼 수 있다.
또 세포 기저면에 수직
으로 나란히 절구공이
형태의 미토콘드리아
를 볼 수 있다. 여기서
는 전해질, 글루코오
스, 아미노산, 요소 등
이 재흡수되고, 이에
따라 물의 대부분이 수
동적으로 재흡수된다.

수술 등의 순환장애에서 기인한다.

● **골수종으로 인한 신증** : 단일클론 면역글로불린(monoclonal immunoglobulin)을 생성하는 골수종에 동반하는 신증으로 단백량이 적은 벤스존스단백질이 세뇨관 기저막을 통과해 소변에 섞여 배설된다.

간질(사이질)과 신우의 병변

루미　지난번에 친구가 신우신염에 걸려서 열이 39도까지 오르고 해서 정말 난리가 났었어요.

단노　급성 신우신염은 방광염에 속발해서 일어나는 경우가 많지(상행성 감염).

루미　방광염은 어떨 때 걸리나요?

단노　소변의 출입구 근처에 있는 세균이 방광 속에 번식하면서 걸리지. 대부분은 대장균이 원인이라네. 특히 여성은 소변의 출구가 항문과 가깝기 때문에 대장균 등이 들어오기 쉽지. 또 포도상구균이나 연쇄상구균이 원인이 경우도 있다네.

■ **신우신염**(pyelonephritis)

신장에 화농성 병변이 보이고 미세 종양을 형성한다. 때로 만성화해서 요로통과장애나 만성 요통을 남긴다.

■ **신장결핵**(renal tuberculosis)

신장간질(間質)의 병변으로서 신장결핵도 보인다. 대부분의 신장결핵이 폐결핵에서 시작된 혈행성 감염이 원인이다.

■ **신우결석**(腎盂結石, renal pelvic stone)

신우 부분에 결석이 생기는 신우결석은 요로결석 중에서는 가장 많이 보인다. 결석은 요산결석(尿酸結石)이나 수산결석이 많고, 이차적인 염증이나 통과

장애로 인해 수신증을 일으킨다.

신장의 순환장애

겐타   고혈압에 걸리면 신장에 병적인 변화가 생긴다고 들었습니다.

단노   그렇다네. 1부에서 공부했었지. 원인 불명의 본태성 고혈압에는 양성
         과 악성이 있고, 신장에서 순환장애가 보이지.

■ 본태성 고혈압에 동반하는 순환장애 : 양성 신경화증, 악성 신경화증

양성 신경화증(benign nephrosclerosis)은 임상적으로 양성 본태성 고혈압에
동반되는 증상으로 정도의 차이는 있지만 60세 이상의 75%에서 보인다. 신장
표면은 세과립상(細顆粒狀)이며(그림 16-3①), 조직학적으로는 세동맥의 유리질
화(hyalinization), 사구체 모세관의 확산성 경화를 보인다(그림 16-3②). 경과는
완만하고 강압제에 잘 반응한다.

악성 신경화증(malignant nephrosclerosis)은 악성 본태성 고혈압에 동반한다.
급격한 혈압 상승으로 발증하며, 젊은층에서도 보인다. 사구체는 혈전의 형성
과 괴사, 모세관의 파괴를 일으킨다. 신세동맥과 수입동맥은 양파 모양으로
경화돼 폐색을 일으키고, 세뇨관의 지방 침착과 괴사를 초래한다. 강압제에

그림 16-3 ▪▪ 양성 신경화증

①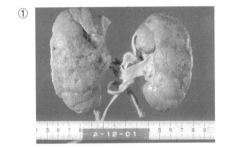

②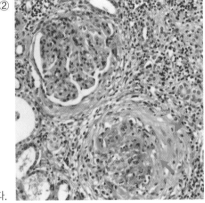

① 신장의 표면이 과립상 변화를 보이고 있다.

② 사구체의 부분적 경화상(硬化像)이 보인다.

반응하지 않아 조기에 사망한다.

■ 기타 순환장애 : 신경색증, 수신증

신장은 뇌나 심장과 마찬가지로 경색이 생기기 쉬운 장기이다. 전신성 동맥 경화나 심근경색증 등에서 혈전 때문에 생기는 경색이 많은데, 신경색증(renal infarction)의 경우 쐐기 모양의 경색이 나타난다는 특징이 있다. 보통은 국소적인 데다 경색되지 않은 쪽 신장이 경색된 부분을 대신하기에 위독한 결과를 초래하는 일 없이 반흔화한다.

종양이나 결석, 주위에서의 압박(전립선 비대가 많다) 등으로 인한 요로의 협착이나 폐색으로 소변이 고여서 신우나 신배가 확장되는 것을 수신증 (hydronephrosis)이라고 한다. 이때 신실질(腎實質)은 수압 때문에 위축된다. 진행되면 신장이 작은 수박만해지기도 한다.

신장의 종양

루미　신장에는 신장 특유의 종양이 있다고 총론에서 배웠는데요. 그 외에도 종양이 생기나요?

단노　그라비츠종양*과 빌름스종양 외에 신우의 종양이 있지. 드물지만 피질의 종양이나 추체의 섬유종, 혹은 육종 등도 보인다네.

■ 신세포암(renal cell carcinoma, 그라비츠종양)

과거에는 임상적인 증상이 나타나지 않아 폐로 전이된 뒤에야 비로소 진단이 내려지는 경우가 많았지만, 최근에는 화상 진단의 발달로 조기에 발견할 수 있게 되었다.

종양은 황색을 띠며 출혈 괴사 경향이 보인다. 조직학적으로는, 보통 지질이 풍부한 넓고 밝은 세포질과 작은 핵으로 이루어진 대형의 종양세포가 포소상(胞巢狀) 혹은 관상(管狀)으로 배열된다(그림 16-4). 드물게는 이형성이 강한 암세포형도 보인다. 50세 이상의 성인에게 많고, 2 대 1의 비율로 남성에서 많

＊
그라비츠종양(Grawitz's tumor) : 신장에 생기는 악성 종양. 어린아이에서 생기는 신장암과 성인에게 생기는 신장암은 종양의 종류가 다르다. 어린아이에 생기는 신장암의 경우 빌름스종양(Wilms' tumor)이 많고, 성인에 생기는 신장암의 대표적인 악성 종양이 바로 그라비츠종양이다. 그라비츠종양은 신장의 요세관 상피세포에 생기며, 이 종양을 처음 보고한 독일의 병리학자 P. 그라비츠의 이름을 따 종양의 이름을 지었다.

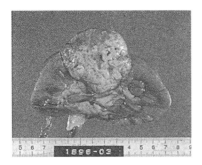
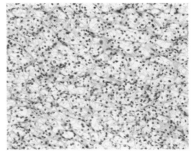

밝은 세포질과 소형의 핵으로 이루어진 세포가 포소상으로 증생해 있다(오른쪽).

이 출현한다.

■ 신아세포종(nephroblastoma, 빌름스종양)

신장의 태생기 유잔 조직에서 유래하는 악성 종양으로 10세 이하의 소아에서 보인다. 혼합 종양의 일종으로 악성도가 매우 높아서 눈 깜짝할 새에 거대화해 후복막이나 복강을 가득 채운다. 조직학적으로 소형 방추형 혹은 원형의 이형 간엽계 육종양(肉腫樣)세포가 주체이고, 여기에 선관 형성을 보이는 상피양(上皮樣)세포나 뼈, 연골, 근육, 지방 등의 요소를 포함하는 경우가 있다. 고도의 출혈 괴사 경향도 보인다.

■ 신우의 종양

요관이나 방광과 마찬가지로 신우도 이행상피(移行上皮)로 이루어져 있기 때문에 유두종이나 이행상피암이 보인다. 신장 종양의 10% 정도를 차지한다.

루미   생체 신장 이식 등에서 장기 제공자의 신장 하나를 완전히 적출한다는 얘기를 자주 듣는데요, 그래도 괜찮나요?

단노   신장은 하나만 있어도 충분히 기능하지. 그 경우 남은 신장은 두 개 분의 작업을 감당하려고 대상성 비대(代償性肥大)를 일으킨다네.

16.6 요관의 질환

겐타 요관은 신우에서 방광까지 이어진 관을 말하죠?

단노 그렇지. 일본인은 대체로 25cm 정도의 길이인데, 이유는 모르지만 평균적으로 여성이 1~2cm 더 길다더군. 상피는 이행상피로 이루어졌고.

루미 방광에서 소변의 출구까지 이어진 길은 요도라고 하죠? 요관과 요도를 헷갈리지 말아야 할 텐데….

선천 이상

요관은 좌우에 각각 하나씩 있는 것이 정상인데 2~3%에서 중복 요관이 보인다. 임상적으로 특별한 문제가 없는 경우가 대부분이다. 드물게 게실이나 선천성 협착, 결손 등이 있다.

요관의 염증

방광에서 올라온 상행성 감염이나 신우신염에서 내려온 하행성 감염이 보인다. 드물게 결핵도 있다.

그림 16-5 ▪▪ 요관의 종양

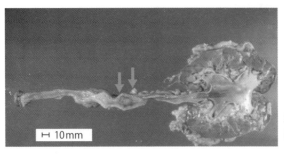

⊢ 10mm

요관의 거의 중앙에 유두상의 이
행상피암이 보인다.

요관의 종양

이행상피암(그림 6-5)과 편평상피암이 보인다. 원발성인 경우는 적고, 신우암
이나 방광암으로부터의 침윤이 많이 보인다.

16.7 방광의 병리

루미 아까 급성 신우신염을 설명하면서 방광염 얘기가 나왔었는데요. 사실 저희 학과 여학생이 방광염에 걸렸는데, 화장실을 자주 가야 해서 힘들어해요. 굉장히 예쁜 애예요. 방광염은 어째서 여자에게 많은가요?

단노 그건 여성의 요도가 남성에 비해 짧고 굵어서 병원균이 침입하기 쉽기 때문이라네. 또 임신이나 분만, 생리, 성교 등으로 인해 여성에게 감염의 기회가 더 많은 점도 원인이 되지. 소변을 참으면 방광에서 세균이 번식하니 참지 말고 제때에 배뇨하는 습관도 중요하다네.

선천 이상

선천성 방광게실은 가장 흔히 보이는 선천 이상으로, 내부의 결석 형성이나 염증을 동반한다. 또 태생기의 배설관인 요막관이 유잔해서 제대(臍帶)와 연결되는 이상(요막관개존증patent urachus, 배꼽이 커서 그곳으로 소변이 샌다)도 드물게 보인다.

방광염

앞서 말한 이유로 방광염(膀胱炎, cystitis)은 압도적으로 여성에서 많이 보인다. 그 밖의 원인으로는 결석, 종양, 당뇨병, 신우신염 등이 있다. 병원균은 대장균이 가장 많고, 이어서 연쇄상구균, 임균 등이 있다. 임상적으로는 빈뇨, 배뇨통, 혈뇨, 발열, 하복부통을 일으키며, 자주 반복되거나 만성화한다. 조직학적으로는 화농염, 출혈, 궤양 형성, 괴사 등이 보인다.

방광결석(요로결석증)

방광에서 생기는 것과 신장결석이 요관을 통해 방광으로 떨어지는 경우가 있다. 염증을 동반하며 자주 요도를 폐색해서 산통(급경련통)을 유발한다. 결석의 종류는 요산결석이 가장 많고 수산결석, 인산결석, 시스틴결석 등이 보인다.

방광의 종양(그림 16-6)

이행상피암이 대부분이고, 편평상피암이 그 뒤를 잇는다. 이행상피암은 형태학적으로 3단계로 구분한다. 이 외에도 이형(異形)을 동반하지 않는 유두종을 0단계로 삼는다(그림 16-7).

직업병으로 발생하는 경우도 있는데, 특히 영국의 굴뚝 청소부가 유명하다. 이 경우에는 타르의 영향이 지적되고 있다.

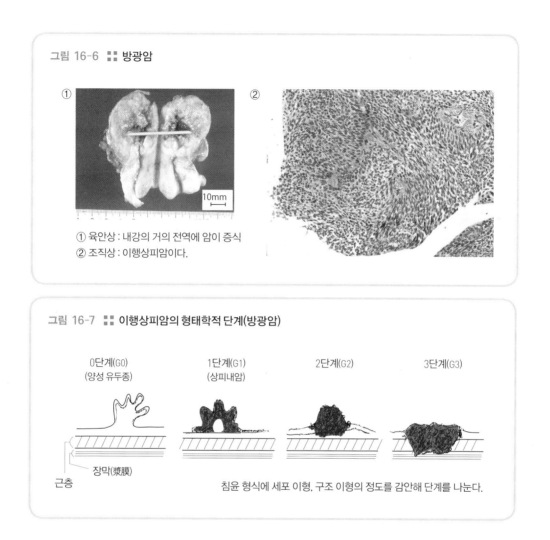

그림 16-6 :: 방광암

① 육안상 : 내강의 거의 전역에 암이 증식
② 조직상 : 이행상피암이다.

10mm

그림 16-7 :: 이행상피암의 형태학적 단계(방광암)

0단계(G0)
(양성 유두종)

1단계(G1)
(상피내암)

2단계(G2)

3단계(G3)

근층

장막(漿膜)

침윤 형식에 세포 이형, 구조 이형의 정도를 감안해 단계를 나눈다.

요도언덕(요도카룬클)

　중년 이후의 여성에서 호발하는 요도의 융기성 병변을 언덕(caruncle, 카룬
클)이라고 한다. 조직학적으로는 만성 염증으로 인한 육아(肉芽), 혈관종, 유두
종 등이 원인이다. 때로 바이러스 감염으로 생기는 첨형콘딜로마*(곤지름, 367
쪽)가 언덕의 형태를 보인다.

＊
콘딜로마(condyloma)
: 인유두종바이러스
(Human Papilloma Virus,
HPV)에 의해 생기며, 성
기사마귀는 가장 흔한
성인성 질환이다.

Summary

- 임상적으로 신증후군이란 단백뇨, 저단백혈증, 전신의 부종, 고혈압을 나타 내며 질환으로는 사구체신염 등이 있다.

- 양성 신경화증은 양성 본태성 고혈압을 악성 신경화증은 악성 본태성 고혈압 을 초래한다.

- 신장에 특이적으로 출현하는 종양으로 성인의 신세포암(그라비츠종양)과 소 아의 신아세포종(빌름스종양)이 있다.

- 방광염은 대부분 여성에서 출현하며, 원인균으로는 대장균이 가장 많다.

- 신우, 요관, 방광, 요도의 종양은 이행상피암이 많다. 요로의 이행상피암은 그 형태와 진행 정도에 따라 0~3단계로 분류한다.

자궁과 유선 등
여성 질환

17.1 외음부와 질의 병리

루미 남자들은 좋겠어.

겐타 갑자기 왜?

루미 여자들은 말이야, 아이를 낳고 길러야 해서 이런 저런 고생이 많거든.

겐타 혹시 생리통이 심해서 그래? 너무 심하면 산부인과에 한번 가 봐. 요즘에는 여의사도 많던데.

루미 생리통 때문도 아니고, 겐타가 참견할 일이 아냐.

겐타 …….

• • • • •

겐타 난소는 난자를 생성하는 역할을 하죠?

단노 난소는 배란(난자를 생성해서 배출하는 것) 말고도 여성호르몬 분비라는 중요한 기능을 하지. 배란은 28~35일 정도의 배란주기에 따라 보통 하나의 난자를 배출하지. 또 난소는 난포호르몬(에스트로겐)과 황체호르몬(프로게스테론)을 분비해서 여성 기능의 발달, 생식 작용, 유선 기능 등에 관여한다네.

겐타 자궁내막과 배란주기는 어떤 관계가 있나요?

단노 자궁은 난자가 착상해서 수정된 뒤 태아가 발육하는 장소로, 내막은 배란주기에 맞춰서 증식, 분비, 탈락(월경)을 반복하지. 형태적으로도 각각의 시기에 상당한 변화를 보인다네.

외음부와 질의 염증

외음부와 질은 부위적으로나 환경적으로나 감염되기 쉬운 곳이다.

■ 트리코모나스질염(trichomonal vaginitis)

원충의 일종인 트리코모나스는 질염의 원인미생물로 가장 빈도가 높다. 임상적으로 대하(질 분비물), 점막의 발적이 보인다. 조직학적으로는 염증세포 침윤과 함께 림프여포의 형성이 보인다.

■ 칸디다질염(candida vaginitis)

칸디다(그림 17-1)는 대부분의 여성에 상재하는 진균(곰팡이)으로, 면역력이 떨어지거나 컨디션이 나쁠 때 발증한다. 보통은 증상이 가벼워 쉽게 치료된다(항진균제).

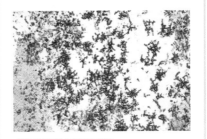

그림 17-1 ⠿ 칸디다균

뾰족뾰족한 형태의 집합

외음부와 질의 종양과 유사 병변

■ 첨형콘딜로마(condylomata acuminata)

인유두종바이러스(HPV)의 감염으로 인한 사마귀이다(그림 17-2①). 세포의 핵주위테*가 특징이다(그림 17-2②③). 같은 유두종바이러스 감염이라도 바이러스의 유형에 따라서는 발암 위험성이 높은 것도 있다(하이리스크군).

＊
핵주위테(perinuclear halo) : 원반세포증(koilocytosis). 밝게 비쳐보이는 세포.

■ 바르톨린낭포

질 속에 있는 바르톨린선의 도관이 염증 등으로 협착, 폐색해서 낭포를 형성하는 것이 바르톨린낭포(Bartholin's cyst)다. 비둘기 알의 크기로 자라기도 하지만, 악성화하는 경우는 드물다.

그림 17-2 ▪▪ 첨형콘딜로마

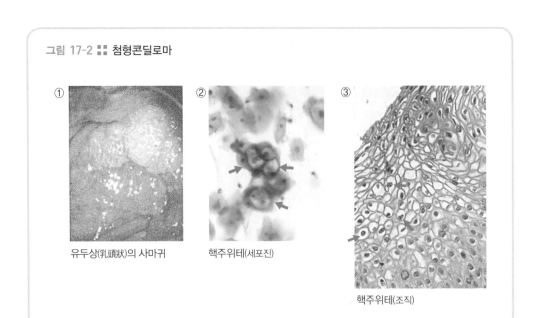

① 유두상(乳頭狀)의 사마귀

② 핵주위테(세포진)

③ 핵주위테(조직)

■ 백판증

편평상피의 과각화(過角化)와 가시세포(유극세포)의 증식을 보이는 병변인데, 육안으로는 하얀 반점처럼 보인다. 악성화하는 경우가 있다.

■ 암

외음부 백판증에 속발하는 경우가 많고, 대부분 편평상피암이다. 첨형콘딜로마가 악성화해서 암화하는 경우도 있다. 중년 여성에 많고, 60세 이상에서는 극히 드물다.

루미 '자궁 경부의 병리'라고 따로 다루는 건 자궁은 하나의 장기지만 여러 부위로 나눠서 생각한다는 뜻인가요?

단노 그렇지. 자궁 경부와 자궁 체부로 나눈다네(그림 17-3).

루미 이유가 있나요?

단노 경부와 체부는 상피조직이 해부조직학적으로 다르고, 출현하는 병변도 전혀 다르기 때문이지. 암을 예로 들면, 경부에서는 중년의 편평상피 암이 많은 데 비해 체부에서는 고령자의 선암이 많이 보인다네.

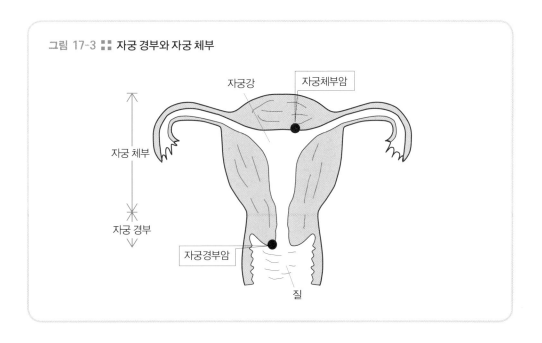

그림 17-3 ▪▪ 자궁 경부와 자궁 체부

자궁강

자궁체부암

자궁 체부

자궁 경부

자궁경부암

질

자궁경관염

자궁 경관의 염증(cervicitis, 자궁경부염)은 호르몬의 활성, 월경, 임신, 성교 등의 요인으로 인해 일상적으로 나타난다. 특히 기혼여성들은 정도의 차이는 있지만 대부분에게서 나타난다. 임상적으로는 대하, 요통, 부정출혈, 불쾌감 등을 초래한다. 조직학적으로는 선성(腺性) 가성미란＊, 편평상피 화생, 나보트낭＊ 형성(경관선의 확장) 등의 다채로운 소견을 보인다.

자궁경관폴립(용종)

자궁경관폴립(cervical polyp)은 매우 빈도가 높은 병변으로, 보통 염증에 동반해 출현한다. 경관상피와 경관선, 혈관이 풍부한 간질로 이루어진다. 때로 편평상피 화생이나 예비세포＊ 증생을 동반한다. 악성화하는 일은 거의 없다. 부정출혈을 일으킨다.

자궁경부암과 전암 상태

자궁경부암은 조기부터 증상이 드러난다는 점과 검사가 용이하다는 점, 검진의 보급 등으로 조기 발견 조기 치료가 많아진 덕분에 최근에는 사망률이 크게 감소하고 있다. 대부분 편평상피암이고, 드물게 경부선암이 보인다.

■ 전암 상태 : 편평상피 화생, 이형성

자궁 경부에서는 형태학적으로 여러 가지 특징적인 변화를 보이며, 경우에 따라서는 전암 상태로서의 의미를 가진다.

편평상피 화생은 암과의 관련성은 증명되지 않았지만, 상피내암의 주위에서 이들 병변이 보인다는 사실에서 무언가 의미가 있으리라 추측된다.

그림 17-4 :: 자궁경부암의 경과

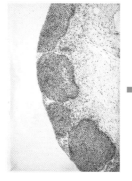
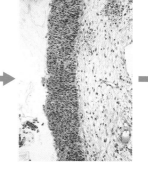
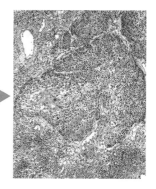

① 이형성(중등도) : 세포의 배열이 어느 정도 유지되고 있다.

② 상피내암 : 배열이 완전히 무너졌지만 상피 내로 국한 돼 있다.

③ 진행암 : 상피에서 점막 아래로 침윤하고 있다.

이형성(異形成, dysplasia, 그림 17-4①)은 편평상피 화생에서 변화하는 것으로, 상피내암으로의 이행이 뚜렷이 보인다. 이형성은 경도, 중등도, 고도로 분류하며 임상적으로도 달리 취급한다.

■ 자궁경부암 : 상피내암, 진행암

상피내암(CIS; Carcinoma In Situ, 그림 17-4②)은 침윤암에 선행하는 병변으로, 극성*을 잃은 편평상피암세포가 상피 내에서만 증식해서 기저막이 유지되는 경우를 말한다. 또 경관선이 암세포로 치환되었다 하더라도 그 기저막이 파괴되지 않은 경우는 상피내암이라고 본다. 상피내암일 때 국소 절제를 하면 대부분은 치유된다.

진행암(advanced cancer)은 임상 소견을 가미해서 1기에서 4기까지 단계를 나눈다. 육안으로 콜리플라워 모양, 궤양 형성, 침윤성(그림 17-4③)의 침윤 형식을 보인다. 모두 출혈 괴사를 동반한다. 조직학적으로는 대부분이 편평상피암이다. 방사선치료에 비교적 양호하게 반응한다.

＊
극성(polarity) : 세포가 형태적 또는 생리적으로 차이가 있는 대칭축을 갖는 것. 알이나 수정란의 동물극과 식물극, 상피세포의 바깥쪽과 안쪽, 이동 중인 세포의 앞과 뒤쪽의 차이가 세포 극성의 예이다.

17.3 자궁 체부의 병리

루미 　잡지에 실린 '여자의 질병' 관련 특집기사에서 자궁내막증이나 자궁
　　　근종 같은 병명이 나오던데요. 차이를 잘 모르겠어요.

단노 　자궁내막증은 자궁의 내막과 같은 조직이 자궁 내막부가 아닌 곳에
　　　생겨버린 걸 말하지. 자궁근종은 자궁을 구성하는 근육에 혹(종양)이
　　　생긴 것이고. 자세한 내용은 차차 설명하겠네.

겐타 　저희 어머니가 10년 전에 자궁근종으로 절제 수술을 받고 나서 그 뒤
　　　로는 병원에 전혀 안 가시는 것 같아요. 그래도 괜찮을까요?

단노 　자궁근종은 악성화하는 일이 거의 없으니 절제했다면 별문제 없네.
　　　하지만 10년이나 흘렀으니 만약을 위해 검사를 받아보시는 편이 좋
　　　겠지.

자궁내막의 질환

■ 염증

　내막은 감염에 대한 저항력이 강해서 일차적인 감염증은 거의 없다. 때로
분만, 성교 등으로 발생하거나, 결핵이나 임질에서 파급되는 경우가 있다. 암
에 동반해서 자궁내축농(子宮內蓄膿, pyometra)을 일으키기도 한다.

■ 자궁내막증

　자궁내막선과 간질조직이 비정상적인 장소에 출현하는 것을 자궁내막증
(endometriosis)이라고 한다. 부위로는 자궁근층이 가장 많고 이어서 난소, 소
골반강(小骨盤腔) 순이며, 가끔 장관 등에서도 보인다. 때로 월경주기에 맞춰서
출혈하는데, 난소에서는 확대된 선강(腺腔) 안에 고인 혈액응괴가 초콜릿처럼
보인다고 해서 초콜릿낭(chocolate cyst)이라고 부른다.

■ 자궁내막증식증

　자궁내막증식증(endometrial hyperplasia)은 호르몬의 균형이 깨지면서 발생
하는 내막의 증식으로, 내막선의 확장을 보이는 낭종성(단순성)과, 악성화할
가능성이 있는 선종성 및 이형증식증(異形增殖症, 혼합성)이 있다.

■ 자궁내막암

　앞에서 말했듯이, 자궁내막암(endometrial
cancer, 자궁체부암, 그림 17–5)은 출현 연령이 경부
암에 비해 평균 10~15년 정도 올라간다. 빈도
도 5분의 1 정도로 낮다. 육안으로 암이 내강에
서 폴립상으로 증식하는 유형과, 자궁벽으로 침
윤성 병변을 보이는 유형이 있다. 조직학적으로
는 대부분 선암이다. 경부암에 비해서 예후는
좀 더 양호하다.

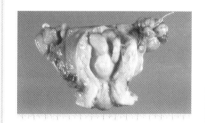

그림 17-5 ▪▪ 자궁내막암

내강에서 폴립상으로 증식하는 내막암.

자궁근층의 질환

겐타　저희 어머니의 자궁근종은 무게가 1500g이나 나갔어요. 그렇게까지
　　　커지나요?

단노　1500g이라면 중등도로군. 일전에는 6000g인 것도 봤다네. 갓난아기

둘보다도 더 무거웠지. 너무 커서 중심부는 괴사해 있었고 말이야.

루미   말랐는데도 배가 볼록 나온 경우는 자궁근종이 의심스럽다는 얘기를 들은 적 있어요.

겐타   변비일 때도 볼록 나와.

■ 자궁근종(uterine myoma, 그림 17-6)

보통 평활근종이 보인다. 호르몬 활동이 왕성한 30~50세의 기혼여성에서 출현한다. 에스트로겐의 과잉 분비가 원인이다. 부정출혈이 주된 증상이며, 커지면 연화하는 일이 있다. 드물게 악성화해서 평활근육종을 형성한다.

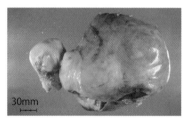

그림 17-6 ▪▪ 자궁근종

30mm

어린아이 머리만큼 큰 자궁근종

■ 자궁내막증

자궁내막증은 자궁근층에 가장 많이 출현한다. 보통은 확산성의 자궁비대를 일으킨다.

17.4 난관 질환

난관의 염증

난관(나팔관)의 염증 중에서 가장 많은 것이 임질이다. 임균이 질에서 자궁, 난관으로 퍼져가는 상행성 감염으로, 불임증의 원인이 된다. 또 전신의 결핵이 난관까지 미치는 경우가 있다.

난관의 종양

태생기의 뮐러관*이 생후에도 유잔해서 낭포를 형성할 때가 있다. 이를 모르가니수포체(hydatid of Morgagni)라 부르는데, 달걀 크기로 커지기도 한다. 양성 종양이다.

*
뮐러관(Müllerian duct)
: 척추동물의 중신 수관(中腎輸管)에 평행하여 생기는 중배엽 기원의 관. 여성에서는 난관, 자궁, 질 상부에 발달한다. 남성에서는, 태아정소의 세르톨리 세포에서 분비하는 당단백질 호르몬인 뮐러관 억제물질(Müllerian Inhibiting Substance, MIS)에 반응하여 8주 말까지 퇴화한다.

17.5 난소 질환

루미 동급생 중에 난소낭종(ovarian cyst) 수술을 받은 애가 있는데요. 젊은 사람한테도 많은가요?

단노 난소낭종에는 장액성(漿液性) 낭종과 유피낭종 등이 포함되는데, 이들은 연령을 불문해서 젊은 사람에서도 보이지. 난소의 질환에는 자궁난관을 통한 감염증이 있긴 하지만, 대부분 종양성 병변이라네. 난소의 종양은 크게 표층상피성 종양, 간엽계 종양, 배아세포 종양으로 분류되지.

표층상피성 종양

낭포를 형성하는 경우가 많은데, 낭포의 내용에 따라 장액낭선종암(serous cystadenoma)과 선암, 점액낭선종암(mucinous cystadenoma)과 선암으로 나뉜다. 하나의 낭포를 형성하는 단방성(單房性)과 다수의 낭포를 형성하는 다방성(多房性)이 있다. 때로 거대화해서 직경 30cm에 달하기도 한다 (그림 17-7).

상피성 종양으로는 이 밖에도 자궁

그림 17-7 :: 난소암(표층상피성 종양)

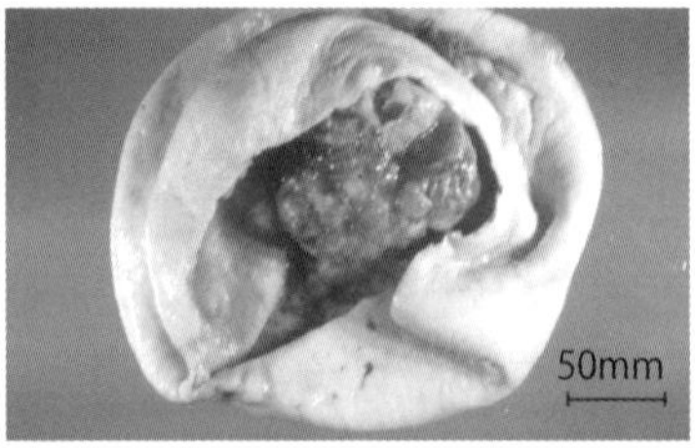

장액낭선종암이다. 일부 충실성이다.

내막증에서 발생하는 자궁내막양선암(endometrioid adenocarcinoma)이 있다. 드물지만 부신피질 원기세포가 난소 내에 남아서 종양화한 투명세포종양*이 나타날 때도 있다. 이 종양은 때로 스테로이드호르몬의 생성을 동반한다.

＊
투명세포종양(clear
cell tumor) : 세포질이
넓고 밝은 세포로 이루
어진다.

간엽계 종양

간엽계 종양은 비교적 드문 종양이다

■ 과립막세포종양(granulosa cell tumor)

황색의 지방이 풍부한 양성 종양으로 커지면 어린아이의 머리만 하다. 갱년기 전후에 보이며 에스트로겐을 생성한다. 조직학적으로는 소형의 과립막세포가 확산성으로 일부는 로제트를 형성해서 꽃잎처럼 방사상으로 증식한다.

■ 난포막세포종양(theca cell tumor)

매우 딱딱한 양성 종양으로 섬유아세포양의 방추형 세포가 끈 모양 혹은 소용돌이 모양으로 촘촘하게 배열된다.

■ 황체낭(corpus luteum cyst)

황체세포에서 발생하는 양성 종양으로 밝고 큰 세포가 삭상(바구니 모양), 충실성으로 증식한다. 임신 말기에 출현한다.

배아세포 종양

■ 양성 종양 : 유피낭종, 충실성 기형종

유피낭종(類皮囊腫, dermoid cyst, 그림 17-8)은 분화한 배아세포에서 발생하며, 때로 거대화한다. 피부와 부속기로 이루어진 낭포상(囊胞狀)의 종양으로

그림 17-8 ▪▪ 난소암(표층상피성 종양)

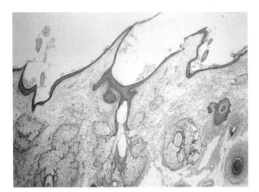

편평상피와 피부 부속기(모발이나 연골 등)가 보인다.

그림 17-9 ▪▪ 미분화세포종(난소생식세포종)

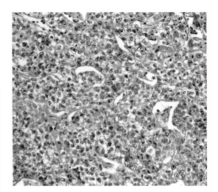

소원형의 이형세포가 충실성으로 증식해 있다.

모발이나 연골, 지방성 내용물을 함유하고 있다.

충실성 기형종(充實性畸形腫, solid teratoma)은 젊은층에서 많이 보인다. 신경, 피부, 뼈, 갑상선 등 삼배엽 성분 모두로 이루어진다.

■ 악성 종양 : 미분화세포종, 배아암종, 난황낭종

미분화세포종(dysgerminoma, 난소생식세포종, 그림 17-9)은 가장 미분화한 배아세포에서 유래하는 종양으로 소원형(小圓形) 세포로 이루어져 있으며, 사춘기에서 성인기에 출현한다.

배아암종(embryonal carcinoma, 태생암)은 원시난포에서 나오는 악성 종양으로 커지면 축구공만 하게 자라서 출혈 괴사 경향을 보인다. 조직학적으로는 배아세포양(胚芽細胞樣)의 종양세포와 함께 관강 형성이나 신경 성분, 혈관 내피세포 등이 섞여 있다.

난황낭종(종양, yolk sac tumor)은 난황낭에서 나오며, 독특한 동굴 구조를 형성한다.

루미　유산을 세 번이나 반복한 지인이 있는데요. 왜 그런 일이 생기나요?

단노　2회 이상 유산인 경우를 습관성 유산이라고 한다네. 대체로 임산부의 5~10%가 유산을 경험하지. 원인으로 가장 많은 건 염색체 이상 등으로 인한 선천 이상이나 자궁 내 태아 사망(intrauterine fetal death) 등이네. 모체 측의 원인으로는 착상 부전이나 태아의 보전(保全) 부전 등이 있지.

자궁외임신

자궁 이외의 부위에 수정란이 착상해서 임신하는 것으로 난관에 착상하는 사례가 많다. 이 밖에 난소나 복강 내의 자궁외임신이 있다. 난관 임신의 경우 난관이 확장, 출혈, 파열을 일으키기 때문에 급성 복증으로서 긴급 수술이 필요하다.

태반의 종양

포상기태(胞狀奇胎, hydatidiform mole, 그림 17-10)는 태반의 융모가 포도송이

*
영양막(營養膜, tro-
phoblast) : 태반을 형
성하는 전구세포이며,
태반 형성 후에는 세
포영양막(細胞營養膜,
cytotrophoblast)과 융
합영양막(融合營養膜,
syncytiotrophoblast)이
출현한다.

*
HCG(Human Chorionic
Gonadotropin) : 인간융
모성 생식선자극호르
몬. 당단백질 호르몬
의 일종이다. 황체의 퇴
화를 억제하여 황체호
르몬이 황체로부터 계
속 분비되도록 해서 임
신을 지속시킨다. 착상
이후부터 2개월 정도
까지 급격히 분비되다
가 3개월 이후부터는
낮은 농도로 유지된다.
임신 진단검사에 이용
되며, 모종의 암세포에
서도 이 호르몬이 생성
된다. 그러므로 임신하
지 않았음에도 이 호르
몬이 분비될 경우 암이
라고 진단하기도 하는
데 확신할 수준은 아니
다. 뇌하수체 속에서도
HCG와 비슷한 호르몬
인 황체호르몬이 남녀
노소를 불문하고 분비
된다.

*
완전관해(完全寬解,
complete response) : 치
료에 대한 반응으로서
암의 징후가 모두 소실
되는 것. 반드시 암의
치유를 의미하지는 않
는다. 완전완화(完全緩
和, complete remission)
라고도 한다.

모양으로 증식하는 양성 종양이다. 조직학적으로는 융모가 수종상(水腫狀)으로 부풀고 영양막*이라 불리는 융모상피세포가 증식한다. 이때 태반에서 유래한 호르몬인 HCG*의 혈중치가 상승한다.

융모막상피종(絨毛膜上皮腫, chorionepithelioma)은 포상기태가 악성화한 것으로, 이형의 영양막 세포가 침윤성으로 증식하며, 조기에 원격 전이를 보인다. 최근에는 악티노마이신 D(actinomycin D), 메토트렉세이트(methotrexate) 등의 화학요법이 완전관해*를 보여 사망률은 극감했다.

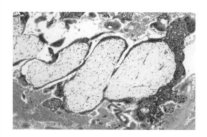

그림 17-10 ▓ 포상기태

수종처럼 팽화한 융모가 보인다.

17.7 유선의 질환

겐타　유선은 남자에게는 반흔만 남았죠? 발생학적으로는 어떻습니까?

단노　원래는 땀샘과 같은 원기(原基)에서 발생하지. 남성이나 사춘기 이전
　　　의 여성에서는 어느 정도까지밖에 발달하지 않지만, 사춘기 이후의
　　　여성은 유선조직의 발달과 함께 간질이나 지방조직이 증식해서 가슴
　　　이 부풀어 오른다네(그림 17-11).

겐타　임신하면 가슴도 커진다던데요.

단노　그렇지. 임신하면 태반에서 분비
　　　되는 호르몬 때문에 유선이 더욱
　　　발달하거든. 분만 이후에는 유즙
　　　의 생성 분비 기능을 수행하지.

유선의 염증

　포도상구균이나 연쇄상구균으로 인
한 급성 화농염은 수유 시의 감염이나 피
부 감염에 속발해서 이차 감염으로 일어
난다. 때로 농양 형성이나 지방 괴사를
초래한다. 만성 유선염(慢性乳腺炎, acute

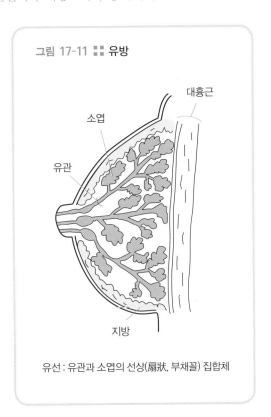

그림 17-11 ▪▪ 유방

대흉근
소엽
유관
지방

유선 : 유관과 소엽의 선상(扇狀, 부채꼴) 집합체

mastitis)은 급성 염증에서 지연되는 경우가 많고 림프구 침윤, 섬유화, 육아 형성 등으로 경결(硬結)을 만들기 때문에 종양으로 혼동해서 절제하는 경우가 있다.

유선증

35세부터 폐경기의 여성에서 출현하는 유선증(乳腺症, mastopathy)은 여성호르몬의 불균형에 기인하는 유선의 증식증이다. 경계가 선명치 않은 경결을 만드는데, 월경주기에 맞춰서 커졌다 작아졌다 한다. 조직학적으로는 유선의 증식, 섬유화,

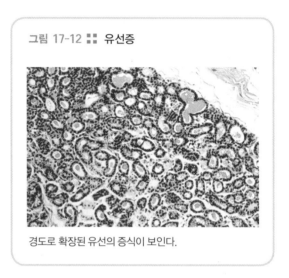

그림 17-12 ▪▪ 유선증

경도로 확장된 유선의 증식이 보인다.

낭포 형성, 아포크린 화생, 경화성 선(腺) 증식 등의 다채로운 상(像)을 보인다 (그림 17-12). 악성화하는 일은 거의 없다.

여성형유방증

겐타 남성에게도 유선 질환이 있습니까?

단노 남성에서도 에스트로겐의 작용으로 유방이 커지는 일이 있는데, 여성형유방증(gynecomastia)이라고 하지. 원인으로는 간경변증 등으로 에스트로겐 활성을 저하시키는 기능이 떨어져서인 경우가 많고, 이 밖에 고환 등의 융모성 종양, 부신 종양, 후복막의 이소성(異所性) 융모

성 종양 등에서도 발생한다네. 드물지만 남성의 유방암도 있지.

겐타 　남성 스포츠선수가 근육강화제 등을 먹고서 부작용으로 유방이 나왔다는 얘기도 들었는데요.

단노 　근육강화제에는 남성호르몬 성분이 들어 있어서 대량으로 섭취하면 남성호르몬을 만드는 원래의 신체 기능이 약해지지. 그래서 여성형유방증이 생긴다네.

유선의 종양

루미 　유방암이 일본에서 늘고 있대요.

단노 　여성에서는 위암, 폐암, 대장암에 이어서 사인 4위를 점하고 있지(2000년). 위암이 감소하고 있는 데 반해 야금야금 증가하고 있다네.

■ 양성 종양 : 섬유선종, 관내유두종

섬유선종(fibroadenoma)은 경계가 분명한 결절상 종양으로 보통은 4cm 이하에서 멈춘다. 20~30대에서 출현한다. 조직학적으로는 유선의 증식과 함께 유관주위성(乳管周圍性) 혹은 관내성(管內性)의 섬유종성 변화를 동반한다(그림 17-13). 때로 거대화해서 직경 15cm에 달하는 경우가 있는데 엽상종양(葉狀腫瘍, phyllodes tumor)이라고 부른다.

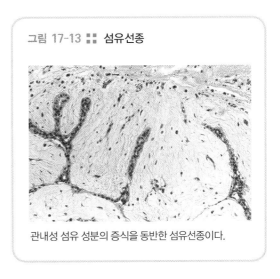

그림 17-13 ∷ 섬유선종

관내성 섬유 성분의 증식을 동반한 섬유선종이다.

관내유두종(管內乳頭腫, intraductal papilloma)은 때로 다발하거나 경도의 이형(異形)을 보여서 암과의 감별이 어려운 경우가 있다. 근상피가 존재하면 암이 아니라고 감별한다.

■ 악성 종양 : 유방암

유방암(breast cancer)은 40~50대에서 많이 보인다. 미혼이나 미출산의, 소위 커리어우먼처럼 유선의 기능을 충분히 사용하지 않은 사람에게서 유의하게 출현한다는 보고도 있다. 또 가족성 유전성의 관여도 지적되고 있다.

육안적으로는 경계가 선명치 않은 결절을 형성하며, 진행되면 콜리플라워 모양으로 증식하고 출혈 괴사를 동반한다(그림 17–14).

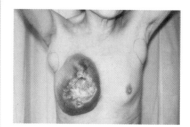

그림 17-14 :: 유방암(육안상)

콜리플라워상(cauliflower狀)의 종양

조직학적으로는 침윤성의 유무로 구별하는데, 유관 내 혹은 소엽 내로 국한된 비침윤성 암과, 간질이나 지방조직에 침윤하는 침윤암으로 나뉜다. 조직형으로 분류하면 유관암이 가장 많고, 다음으로 소엽암이 보인다.

침윤성의 유관암에는 유두선관암(그림 17–15①)*과 충실선관암* 등이 있다. 또 간질이 많고 암세포가 삭상(바구니 모양) 배열을 보이는 경성암(硬性癌, scirrhous carcinoma, 그림 17–15②) 등이 있다.

특수한 유형으로는 고도의 점액 생성으로 점액호(粘液湖)를 형성하는 점액

*
유두선관암(乳頭腺管癌, papillotubular carcinoma) : 유관에서 바깥쪽으로 퍼지는 암. 유방암의 20%를 차지한다.

*
충실선관암(充實腺管癌, solid tubular carcinoma) : 간질이 적고 충실성 발육을 보인다. 수질선관암(髓質腺管癌, medullary tubular carcinomaof breast)이라고도 한다.

그림 17-15 :: 유방암(조직상)

①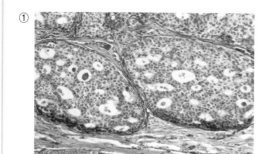

[유두선관암] 이형 유관세포가 관상(管狀), 사상(篩狀)으로 증식해 있다.

②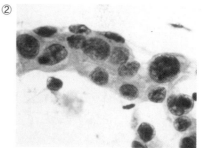

[경성암] 유방암의 세포진. 악성 세포가 삭상(索狀)으로 보인다.

암종(粘液癌腫, mucinous carcinoma), 아포크린 화생 세포에서 유래한 아포크린 암종(apocrine carcinoma), 피부 부속기에서 발생하는 사상구조의 선낭암종, 표피 내에 발생하는 선암의 일종인 파제트암(Paget's carcinoma) 등이 있다. 또 암소(癌巢) 중앙부가 괴사에 빠지는 면포암종(面疱癌腫, comedo carcinoma)이란 것도 있다.

과거에는 유방암의 경우 유방 전적술(全摘術)이나 소속 림프절까지 한꺼번에 절제하는 광범위 수술이 행해졌지만, 최근에는 유방 온존수술로 바뀌어서 좋은 성적을 내고 있다.

유방암의 검진

지난 몇 년간 일본 여성의 유방암 이환율이 증대해서 1995년에는 위암을 제치고 1위가 되었다. 하지만 내장의 암과 달리 표면에 드러나기 때문에 본인이 자각하기 쉬워서 비교적 조기 발견이 가능해 사망률은 위암, 폐암, 대장암에 이어 4위이다. 또 사회적인 계몽이나 집단 검진, 지역에서의 검진 등이 가져온 효과도 큰 것으로 보인다. 특히 종래의 세포진 등에 더해서 유방촬영술(mammography)을 병행하게 된 뒤로는 미소 암종(微小癌腫, microcarcinoma)이나 비침윤성 암(非浸潤癌, noninfiltrating carcinoma) 등 극히 초기의 암까지 발견할 수 있게 돼 수술 성적이 향상되고 있다.

일본에서 증가했다 해도 아직 미국의 3분의 1 이하라 앞으로 더욱 증가할 가능성이 있으며, 비교적 젊은 층에서의 유방암(20대~30대)이 눈에 띈다. 여성이라면 항상 주의를 기울여야 할 것이다.

＊한국유방암학회의 2014년 〈유방암백서〉에 따르면, 1996년 3801명이었던 유방암 환자는 2011년에 1만 6967명으로 증가해 15년 사이 4배 이상 늘어났다. 이 때문에 유방암 발생 건수는 한국인에게 많이 발병하는 갑상선암을 제외하면 여성암 가운데 14.8%로 비중이 가장 컸다. 전체 암 가운데에서도 위암(13.8%), 대장암(12.9%), 폐암(9.9%)에 이어 4번째였으며 간암(7.3%)보다도 높았다. 유방암의 발병이 증가한 원인으로는 서구화된 식생활과 이에 따른 비만, 늦은 결혼과 출산율 저하, 정부 주관 암 검진 사업의 확대와 건강 관심 증가에 따른 유방암 발견 빈도의 증가 등을 꼽을 수 있다.

Summary

- 자궁경부암이 발생하기까지 이형성, 상피내암, 진행암의 경과를 거친다.

- 자궁 경부에는 편평상피암이, 자궁 체부에는 선암이 많다.

- 유방암은 최근 증가 추세에 있다.

정소와 전립선 등 남성 질환

18.1 음경의 병리

겐타 저도 남자지만, 남성의 생식기 구조는 잘 모릅니다.

단노 비교적 단순하다네. 남자는 단순한 생물이거든.

겐타 네?

단노 생식기는 정자를 형성하는 정소(고환), 정자를 일차적으로 저장하며 보호물질을 분비하는 부고환, 점액성인 정액의 알칼리성 액체 성분을 분비하는 전립선, 그리고 음경으로 이루어져 있지.

선천 이상

선천적으로 요도가 음경의 상부 혹은 하부에 열리는 경우가 있는데, 요도상열(尿道上裂, epispadias) 혹은 요도하열(尿道下裂, hypospadias)이라고 한다. 호르몬 이상에서 기인한다.

포경(包莖, phimosis)은 소아에서는 생리적인 현상이지만, 성인에서는 염증이나 종양의 요인이 된다. 염증이나 종양은 포피의 유착이나 과잉포피*가 원인이다.

*
과잉포피(過剩包皮, redundant prepuce) : 포피가 귀두 뒤로 젖혀지기는 하나 평상시 귀두를 덮고 있는 상태.

반음양은 성염색체 이상이나 유전자의 이상에서 보이는 외견 이상으로 한 개체에 양성(兩性)의 생식선 조직(음경 모양과 음렬* 모양)을 가진 것을 말한다.

＊
음렬(陰裂, rima pudendi)
: 여성 외음부의 갈라진 곳.

음경의 염증

비특이성의 감염증 이외에 소위 성병이 있다. 여기에는 스피로헤타 감염으로 인한 매독, 헤모필루스 세균으로 인한 무른궤양, 클라미디아 감염증인 서혜림프육아종 등이 있다.

음경의 종양

■ 양성 종양

유두종이 드물게 보인다. 또 여성과 마찬가지로 인유두종바이러스 감염으로 생기는 첨형콘딜로마는 최근에는 성 관련 질환(성병)으로 분류하는 추세다. 일부 유형의 바이러스로 인한 종양은 암과의 관련성이 의심된다.

■ 악성 종양

보웬병(Bowen's disease, 그림 18-1)은 점막상피 내에 국한된 상피내암(편평상피암)이다. 일반적인 암은 대부분 편평상피암으로, 진행되면 콜리플라워상이 나타나며 출혈 괴사 경향을 초래한다.

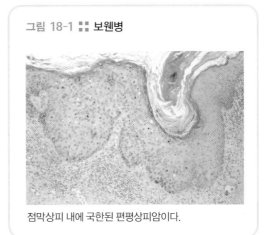

그림 18-1 ∷ 보웬병

점막상피 내에 국한된 편평상피암이다.

18.2 정소(고환)와 부고환의 병리

루미 예전에 남자가 볼거리(이하선염)에 걸리면 불임증이 된다고 들은 적이
있는데요. 귀와 생식기가 관계가 있나요?

단노 이하선염의 원인인 멈프스바이러스가 고환에도 친화성을 보여서 고
환염을 일으켜 섬유성의 반흔을 남기는데, 그 때문에 불임이 된다네.

염증

일반적인 고환염이나 부고환염은 요로 감염에서 파급되는 경우가 많고, 원
인균으로는 대장균이 가장 많다. 그 밖에 성병인 임질, 매독, 혹은 결핵도 드
물게 발생한다. 모두 불임증의 원인이 될 수 있다.

고환 종양

대부분 배아세포성의 종양이다. 호발 연령은 비교적 젊어서 20대에서 40대
에 가장 많이 발증한다. 각각의 유형이 혼재돼 출현하는 경우가 많다.

■ 정상피종

정상피종(精上皮腫, seminoma)은 가장 많은 고환 종양으로 악성도는 낮은 편이다. 소원형(小圓形)의 밝은 세포질과 소형의 핵으로 이루어진다. 정상피종 중에는 좀 더 분화된 전형고환종(典型睾丸腫, classic seminoma), 크기가 다른 핵과 이형성(異形性), 분열상(分裂像)이 보이는 약간 높은 악성도의 정모세포고환종(精母細胞睾丸腫, spermatocytic seminoma)

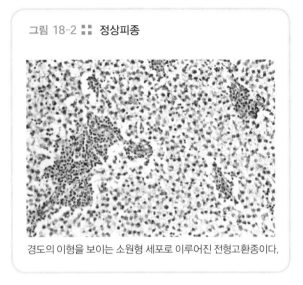

그림 18-2 ∷ 정상피종

경도의 이형을 보이는 소원형 세포로 이루어진 전형고환종이다.

이 있다(그림 18-2). 야구공만 하게 커지기도 한다.

■ 배아암종(胚芽癌腫, embryonal carcinoma)

고환 종양의 10% 정도를 차지한다. 이형성이 높고, 미분화세포가 선관양(腺管樣), 수양(髓樣), 유두상으로 증식해서 조기에 전이 침윤을 일으킨다. 때로 망목양(網目樣, 그물눈 모양), 신사구체양(腎絲球體樣) 구조를 보이는 난황낭종(양)도 여기에 포함된다.

■ 융모막상피종

고환에서 극히 드문 종양으로 형태적으로는 태반에서 발생하는 것과 같다. 고도의 출혈 괴사 경향을 보이는 이형 영양막세포로 이루어진 종양이다. HCG 생성을 보인다.

■ 기형종

삼배엽성 성분으로 이루어진 종양으로 양성과 악성의 기형암(畸形癌)이 있다. 조직학적으로는 각 단계별 분화를 보이는 뼈, 연골, 모발, 피부, 갑상선, 소

라이디히세포종(Leydig cell tumor) : 고환 종양 중 1~3%에 해당되며, 어느 연령에나 올 수 있으나 5~9세와 25~35세에 많다. 사춘기 이전의 소아에서 생기면 신체적으로 조숙하여 성기가 커지고 성인 목소리를 내거나 음부에 털이 나고 여성형유방증이 나타나기도 한다. 성인에서는 흔히 증상이 없으나 20~30%에서 여성형유방증이 나타난다. 파급성이며 예후가 불량하다.

세르톨리세포종(Sertoli cell tumor) : 고환 종양의 15%를 차지한다. 어느 연령층에나 발생할 수 있으나 1세 전후와 20~45세에서 많다. 대부분 양성이나 10%에서 악성을 보인다. 고환에 덩어리가 만져지며 소아에서는 남성화, 성인에서는 여성형유방증이 관찰되기도 한다.

화관 등의 요소가 보인다(그림 18-3). 기형암에서는 배아암종이나 융모막상피종의 성분을 포함하는 경우가 있다.

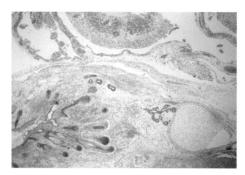

그림 18-3 :: 기형종

분화한 연골, 피부 부속기, 선관상피 등이 보인다.

■ 비배아세포종양

고환의 간질에서 유래한 종양이 드물게 보인다. 여기에는 라이디히세포종*, 세르톨리세포종*, 난포막세포종 등이 있는데 때로 호르몬 생성 기능을 보인다. 모두 기본적으로 양성이다.

18.3 전립선의 병리

겐타　전립선이 커지면 배뇨가 곤란해지는 이유가 뭡니까?

단노　전립선은 방광 경부부터 요도 주위를 감싸듯이 발달해 있는데, 전립선이 비대하면 요도를 압박, 협착해서 배뇨 곤란이 생긴다네.

염증

전립선의 염증은 특이적인 것은 거의 없고, 방광염이나 요도염에서 파급된 것이 대부분이다. 원인균으로는 대장균, 임균, 포도상구균, 연쇄상구균 등이 있다. 만성화하면 염증세포 침윤과 함께 섬유화, 선(腺)의 위축을 초래해 기능부전에 빠진다.

전립선 비대

전립선 비대(prostatic hypertrophy)는 정도의 차이는 있지만 50세 이상의 남성에서 높은 빈도로 발생한다. 배뇨 곤란 등의 증상을 보이는 사람이 10% 이상이다. 발생 원인으로는 호르몬의 관여가 가장 강하고, 다음으로 만성 염증과 동맥경화 등을 생각할 수 있다. 커지면 달걀 크기에 무게 200g에 달하는 경우도 있다.

조직학적으로는 선, 섬유, 근 중 하나, 혹은 복합해서 증식한다. 자주 석회화를 동반한다. 전립선암과의 관계는 확실치 않지만, 명백히 암으로의 이행상이라 생각되는 소견이 보여 전암 상태로서의 의미도 지닌다.

전립선암

＊
요폐(尿閉, urinary retention) : 방광에 오줌이 괴어 있지만 배뇨하지 못하는 상태.

＊
전립선특이항원(前立腺特異抗源, Prostate Specific Antigen) : 전립선의 상피세포에서 합성되는 단백 분해 효소로 전립선 이외의 조직에서는 거의 발현되지 않아 전립선암의 선별에 이용되는 유용한 종양 표지자이다. 하지만 PSA는 전립선 조직에는 특이적이지만 종양에는 특이적이지 않아 전립선비대증, 전립선염, 전립선경색 등에서도 증가할 수 있다. PSA는 전립선암의 선별 검사뿐만 아니라 수술 후 재발 판정에도 유용하게 이용할 수 있다.

전립선암(prostatic cancer, 그림 18-4)은 서구에서는 지극히 많이 발생해서 나라에 따라서는 남성 암의 30% 이상을 차지한다. 어느 정도 커지지 않으면 임상 증상이 없기 때문에 전이소(轉移巢)가 먼저 발견되는 경우가 많다. 이런 경우를 잠재암(潛在癌, occult cancer)이라고 한다.

발생 원인은 남성호르몬의 분비 과다, 전립선 비대, 만성 염증 등으로 보인다. 크기는 현미경으로 보지 않으면 모를 정도로 작은 것에서부터, 전립선 전체에 확산성으로 증식하는 유형까지 있다. 임상적으로는 국소의 이물감, 불쾌감, 요폐＊, 진행되면 주위의 방광이나 신장의 증상이 나타난다.

조직학적으로는 대부분이 선암으로 관상, 유두상으로 증식한다. 형태적 이형도와 분화도에 따라 글리슨 분류법(Gleason grading system, 그림 18-5)으로 구분한다. 최근에는 종양 표지자로서 전립선 특이항원(PSA)＊이 응용되고 있다.

전립선암은 일부 악성도가 높은 증례를 제외하면 비교적 진행 속도도 느리고 외과적 치료가 유

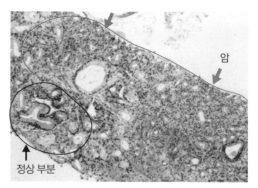

그림 18-4 ▦ 전립선암

이형 원주상피세포가 삭상(索狀) 혹은 소관강(小管腔)을 형성하며 증식해 있다.

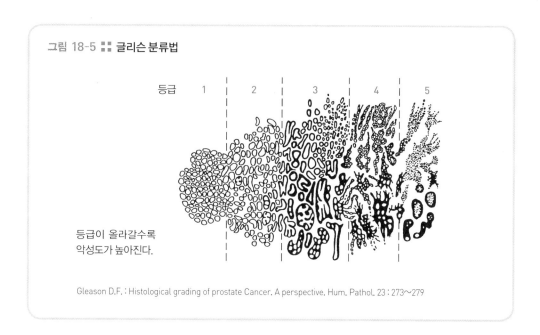

그림 18-5 글리슨 분류법

등급   1   2   3   4   5

등급이 올라갈수록
악성도가 높아진다.

Gleason D.F. : Histological grading of prostate Cancer. A perspective. Hum. Pathol. 23 : 273~279

효한 경우가 많아서 발생률이 높은 것에 비해서는 사망률이 낮다.

Summary

- 보웬병은 피부(음경)에 생기는 상피내암이다.

- 정소에는 정상피종을 비롯해서 배아세포성 종양이 많다.

- 전립선암은 글리슨 분류법에 따라 1~5등급으로 나뉜다.

근육과 뼈,
운동기 질환

루미　와, 단노 선생님께 배우는 것도 벌써 열아홉 번째네. 그동안 꽤나 어려운 내용을 배워왔다는 생각이 들어.

겐타　어려운 한자나 용어가 잔뜩 나왔었지.

루미　처음에는 종양의 양(瘍) 자가 방탕한 자식이라고 말할 때의 탕(蕩) 자처럼 보여서 '저걸 종양이라고 읽어야 하나, 종탕이라고 읽어야 하나' 헷갈렸던 적도 있었어.

겐타　그랬구나. 슬슬 끝이 다가오는 것 같으니까 조금만 더 힘내자!

・・・・・

단노　앞으로 두 번만 더 하면 내 강의도 끝나는군. 오늘은 운동기 질환이네.

겐타　운동기는 차로 말하면 차체나 바퀴에 해당하죠?

단노　그렇다네. 근육과 뼈는 몸을 움직이거나 여러 가지 작업을 하는 데 필요하지. 또 근육과 뼈는 몸의 형태를 형성하고 지지하는 장기조직이라고 할 수 있지.

겐타　운동기가 뇌의 명령을 받아 섬세한 동작이 가능한 이유는 어디에 있습니까?

단노　운동신경섬유의 끝과 골격근섬유의 접합부에는 종판이라는 특수한 장치가 있어서 화학적 작용과 전위 변동에 의해 흥분의 전달이 이루어진다네. 조금 어려운 내용이지. 운동기 질환은 다방면에 걸쳐 있어서 전부 다루기는 어려우니 대표적인 것만 짚고 넘어가세.

근위축

　근위축(筋萎縮, muscle atrophy)은 일반적인 폐용(불사용) 위축(61쪽)이나 노인성 위축 이외에 근 자체에 원인이 있는 근원성(筋原性) 위축과 신경원성(神經原性) 위축이 있다.

■ 진행근디스트로피

　근원성 위축으로 조직학적으로 근섬유의 위축과 대소부동(大小不同), 지방변성, 진행되면 근섬유의 소실 등이 보인다. 대표적인 뒤시엔느형의 근디스트로피(duchenne muscular dystrophy)는 소아기에 발병하는데, 몸의 중심에 가까운 근육부터 위축이 시작돼서 전신으로 퍼진다. 최종적으로는 심근장애에 빠진다.

■ 중증근무력증

　신경원성 위축이다. 자가면역질환으로 신경근 접합부의 아세틸콜린수용체에 대한 항체를 생성해버리는 탓에 자극전달장애를 일으킨다. 젊은 여성에서 많이 보이는데, 손발이 쉽게 피로해지고(사지의 이피로성easy fatigability), 눈을 뜨기 어려워지며(안검하수), 음식을 삼킬 수 없게 된다(연하장애). 근육의 조직학적 변화로는 경도의 근섬유 위축이 보일 뿐이다. 흉선 비대를 동반하는 경우가 많아서 치료의 일환으로 흉선을 절제할 때도 있다.

근육의 염증

　주로 근육에 염증이 보이는 것으로 아교질병이 있다.

　대표적인 질환은 다발근육염(PolyMyositis, PM)으로 근육통이나 근육의 부기가 보인다. 조직학적으로는 근의 피브리노이드 변성과 함께 근섬유의 위축 변성, 염증세포 반응, 혈관염이 보인다. 다발근육염에 피부의 병변이 합병하면 피부근(육)염(dermatomyositis)이 되고, 피부 병변이 주체가 되면 피부경화증이 된다.

근육의 종양

■ 양성 종양

횡문근종(rhabdomyoma)은 심근이나 혀에 평활근종(leiomyoma)은 자궁이나 소화관에 주로 생긴다. 횡문근에서도 골격근의 양성 종양은 드물다. 때로 사지의 근육에 근아세포종(myoblastoma)이 보인다.

■ 악성 종양

횡문근육종(rhabdomyosarcoma)은 사지, 체간근(體幹筋)이나 연부에서 보인다. 고도의 이형성을 보이는 종양세포와 함께 다핵, 거핵의 거대세포가 나타나며 때로 불규칙한 횡문 구조를 증명한다. 소아에서 많이 출현하지만 성인에서도 발생한다.

평활근육종(leiomyosarcoma, 그림 19-1)은 대부분 소화관벽에 생기고, 골격근에서는 근육의 혈관벽에서 발생하는 경우가 있다.

그림 19-1 :: 평활근육종

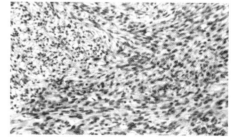

위 점막 하의 평활근육종. 이형의 방추형 세포가 증식해 있다.

19.2 뼈의 질환

루미   뼈에도 변성이나 염증 같은 게 있나요? 그렇게 딱딱한데도요?

단노   뼈도 형태나 기능을 유지하려면 영양이 필요하지. 고령자의 대퇴골두
는 순환장애 때문에 자주 무균괴사(aseptic necrosis)에 빠진다네. 물론
염증도 있고.

뼈의 대사장애와 진행성 병변

■ 뼈의 위축

압박 위축, 폐용 위축, 노인성 위축 등의 일반적인 위축이 뼈에서도 보인다.

■ 골연화증

골연화증(骨軟化症, osteomalacia)은 칼슘의 수요
와 공급의 불균형으로 인해 뼈에서 칼슘이 빠져
나와서 생기는 연화증이다. 즉 다른 장기에서 칼슘
이 필요해지면 칼슘의 저장고이기도 한 뼈에서 칼슘
이 혈중으로 다량 녹아나온다. 그 결과 척추의 만
곡, 골반의 협소화 등을 초래한다. 조직학적으로는,
하버스관* 주위의 석회 탈출로 시작돼서 트라베큘

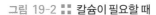

그림 19-2 ▪▪ 칼슘이 필요할 때

칼슘

수유는 대량의 칼슘을 필요로 한다.

*
하버스관(haversian
canal, 중심관) : 골의 치
밀질에는 혈관을 통과
하는 2계통의 소관이
있다. 하나는 볼크만관
(Volkmann's canal, 관통
관)이고, 나머지 하나는
하버스관이다. 볼크만
관이 횡으로 연결된 데
반해 하버스관은 골의
장축 방향으로 연결된
다. 하버스관 주위에는
하버스층판이 나이테
처럼 동심원상으로 배
열한다. 하버스관과 그
를 둘러싼 하버스층판
을 합쳐서 골단위(骨單
位, osteon)라고 한다.

라의 소실이 일어나 골다공증의 상(像)이 나타난다. 임신과 수유기의 여성 대부분에서 발생하므로 출산 후에는 칼슘을 충분히 보충해줄 필요가 있다(그림 19-2).

■ 구루병

구루병(佝僂病, rickets)은 비타민D의 결핍 등으로 골단의 연골이나 유골(osteoid)이 석회화하지 않고 결절상으로 증식하는 질환으로 소아기에 발병한다. 임상적으로 늑골의 염주상(念珠狀) 변화, 구흉(鳩胸, 새가슴), O다리, X다리, 척추의 만곡 등을 초래한다. 조직학적으로 골단부의 골화장애(骨化障碍)가 보인다.

■ 변형성 골염

변형성 골염(變形性骨炎, osteitis deformans)은 정확히 말해 염증이 아니다. 발이나 팔 등을 비롯한 장간골(長幹骨)에서 골질의 국소적 흡수가 일어나고, 뼈의 종대와 천공관(穿孔管) 형성 등으로 병적 골절이나 뼈의 만곡을 초래하는 질환이다. 조직학적으로 뼈의 모자이크상(mosaic狀) 구조가 보인다.

■ 골경화증

골경화증(骨硬化症, osteosclerosis)의 대표적인 질환은 대리석골병*이다. 골수강에 칼슘이 침착해서 X선상에서 대리석 같은 모양을 나타내기 때문에 그렇게 불린다. 뼈 성분의 과형성성 병변이지만 오히려 취약성을 늘려서 병적인 골절을 일으킨다. 상염색체 우성 혹은 열성의 유전병이다.

■ 섬유형성이상(섬유이형성증)

섬유형성이상(fibrous dysplasia)은 젊은 사람의 전신 뼈에 발생하는 다발성 섬유증으로 섬유의 증생으로 인한 골 파괴를 초래한다. 종양성의 증식이나 낭포 형성을 자주 보이며, 때로 피부의 갈색색소반(카페오레반)이나 신경섬유종*을 동반한다.

*
대리석골병(大理石骨病, osteopetrosis) : 골화석증(骨化石症). 뼈를 흡수하기 위한 파골세포의 기능 부전으로 발생한다. 독일의 방사선사 알버트 숀버그가 1904년 1월에 처음 발견되었다. 뼈의 형성과 재형성 과정이 손상되면 뼈 질량이 증가함에도 불구하고 뼈가 부서지기 쉽고, 조혈모세포의 감소, 불규칙한 치아 돌출, 성장장애를 초래한다. 질병의 발생은 10만~50만 명 중 1명으로 추정된다.

*
신경섬유종(神經纖維腫, neurofibroma) : 신경 중간엽의 여러 성분들이 과오종성으로 증식해 발생하는데, 단발성과 다발성이 있다. 다발성 신경섬유종은 유전 질환인 신경섬유종증의 주피부 증상으로 나타난다. 단발성 신경섬유종은 성인에서 주로 나타나며, 어느 곳에나 생길 수 있고 카페오레반을 동반하지 않는다. 손가락으로 누르면 피부 속 환상 결손부를 통해 안으로 밀려들어갔다가 다시 튀어오르는 느낌을 준다(button hole sign).

■ 고립골낭종

고립골낭종(孤立骨囊腫, solitary bone cyst)은 젊은 사람의 상완골에서 호발하는 낭포 형성성 질환이다. 원인은 밝혀지지 않았지만 일부에서는 외상 등으로 인한 골수의 출혈, 혈종이 변화한 것으로 추측한다.

뼈의 염증

겐타 뼈에도 염증이 있기야 하겠지만, 어쩐지 이해가 잘 안 됩니다.

단노 뼈의 염증은 골막염, 골수염, 골염으로 나뉘지만 골염은 거의 다른 둘(골막염과 골수염)에 수반해 나타나네. 뼈 부분에만 생기는 염증은 거의 없지.

■ 골막염

골막염(骨膜炎, periostitis)은 대부분 포도상구균이나 연쇄상구균 등의 화농균에 의한 화농염인데, 때로 골막의 박리를 일으켜서 골 괴사를 초래하는 일이 있다. 뼈 주위에 생긴 염증에서 파급된 경우나 패혈증에 속발하는 경우가 많이 보인다.

■ 화농성 골수염

화농성 골수염(化膿性骨髓炎, suppurative osteomyelitis)은 대퇴골을 비롯한 장간골에서 발생한다. 골수강에 화농성 변화를 일으켜서 골 붕괴를 초래한다. 부골*과 정상골의 경계는 명료하며, 정상부가 비후해서 골구*가 되고, 누공(터널)을 형성해서 그곳에서 외부로 농즙(고름)을 배출한다. 화농성 변화는 뼈나 골막으로 파급된다. 때로 농양을 형성한다. 원인균은 포도상구균이 많고, 패혈증에서의 혈행성 감염이 대부분이다.

*
부골(腐骨, sequestrum)
: 뼈가 오랜 염증으로 괴사되어 건강한 뼈로부터 떨어져 나온 부분을 일컫는다. 대개 만성 골수염에서 발생한다.

*
골구(骨柩, involucrum)
: 부골 주변부에 골조직이 신생해서 관[柩]처럼 보이는 경우가 있다.

루미 옛날 소설을 읽다 보면 척추카리에스로 주인공이 요양원에 입원하는 얘기가 많이 나오는데요, 카리에스(caries)가 뭐죠?

단노　카리에스란 골 붕괴로 생기는 궤양 같은 걸 말하네. 보통은 결핵성인 경우를 가리킨다네.

■ 골결핵

젊은이에서도 많이 보이는 뼈의 결핵(骨結核, tuberculosis of bone, ostitis tuberculosa)은 폐결핵의 혈행성 감염이 원인인 경우가 많아서 처음에는 결핵성 골수염을 일으킨다. 특히 척추나 장간골에서 많이 출현한다. 척추카리에스가 되면 압박 골절 등으로 귀배(龜背, gibbus)라고 하는 특유의 척추 변형을 초래한다.

뼈의 종양

단노　뼈의 종양에 관해서는 총론에서 다뤘으니, 여기서는 대표적인 종양의 이름만 짚고 넘어가지.

*
유잉육종(Ewing sarcoma)
: 뼈에 생기는 악성 종양의 하나. 원인은 밝혀지지 않았지만 유전이나 방사선에 의한 것으로 추정하고 있다. 보통 20세 이하의 연령층에게 많이 나타난다.

양성 종양에는 섬유종, 연골종, 골종, 거대세포종(그림 19-3①) 등이 있다. 악성 종양에는 골육종(그림 19-3②), 유잉육종*, 악성 섬유조직구종이 있다.

그림 19-3 ▪▪ 뼈의 종양

① 거대세포종(巨大細胞腫, giant cell tumor)

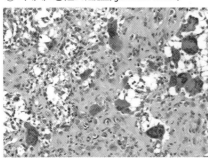

섬유아세포와 함께 다핵, 거핵의 거대세포가 보인다.

② 골육종

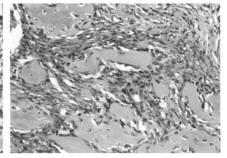

이형 골모세포(骨母細胞, osteoblast)가 불규칙하게 침윤성으로 증식해 있다.

19.3 관절 질환

겐타 몸의 관절은 여기저기 있는데요. 어떤 조직으로 이루어져 있습니까?

단노 주로 골 측의 연골(부동 결합)과 관절낭 측의 윤활막(가동 결합)으로 이루어져 있어서 관절의 부드러운 움직임을 돕지. 윤활막은 점성의 관절액을 분비해서 마찰을 줄인다네. 그리고 관절 전체를 싸고 있는 것이 관절낭이지.

관절의 변성

변형성 관절증(變形性關節症, osteoarthritis, arthrosis deformans)은 관절조직의 변성, 마모와 재생, 증식이 혼재하는 질환으로 골 조직의 관절면으로의 노출, 변형을 초래한다. 동통과 운동 장애를 일으킨다. 고령자의 슬관절이나 고관절에서 많이 보인다.

통풍은 관절에 통풍결절이라 불리는 요산 결정이 침착하는 질환으로 신경을 자극해서 격통을 동반한다. 퓨린체(purine bodies)의 대사 이상으로 남성 질환임은 2강에서 공부했었다.

관절의 염증

루미· 지난번 테니스 연습이 너무 과했는지 무릎 관절이 아프고 부어올라서 정형외과에 갔더니 관절염으로 물이 찼다고 해서 물을 뺐어요. 왜 물이 차죠?

단노 그건 장액성 관절염이라네. 급격하고 과도한 운동은 피하게나.

■ 장액성 관절염(arthritis serosa)

급성, 만성의 관절염으로 윤활막의 수종, 충혈, 세포 침윤, 장액의 분비 등으로 관절강에 물이 차는 상태를 초래한다.

■ 이단성 골연골염(osteochondritis dissecans, 박리뼈연골염)

외상이나 골절, 골화 이상 등으로 일부의 관절 연골이 관절강 내로 유리되는 것을 말한다. 이때 유리된 조직을 관절서라고 부른다. 운동을 활발하게 하는 젊은이에서 많이 보인다. 때로 통증이나 운동장애를 일으킨다. 슬관절에서 가장 많이 발생한다.

■ 류마티스관절염(rheumatoid arthritis)

자가면역질환인 아교질병 중 하나로, 사지 말단 관절의 윤활막이 증식하는 질환이다. 조직학적으로는 피브리노이드 변성과 육아 형성을 보이고, 진행되면 골 파괴, 관절의 변형을 일으켜 운동장애를 초래한다. 아쇼프결절이라 불리는 특유의 육아종이 보인다. 중년 이후의 여성에서 출현한다. 검사에서는 혈청에서 자가항체인 류마티스인자가 인정된다.

관절의 종양

관절 특유의 종양으로는 양성과 악성의 윤활막종(潤滑膜腫, synovioma)이

있지만 드물다. 또 수관절
(手關節)에서는 결절종(그림
19-4)이라 불리는 젤리상
점액을 함유한 낭포성 병변
이 보인다. 건초*에서 유래
한 양성 병변으로 딱딱한
결합조직으로 이루어진다.
또 건초에서는 특유의 거대
세포종이 발생한다.

그림 19-4 ▪▪ 결절종

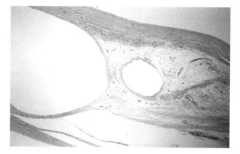

결합조직으로 이루어진 다방성(多房性) 종양이다.

*
건초(腱鞘, sheath of
tendon) : 긴 건(腱)이
건관(腱管) 속이나 인
대 밑을 지날 때 그 주
위를 싸는 결합조직으
로 보통 손발의 힘줄을
싸고 있다. 안팎 2층으
로 되어 있는데, 외면
은 건섬유초(腱纖維鞘,
fibrous tendon sheath)
로 내면은 활막초(滑膜
鞘, synovial sheath)로
되어 있어 건의 원활한
작용을 돕는다.

Summary

- 근위축에는 진행근디스트로피 같은 근원성인 것과, 중증근무력증 등의 신경원성인 것이 있다.

- 횡문근종은 주로 소아에서 보인다. 평활근종은 소화관에 많다.

- 뼈의 대사 이상으로는 골연화증(골다공증), 구루병 등이 있다.

- 골육종은 사춘기에 많이 나타난다.

제20강

눈과 귀,
감각기 질환

20.1 눈의 질환

단노　오늘이 마지막 수업이라네. 짧았던 것도 같고 길었던 것도 같고 그렇군. 자, 감상에 빠지지 말고 얼른 시작하지.

겐타　감각기는 외부에서 들어온 정보를 뇌 등의 신경계로 전달하는 기관으로 눈, 코, 귀, 혀, 피부 등이 있습니다.

단노　맞네. 오늘은 그 가운데 눈과 귀를 다룰 걸세.

루미　초등학생 때 눈에 자주 다래끼가 났었어요. 창피해서 싫었던 기억이 나네요. 감추고 싶은데 다래끼가 나면 안대도 못 하게 했거든요.

단노　다래끼는 맥립종이라고 해서 속눈썹의 피지선이 화농해서 붓는 것이지. 포도상구균 등의 감염으로 발생한다네. 더러운 손으로 눈을 비볐는지도 모르지. 항생물질을 복용하거나 안약을 넣으면 열흘 정도면 낫는다네. 다래끼는 눈이 크고 맑은 아이들이 자주 걸리지.

루미　역시 그랬군요. 우후후후. 이제 납득이 가네요.

겐타　그런데, 눈이나 귀의 질환은 다른 장기와는 독립돼 있다는 생각이 드는데요. 관련성이 있습니까?

단노　물론이지. 관련성이 매우 크다네. 예를 들어 당뇨병이 진행되면 당뇨망막병증이 생기고 고혈압이나 동맥경화증에서도 영향을 받지.

눈의 염증

■ 안검(눈꺼풀)의 염증

다래끼와 같은 맥립종* 외에 산립종(그림 20-1)이 있다. 산립종(霰粒腫, chalazion, 콩다래끼)은 맥립종 등의 감염증에 일종의 피지선인 마이봄선*에서 분비되는 지방 성분이 섞여서 육아성 결절을 형성하는 것이다. 이때는 수술로 절제한다.

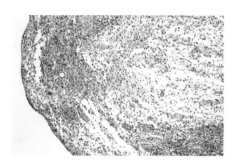

그림 20-1 ▦ 산립종

모세관이 풍부한 산립. 고도의 염증을 동반한다.

결막의 염증

■ 급성 결막염(acute conjunctivitis)

미생물의 감염이나 화학물질 때문에 생긴다. 충혈과 시력 장애를 초래하지만 원인을 제거하면 치유된다.

■ 알레르기결막염(allergic conjunctivitis)

항원성 물질 때문에 발생하는 카타르염으로 화분증(꽃가루알레르기)이 대표적이다. 이 역시 원인을 제거하면(화분증의 경우 꽃가루가 날리지 않게 되면) 치유된다. 호산구가 증가한다.

■ 트라코마

클라디미아 감염으로 인한 고도의 카타르염이다. 과거에는 수영장에서 아동에게 감염돼 유행하기도 했었다.

■ 유행결막염(epidemic conjunctivitis)

아데노바이러스를 비롯한 바이러스 감염으로 인한 염증으로 손 등을 매개

*
맥립종(麥粒腫, hordeolum) : 눈꺼풀에는 여러 가지 선(腺)조직이 있는데, 이런 선조직의 급성 염증이다. 생긴 위치에 따라 내맥립종과 외맥립종으로 나누며, 주로 포도상구균의 감염으로 생긴다.

*
마이봄선(Meibomian gland) : 포유류의 눈꺼풀에서 지방을 분비하는 선(腺)으로 눈알과 눈꺼풀의 움직임을 부드럽게 해준다. 눈꺼풀 속의 검판(瞼板)이라고 하는 딱딱한 결합조직의 판 속에 파묻혀 있어서 검판선(瞼板腺)이라고도 한다. 독일의 해부학자 H. 마이봄이 발견했다.

로 접촉 감염하며 유행하는 일이 있다.

백내장

백내장(cataract, 그림 20-2)은 각막의 변성 질환으로 보통 고령자에서 출현한다. 상피 성분이나 섬유 성분의 변성으로 각막이 혼탁해져서 시력장애를 초래한다. 진행되면 각막 이식의 대상이 된다. 드물게 선천성 백내장이 보인다.

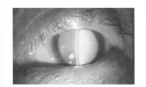

그림 20-2 :: **백내장**

각막에 하얀 혼탁이 보인다.

녹내장

가장 많은 녹내장(glaucoma)은 원인 불명의 원발성이며, 염증이나 순환장애 등으로 안방수*의 순환에 이상을 초래하는 질환이다. 안압 조정 기구의 기능 부전으로 안압(眼壓)이 상승해 시야의 협착과 결손, 시력 저하를 일으키며, 진행되면 실명에 빠진다.

망막박리

겐타　젊고 강한 권투선수가 망막박리(網膜剝離, retinal detachment)로 은퇴하는 경우가 자주 있는데요. 왜 그런 일이 생깁니까?

단노　권투선수는 눈을 강하게 맞을 경우 망막박리가 일어나지. 즉 외상 때문이라네.

망막박리는 외상이 원인인 경우 외에도 고도의 근시나 염증, 종양 등으로 망막에 열공이 생겨서 그곳에서부터 박리가 시작되는 일이 있다. 초기에는 부분적인 박리일지라도 서서히 확대돼 전면 박리를 초래하는 경우가 있으니 주의가 필요하다.

초기일 때는 자각 없이 무증상인 경우가 많고, 진행될수록 시력장애를 일으킨다.

당뇨망막병증

당뇨망막병증(diabetic retinopathy, 그림 20-3)은 당뇨병성의 소동맥류 형성, 정맥 확장 등의 혈관 병변으로 인해 망막의 출혈이나 백반(白斑)을 형성해 시력장애를 일으킨다. 진행되면 증식성 병변(증식망막병증)에 빠져 실명한다.

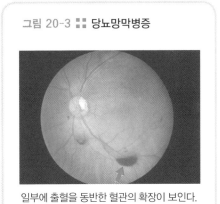

그림 20-3 :: 당뇨망막병증

일부에 출혈을 동반한 혈관의 확장이 보인다.

눈의 종양

■ 황색판증

고령자의 안검에서 보이는 황색종으로, 편평에 증식하기 때문에 황색판증(黃色板症, xanthelasma)이라는 이름이 붙여졌다. 고혈압인 사람에서 많이 보이는 양성 종양이다.

■ 색소성 종양

안검이나 포도막에는 색소성 모반이 호발한다. 때로 악성 흑색종도 출현한다.

■ 망막아세포종

망막아세포종(網膜芽細胞腫, retinoblastoma)은 3세까지의 영유아에 출현하는 악성 종양으로 소아에서는 백혈병과 신경아세포종 다음으로 많이 보이는 종양이다. 악성도가 높아서 급격히 증식 침윤한다. 임상적으로는 어둠 속에서 고양이 눈처럼 반사한다. 조직학적으로는 소원형(小圓形)의 염색질이 풍부한 종양세포가 로제트상 혹은 삭상으로 증식한다. 유전의 영향이 있을 것으로 지적되고 있다.

20.2 귀의 질환

루미 제 친구 마사코가 스쿠버다이빙을 하러 갔다가 중이염에 걸려서 왔는
데요. 왜 어떤 사람은 중이염에 잘 걸리고 어떤 사람은 안 걸리나요?

단노 아마 마사코는 가벼운 만성 중이염이 있었는데 평소 증상이 없었다가
다이빙해서 물이 들어갔거나 압력이 높아지면서 증상이 나왔을 거라
생각하네. 귀의 구조는 이 그림을 보게(그림 20-4).

겐타 귀는 청력 말고도 평형감각에도 관여한다고 들었습니다.

단노 맞네. 내이에는 세반고리관이라고 해서 평형감각을 관장하는 기관이
있지. 뇌, 눈과 함께 평형감각 기능의 커다란 부분을 차지한다네.

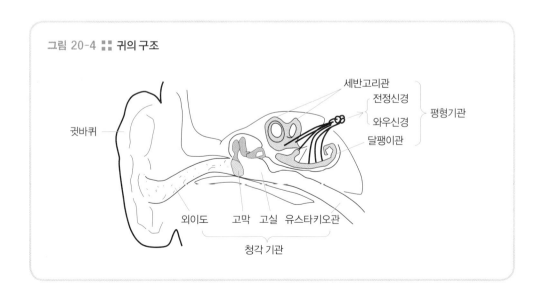

그림 20-4 :: 귀의 구조

귀의 염증

■ 외이도염과 중이염

포도상구균이나 연쇄상구균 등의 화농균 감염이 많이 보인다. 중이염은 보통 코나 인두에서 시작되지만, 고막에 손상이 있으면 외이에서 오는 경우가 많아진다. 급성염은 화농성 염증으로 배농이나 종창, 동통을 일으킨다. 만성화하면 육아를 형성하고 고도의 각화를 초래해서 진주종(眞珠腫, cholesteatoma, 그림 20-5)이 보인다.

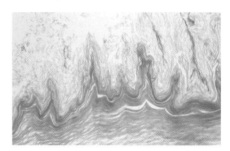

그림 20-5 ⦂⦂ 진주종

표피가 층상으로 고도의 각화를 보인다.

■ 내이염

내이는 내이미로(內耳迷路)라고도 불릴 정도로 복잡한 데다 오히려 뇌와 관련이 많아서 일반적인 검사로는 알 수 없다. 또 외부에서의 염증도 내이까지는 거의 미치지 못한다.

수막염이나 패혈증에서 시작된 감염이 보인다. 병원균으로는 일반적인 화농균 외에 바이러스도 있다.

메니에르병

메니에르병(Meniere's disease)은 난청, 이명, 회전성 현기증이 주된 증상인 질환으로 40대 이후 연령대에서 특히 여성에게 좀 더 많이 보인다. 원인은 아직까지 밝혀지지 않았고, 병리학적으로도 내림프수종(endolymphatic hydrops)이 보일 뿐이라 앞으로의 해명이 기대된다.

귀의 종양

■ 중이방신경절종

중이방신경절종(中耳傍神經節腫, paraganglioma of middle ear)은 중이 특유의 양성 종양으로, 경동맥소체종양(carotid body tumor)과 비슷한 유상피세포로 이루어진다. 백인 여성에게 많고 일본인에게는 드물다.

■ 청신경종양

청신경종양(聽神經腫瘍, acoustic nerve tumor, 그림 20-6)은 두개 내 혹은 내이에 출현하는 청신경 유래의 신경초종을 말한다. 양성 종양이지만 커지면 뇌나 뇌신경을 압박해 증상이 나타난다. 장소가 내이의 깊은 곳이라 몇 년 전까지만 해도 진단이 어려웠지만, 화상 진단을 비롯한 진단법의 진보로 작아도 진단이 가능하게 되었다.

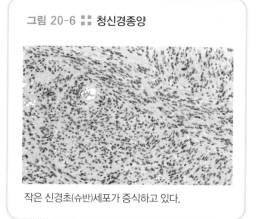

그림 20-6 ■■ 청신경종양

작은 신경초(슈반)세포가 증식하고 있다.

■ 기타 종양

외이나 내이에는 피부에서 보이는 양성, 악성의 종양이 있다.

단노	이걸로 병리학의 대략적인 내용은 두 사람에게 다 설명했네. 조금은 흥미가 생겼나 모르겠군.
루미	네, 정말 감사했습니다.
겐타	전 앞으로 병리 쪽으로 가고 싶다는 마음이 생겼습니다.
단노	그런가? 그거 기쁜 소리군. 마음이 변해도 탓하지 않을 테니 다양한 과목을 많이 배우고 나서 그때 다시 자신의 미래를 생각해 보게나.
겐타, 루미	네! 감사합니다.

Summary

- 백내장은 노화현상으로서 시력장애를 일으키는 질환이고, 녹내장은 원인 불명 혹은 염증 등으로 안압 상승, 시력 저하를 초래하는 질환이다.

- 메니에르병은 원인 불명이며 현기증과 이명, 난청을 초래한다.

참고 문헌

· 《病理学 第2版》小野江為則, 小林博, 菊池浩吉 編, 理工学社, 1984
· 《栄養科学シリーズ NEXT 病理学》早川欽哉, 藤井雅彦 編, 講談社, 1999
· 《Pathology》, W.A.D. Anderson, Mosby, 1971

찾아보기

숫자

알파벳

A

B

옮긴이 _ 성백희

이화여자대학교 중어중문학과를 졸업했다.

캠퍼스 시절, 한자사전을 뒤져가며 중국 소설도 읽었지만 항상 다른 나라의 언어에 대한 갈증이 있었다. 단순한 호기심으로 배운 일본어와의 인연이 어느새 생활의 중심이 되었다. 국내에 소개되지 않은 새로운 책을 펼칠 때의 기대감과 국내 최초의 독자라는 설렘이 좋아 번역의 길로 들어섰다. 서점 주인이 되고자 한 어릴 적 꿈은 포기했지만, 평생 책이 나란 인간의 일부로 존재했으면 한다. 앞으로도 훌륭한 저자의 좋은 글을 번역해 많은 독자와 소통하고 더 나은 '우리'를 꿈꾸고자 한다.

주요 번역서로『생강의 힘』,『팽이버섯이 내 몸을 청소한다』,『햇빛을 쬐면 의사가 필요없다』,『나답게 살아가기』,『좋은 기획서 나쁜 기획서』등이 있다.

내 몸 안의 질병 원리 병리학

개정판 1쇄 발행 | 2020년 10월 19일
개정판 3쇄 발행 | 2022년 11월 10일

지은이 | 하야카와 긴야
일러스트 | 가도구치 미에
옮긴이 | 성백희
펴낸이 | 강효림

편 집 | 곽도경
디자인 | 채지연
마케팅 | 김용우

종 이 | 한서지업㈜
인 쇄 | 한영문화사

펴낸곳 | 도서출판 전나무숲 檜林
출판등록 | 1994년 7월 15일·제10-1008호
주 소 | 10544 경기도 고양시 덕양구 으뜸로 130
                위프라임트윈타워 810호
전 화 | 02-322-7128
팩 스 | 02-325-0944
홈페이지 | www.firforest.co.kr
이메일 | forest@firforest.co.kr

ISBN | 979-11-88544-55-4 (44470)
ISBN | 979-11-88544-31-8 (세트)